TRAINING Grundwissen MATHEMATIK

Czech • Hermann-Rottmair • Maier

Algebra 9. Klasse

Aufgaben mit Lösungen

STARK

Bildnachweis:
S. 1: TU München, Fachbereich für Mathematik; S. 41: Gabriel Moulin Studios, San Francisco, 1935; S. 42: NASA – John F. Kennedy Space Center, Florida; S. 80: Harri Förster, Mathematik Lehrbuch Klasse 8, Volk und Wissen, Berlin; S. 83: Karin Wilck, Weiden; S. 84: Walter Czech; S. 143: Lothar Otto, Leipzig; Umschlagbild: Mauritius/Nakamura

ISBN 978-3-89449-251-9

D-85318 Freising · Postfach 1852 · Tel. (08161) 1790
Auflage 2008

Inhalt

(Fortsetzung nächste Seite)

Herausgeber: Walter Czech
Autoren: Ferdinand Hermann-Rottmair, Herbert Maier

Vorwort

Liebe Schülerin, lieber Schüler,

die treibende Kraft der Mathematik sind Probleme. Gemeint sind damit Probleme, deren Lösung ganz neue Ausblicke eröffnet. Ein solches Problem stellte sich den Griechen in der Frage: Gibt es einen Bruch, dessen Quadrat genau gleich 2 ist? Die Antwort darauf war die Entdeckung neuer Zahlen. Diese Zahlen heißen *irrationale Zahlen.*

Im Laufe deiner Schulzeit hast du schon zweimal „neue Zahlen“ kennengelernt: in der 6. Jahrgangsstufe die Brüche und in der 7. Jahrgangsstufe die negativen Zahlen. Und jedesmal mußtest du dich mit den Rechenregeln für die neuen Zahlen vertraut machen. So geschieht dies auch jetzt. Damit du den Lernstoff „Wurzeln, quadratische Gleichungen, quadratische Funktionen“ ganz unkompliziert und selbständig nacharbeiten und durcharbeiten kannst, haben wir dir den Lernstoff in kleinen, überschaubaren Schritten aufbereitet. Auf Herleitungen und Beweise haben wir bewußt verzichtet.

Das vorliegende Buch ist kein Lehrbuch, sondern ein Arbeitsbuch zum Wiederholen und Üben. Zu jedem Abschnitt gehört eine **Kurzdarstellung des jeweiligen Stoffs**, dazu **Musterbeispiele**, die ausführlich vorgerechnet werden und **Aufgaben**, die du alleine lösen sollst. Am Ende des Buches findest du die **Lösungen** aller Aufgaben. Diese sind alle vollständig und bewußt ausführlich durchgerechnet, ganz dem Grundanliegen des vorliegenden Buches entsprechend, um dir ein **selbständiges Üben** zu ermöglichen.

Wir wünschen dir viel Freude bei der Arbeit mit diesem Buch. Der angestrebte Erfolg sollte dann nicht ausbleiben.

Walter Czech　　Ferdinand Hermann-Rottmair　　Herbert Maier

Wurzeln

Wurzelziehen nach einem russischen Märchen

Im Griechischen bedeutet das Wort ριζα (rhiza) Wurzel einer Pflanze, im übertragenen Sinne Grundlage und Ursprung, in mathematischen Texten steht es für Ausgangszahl. Das entsprechende lateinische Wort heißt *radix*. Daraus leiten sich die Worte **radizieren** und **Radikand** ab.

1 Quadratwurzeln

1.1 Definition der Quadratwurzel

Wenn wir ein Quadrat mit dem Flächeninhalt 16 cm^2 zeichnen wollen, so muß die Quadratseite 4 cm lang werden, denn $4\,cm \cdot 4\,cm = (4\,cm)^2 = 16\,cm^2$. Schwieriger ist es, die Seitenlänge eines Quadrats zu bestimmen, das den Flächeninhalt 2 cm^2 hat. Wir können die Seitenlänge nur näherungsweise angeben, z. B. mit 1,41 cm. Das ist ein brauchbarer Näherungswert, denn $1{,}41\,cm \cdot 1{,}41\,cm = 1{,}9881\,cm^2 \approx 2\,cm^2$. Diejenige positive Zahl, deren Quadrat 2 ergibt, nennen wir **Quadratwurzel aus 2** und schreiben dafür $\sqrt{2}$.

Definition der Quadratwurzel

Die Quadratwurzel aus einer positiven Zahl a (Schreibweise $\sqrt{a}$) ist diejenige positive Zahl, deren Quadrat a ergibt.
Außerdem gilt $\sqrt{0} = 0$.

Dies besagt: Für $a \geq 0$ gilt $(\sqrt{a})^2 = a$.
Die Zahl oder der Term unter der Wurzel heißt **Radikand**.

Beispiele:

1. Gib folgende Wurzelwerte an!
   a) $\sqrt{289}$
   b) $\sqrt{2{,}89}$
   c) $\sqrt{28\,900}$
   d) $\sqrt{2^6}$
   e) $\sqrt{1\frac{9}{16}}$
   f) $\sqrt{\frac{338}{50}}$

Lösung:

a) $\sqrt{289} = 17$, weil $17^2 = 289$.

b) $\sqrt{2{,}89} = 1{,}7$, weil $1{,}7^2 = 2{,}89$.

c) $\sqrt{28\,900} = 170$, weil $170^2 = (17 \cdot 10)^2 = 17^2 \cdot 10^2 = 289 \cdot 100 = 28\,900$.

d) $\sqrt{2^6} = 2^3$, weil $(2^3)^2 = (2 \cdot 2 \cdot 2)(2 \cdot 2 \cdot 2) = 2^6$.

e) $\sqrt{1\frac{9}{16}} = \sqrt{\frac{25}{16}} = \frac{5}{4}$, weil $\left(\frac{5}{4}\right)^2 = \frac{25}{16} = 1\frac{9}{16}$.

f) $\sqrt{\frac{338}{50}} = \sqrt{\frac{169}{25}} = \frac{13}{5}$, weil $\left(\frac{13}{5}\right)^2 = \frac{169}{25} \overset{2}{=} \frac{338}{50}$.

2. Gib mit Hilfe des Taschenrechners die Näherungswerte folgender Wurzelterme auf 3 D genau an:

a) $\sqrt{25{,}05}$

b) $\sqrt{2-\sqrt{5}}$

c) $1-\sqrt{13-3\sqrt{11}}$

Lösung:

a) [25.05] [√] Anzeige: 5,0049975 $\approx$ 5,005

b) [2] [−] [5] [√] [=] [√] Anzeige: Error

Wegen $\sqrt{5} > 2$ ist der Wert $2-\sqrt{5}$ negativ. Die Quadratwurzel aus einer negativen Zahl ist **nicht definiert**.

oder

[5] [√] [±] [+] [2] [=] [√] Anzeige: Error

c) [1] [−] [(] [13] [−] [3] [x] [11] [√] [)] [√] [=]

Anzeige: −0,7464609 $\approx$ −0,746

3. Beweise: $\sqrt{3+2\sqrt{2}} = 1+\sqrt{2}$

Lösung:
Wie in der Definition verlangt, ist die rechte Seite positiv. Ist ihr Quadrat gleich dem Radikanden der linken Seite, so ist die Gleichung eine wahre Aussage.

$$\underset{(a+b)^2}{(1+\sqrt{2})^2} = \underset{= a^2 + 2ab + b^2}{1^2 + 2\cdot 1\cdot\sqrt{2} + (\sqrt{2})^2} = 1+2\sqrt{2}+2 = \underbrace{3+2\sqrt{2}}_{\text{Radikand auf der linken Seite}}$$

4. Vereinfache!

a) $(-\sqrt{6})^3 - (\sqrt{3})^6 + 3^3 - 4\sqrt{6}$

b) $(4-\sqrt{10})\,(4+\sqrt{10}) - (1-2\sqrt{2})^2$

Lösung:

a) $(-\sqrt{6})^3 - (\sqrt{3})^6 + 3^3 - 4\sqrt{6} = (-1\cdot\sqrt{6})^3 - 3\cdot 3\cdot 3 + 3^3 - 4\sqrt{6}$
$= (-1)^3\,(\sqrt{6})^3 - 27 + 27 - 4\sqrt{6} = -1(\sqrt{6})^2\cdot\sqrt{6} - 4\sqrt{6}$
$= -6\sqrt{6} - 4\sqrt{6} = -10\sqrt{6}$

b) $(4-\sqrt{10})\,(4+\sqrt{10}) - (1-2\sqrt{2})^2 =$

Wir benutzen die binomischen Formeln
$(a-b)\,(a+b) = a^2 - b^2$; $(a-b)^2 = a^2 - 2ab + b^2$

$= 4^2 - (\sqrt{10})^2 - [1^2 - 2\cdot 1\cdot 2\sqrt{2} + (2\sqrt{2})^2]$
$= 16 - 10 - (1 - 4\sqrt{2} + 4\cdot 2) = 6 - (1 - 4\sqrt{2} + 8)$
$= 6 - (9 - 4\sqrt{2}) = 6 - 9 + 4\sqrt{2} = -3 + 4\sqrt{2}$

Aufgaben

1. Gib folgende Wurzelwerte (ohne Taschenrechner) an!

a) $\sqrt{361}$ b) $\sqrt{3{,}61}$

c) $\sqrt{1\,440\,000}$ d) $\sqrt{0{,}0144}$

e) $\sqrt{\frac{1}{225}}$ f) $\sqrt{22\,500}$

g) $\sqrt{625}$ h) $\sqrt{0{,}000625}$

i) $\sqrt{\frac{1}{4}}$ j) $\sqrt{\frac{4}{49}}$

k) $\sqrt{\frac{441}{625}}$ l) $\sqrt{\frac{44{,}1}{62{,}5}}$

m) $\sqrt{\frac{16{,}9}{810}}$ n) $\sqrt{3^4}$

o) $\sqrt{(-2)^2}$ p) $\sqrt{1-\frac{16}{25}}$

2. Gib mit Hilfe des Taschenrechners die Näherungswerte der folgenden Terme, auf 3 Dezimalstellen gerundet, an!

a) $\sqrt{3}-\sqrt{2}$ b) $\sqrt{\sqrt{10}-1{,}5}$

c) $\sqrt{1+\sqrt{13}}-\sqrt{7}$

3. Prüfe die Richtigkeit von:

a) $\sqrt{6-2\sqrt{5}}=\sqrt{5}-1$ b) $\sqrt{7-4\sqrt{3}}=\sqrt{3}-2$

c) $\sqrt{5-2\sqrt{2}}=\sqrt{2}-1$ d) $\sqrt{4\sqrt{2}+9}=1+2\sqrt{2}$

4. Vereinfache:

a) $\sqrt{5}\cdot(\sqrt{5})^5$ b) $(-\sqrt{3})\cdot(-\sqrt{3})^7$

c) $(-\sqrt{3})^3\,(\sqrt{3})^7$ d) $(\sqrt{69})^2-(\sqrt{13})^4$

e) $\sqrt{(-4)^2}-2\sqrt{(-2)^4}$ f) $(2\sqrt{7})^3+(-\sqrt{7})^3$

g) $\left(2-\sqrt{\frac{z}{2}}\right)\left(2+\sqrt{\frac{z}{2}}\right)$ h) $(\sqrt{5s}+\sqrt{3t})\,(\sqrt{3t}-\sqrt{5s})$

i) $[(\sqrt{0{,}01}:0{,}01)^2:\sqrt{6{,}25}]:(-10\sqrt{16})$

5.

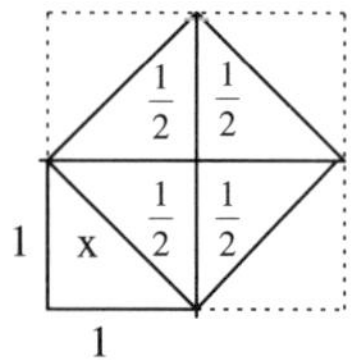

Abb. 1

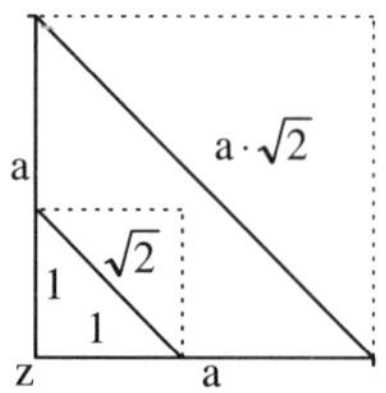

Abb. 2

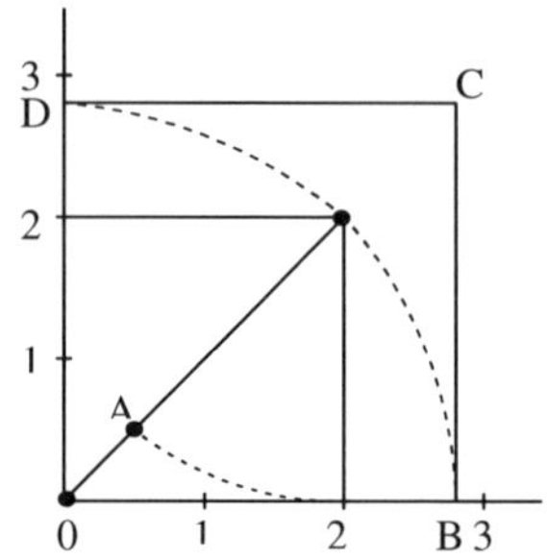

Abb. 3

In Abbildung 1 ist x die Seite des Quadrats, das offensichtlich die Fläche 2 FE hat. Es gilt $x^2 = 2 \Leftrightarrow x = \sqrt{2}$. x ist zugleich die Diagonale des Quadrats mit der Seitenlänge 1 LE. Das Quadrat mit der Seitenlänge 1 hat die Diagonale $\sqrt{2}$. Abbildung 2 zeigt die zentrische Streckung des Einheitsquadrats mit dem Streckfaktor a.

Ergebnis: Das Quadrat mit der Seitenlänge a hat die Diagonalenlänge $a\sqrt{2}$.

Betrachte nun Abbildung 3!

a) Wie lang ist die Strecke [OA]?

b) Welchen Flächeninhalt hat das Quadrat OBCD?

6. Die Menge aller positiven und negativen Brüche, dazu die Zahl 0, heißt die Menge der rationalen Zahlen $\mathbb{Q}$ („Quotienten"). Zu $\mathbb{Q}$ gehören z. B.

$$-\frac{219}{700}; \qquad \sqrt{\frac{25}{49}} = \frac{5}{7} = 0,\overline{714285} \text{ (Periode!)};$$

$$19 = \frac{19}{1}; \qquad \frac{3\,015}{22} = 137{,}0\overline{45}; \qquad \sqrt{0{,}09} = 0{,}3 = \frac{3}{10}$$

Jede rationale Zahl läßt sich entweder durch einen endlichen oder unendlich periodischen Dezimalbruch darstellen:

Beispiel: $\frac{4}{33} = 0{,}121212... = 0,\overline{12} \in \mathbb{Q}$

Jedoch: 0,12120120012000120000... (Bildungsgesetz?) $\notin \mathbb{Q}$

Auch $\sqrt{2}, \sqrt{3}, \sqrt{5}, \sqrt{\frac{7}{25}}, \pi, -\sqrt{102}$ sind z. B. keine rationalen Zahlen, sondern neuartige sog. irrationale Zahlen. Ihre dezimalen Näherungswerte weisen keine Periode auf.

$\mathbb{Q} \cup \{\text{irrationale Zahlen}\} = \mathbb{R}$ = Menge der reellen Zahlen.

Und hier die Aufgaben:
Gib für folgende Zahlen jeweils an, ob die Zahl ein Element von $\mathbb{Q}$ ist:

a) $\sqrt{\frac{32}{162}}$ b) $1{,}8\overline{3}$

c) $\sqrt{\frac{5}{27}}$ d) $\sqrt{484}$

e) $-\frac{3}{2}\sqrt{20}$ f) $\sqrt{0{,}000036}$

g) $\sqrt{0{,}00036}$ h) 1,227272727...

7. Berechne und vergleiche!

a) $\sqrt{625-49}$; $\sqrt{625}-\sqrt{49}$

b) $\sqrt{4+100+121}$; $\sqrt{4}+\sqrt{100}+\sqrt{121}$

c) Im allgemeinen ist:

(1) $\square + \square \neq \sqrt{\square} + \sqrt{\square}$

(2) $\sqrt{m-n} \neq \sqrt{m} - \sqrt{n}$

Für welche Zahlenpaare (a, b) bzw. (m, n) gilt in (1) bzw. (2) das Gleichheitszeichen statt des Ungleichheitszeichens?

1.2 Der Wurzelterm der Form $\sqrt{a^2}$

Nach der Definition der Quadratwurzel kann die Wurzel aus einer Zahl nicht negativ sein. Zum Beispiel ist

$$\sqrt{5^2} = 5 = |5| \qquad \text{aber auch} \qquad \sqrt{(-5)^2} = 5 = |-5|$$

Entsprechendes gilt, wenn der Radikand (Term unter der Wurzel) z. B. a^2 heißt.

$$\sqrt{a^2} = |a| = \begin{cases} a, & \text{falls } a \geq 0 \\ -a, & \text{falls } a < 0 \end{cases}$$

Beachte: Wenn a negativ ist, dann ist (–a) ein positiver Wert, nämlich |a|.

Beispiele:

1. Stelle, falls möglich, wurzelfrei dar!

   a) $\sqrt{\left(\frac{7}{13}\right)^2}$

   b) $\sqrt{(-7{,}2)^2}$

   c) $\sqrt{\frac{x^2}{1\,600}}$

   d) $\sqrt{-7{,}2^2}$

   e) $\sqrt{(x-1)^2}$

   f) $\sqrt{(9-x^2)^2}$

   g) $\sqrt{x^2+4x+4}$

Lösung:

a) $\sqrt{\left(\frac{7}{13}\right)^2} = \frac{7}{13}$

b) $\sqrt{(-7{,}2)^2} = |-7{,}2| = 7{,}2$

c) $\sqrt{\frac{x^2}{1\,600}} = \sqrt{\left(\frac{x}{40}\right)^2} = \left|\frac{x}{40}\right| = \begin{cases} \frac{x}{40}, & \text{falls } x \geq 0 \\ -\frac{x}{40}, & \text{falls } x < 0 \end{cases}$

d) $\sqrt{-7{,}2^2}$ nicht definiert!

e) $\sqrt{(x-1)^2} = |x-1| = \begin{cases} x-1 & \text{für } x \geq 1 \\ -(x-1) = 1-x & \text{für } x < 1 \end{cases}$

f) $\sqrt{(9-x^2)^2} = |9-x^2| =$

$= \begin{cases} 9-x^2 & \text{für } 9-x^2 \geq 0, \quad x^2 \leq 9, \quad x \in [-3; 3] \\ x^2-9 & \text{für } 9-x^2 < 0, \quad x^2 > 9, \quad x \in]-\infty; -3[\cup]3; \infty[\end{cases}$

g) $\sqrt{x^2+4x+4} = ?$ Wir überlegen:

Eine wurzelfreie Darstellung ist genau dann möglich, wenn der Radikand als Quadrat dargestellt werden kann.

Verdacht:

$$\begin{array}{ccccc} x^2 & + & \underbrace{4x} & + & 4 \\ \uparrow & & & & \uparrow \\ a^2 & + & 2ab & + & b^2 \end{array}$$

Es ist zu prüfen, ob sich mit $a = x$ und $b = 2$ auch das mittlere Glied, nämlich 4x, ergibt.

$2ab = 2 \cdot x \cdot 2 = 4x$

Dies trifft zu. Also:

$\sqrt{x^2+4x+4} = \sqrt{(x+2)^2} = |x+2| =$

$= \begin{cases} x+2, & \text{falls } x+2 \geq 0 \iff x \geq -2 \\ -(x+2) = -x-2, & \text{falls } x+2 < 0 \iff x < -2 \end{cases}$

2. Stelle den Term T(m) wurzelfrei dar und berechne T(0,55) sowie T(0,69)!

   $T(m) = \sqrt{9\,m^2 - 12\,m + 4}$

   Lösung:

   $T(m) = \sqrt{9\,m^2 - 12\,m + 4}$

   Wir vermuten, daß sich der Radikand als Binom darstellen läßt. Also:

   $$\underbrace{9\,m^2}_{\uparrow\; a^2}\;\underbrace{-\,12\,m}_{\uparrow\; -2ab}\;\underbrace{+\,4}_{\uparrow\; +b^2} = (a-b)^2$$

   Wir finden: a = 3 m und b = 2 und prüfen ob sich das mittlere Glied ergibt:

   $-2ab = -2 \cdot 3m \cdot 2 = -12m.$

   Somit ist

   $9\,m^2 - 12\,m + 4 = (3\,m - 2)^2$

   und

   $$T(m) = \sqrt{(3\,m-2)^2} = |3\,m - 2|$$
   $$= \begin{cases} 3\,m - 2, & \text{falls } 3\,m - 2 \geq 0 \Leftrightarrow m \geq \frac{2}{3} \\ 2 - 3\,m, & \text{falls } 3\,m - 2 < 0 \Leftrightarrow m < \frac{2}{3} \end{cases}$$

   Wegen $0{,}55 < \frac{2}{3}$ ist $T(0{,}55) = 2 - 3 \cdot 0{,}55 = 0{,}35$,

   wegen $0{,}69 > \frac{2}{3}$ ist $T(0{,}69) = 3 \cdot 0{,}69 - 2 = 0{,}07$.

Aufgaben

8. Stelle, falls möglich, wurzelfrei dar!

a) $\sqrt{\frac{(-4x)^2}{49}}$ b) $\sqrt{-\frac{9}{100\,c^2}}$

c) $\sqrt{c^2 - 8c + 16}$ d) $\sqrt{\frac{x^2}{4} + 2x + 1}$

9. Stelle wurzelfrei dar und berechne die Termwerte!

a) $T(x) = \sqrt{\left(-\frac{x+1}{x-1}\right)^2}$; T(5), T(–1,5), T(0)

b) $T(r) = \sqrt{(3r+1)^2}$; T(–3), $T\left(\frac{100}{3}\right)$, $T\left(-\frac{29}{60}\right)$

c) $T(x) = \sqrt{(25 - 4x^2)^2}$; T(–5,5), T(25)

d) $T(c) = \sqrt{\frac{c^2}{9} + 9 - 2c}$; T(0,6)

e) $T(a) = \sqrt{4a^2 - \frac{4}{5}a + \frac{1}{25}}$; T(1,1)

f) $T(k; m) = \sqrt{9k^2 + \frac{m^2}{4} - 3km}$; T(–1,5; –1)

10. Berechne die Termwerte auf 2 D genau!

a) $T(r) = \sqrt{r^2 + 15r + 36}$; T(1,7), T(–5)

b) $T(y) = \sqrt{1 - 5y + 6{,}25y^2}$; T(400), T(–400), T(0,84)

c) $T(x; y) = \sqrt{196x^2 + 0{,}01y^2 - 2{,}8xy}$; T(5; 905,3)

1.3 Definitionsmenge eines Wurzelterms

Der Wurzelterm $T(x) = \sqrt{10 + x}$ liefert für $x = -3$ den Wert $T(-3) = \sqrt{7}$. Jedoch ergibt sich für $x = -10{,}3$ kein Termwert, denn $\sqrt{10 - 10{,}3} = \sqrt{-0{,}3}$ ist nicht definiert.

Soll T(x) für eine Zahl x = ... einen reellen Wert ergeben, so muß der Radikand $10 + x \geq 0$ sein, d. h. es muß $x \geq -10$ sein. Wir nennen die Zahlenmenge $\{x \,/\, x \geq -10\} = [-10; \infty[$ die Definitionsmenge des Terms $\sqrt{10 + x}$.

Definitionsmenge eines Wurzelterms

Für Quadratwurzelterme, deren Radikand eine (einzige) Variable enthält, wird vereinbart:
Die Menge derjenigen Zahlen, die die Variable annehmen kann, so daß der Radikand nicht negativ wird, heißt die Definitionsmenge des Wurzelterms.

Beispiele:

1. Ermittle jeweils zum gegebenen Term die Definitionsmenge $\mathbb{D}_T$!

   a) $T(x) = \sqrt{10{,}5 - 3{,}5x}$

   b) $T(x) = \sqrt{x^2 - 9}$

   c) $T(x) = \sqrt{\left(\frac{x}{1 + x}\right)^2}$

   Lösung:

   a) $10{,}5 - 3{,}5x \geq 0 \Leftrightarrow 3{,}5x \leq 10{,}5 \Leftrightarrow x \leq 3$
   $\mathbb{D}_T = \{x \,/\, x \leq 3\} =]-\infty; 3]$

b) $x^2 - 9 \geq 0 \Leftrightarrow x^2 \geq 9 \Leftrightarrow |x| \geq 3$
„Betrag von x" bedeutet anschaulich auf der Zahlengeraden:
Abstand der Marke x von der 0-Marke.

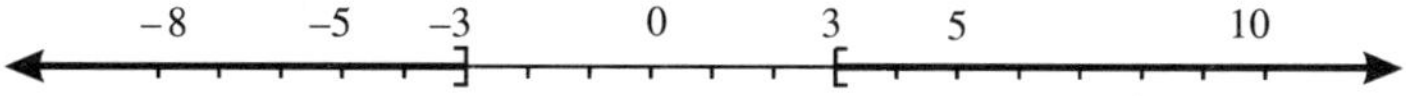

$D_T = \{x / |x| \geq 3\} =]-\infty; -3] \cup [3; \infty[$

c) Die Bedingung $\left(\frac{x}{1+x}\right)^2 \geq 0$ ist sicher erfüllt für alle $x \neq -1$.

Für $x = -1$ ist der Nenner des Bruches 0 und der Radikand nicht existent. $\mathbb{D}_T = \mathbb{R} \setminus \{-1\}$.

2. Ist der Wurzelterm Nenner eines Bruchterms oder Bestandteil des Nenners, so ist bei der Frage nach der Definitionsmenge des Bruchterms zusätzlich zu beachten, daß sein Nenner nicht null werden darf. Bestimme jeweils zum gegebenen Term die Definitionsmenge $\mathbb{D}_T$!

a) $T(x) = \dfrac{1}{\sqrt{16 - x^2}}$

b) $T(x) = \dfrac{x}{3 - \sqrt{16 - x^2}}$

c) $T(x) = \dfrac{1}{\sqrt{4{,}6 - 2|x|} \cdot (1 + x)}$

Lösung:

a) $16 - x^2 > 0 \quad (\text{nicht} \geq 0)$
$\Leftrightarrow \quad x^2 < 16 \quad \Leftrightarrow \quad |x| < 4$
$D_T = \{x / |x| < 4\} =]-4; 4[$

b) Es müssen zwei Bedingungen erfüllt sein: Der Radikand darf nicht negativ sein, damit die Wurzel definiert ist.
Außerdem darf der Nenner des Bruchterms bei keiner der Einsetzzahlen null werden.

Also:

$$16 - x^2 \geq 0 \quad \wedge \quad \sqrt{16 - x^2} \neq 3$$

$$\Leftrightarrow \quad x^2 \leq 16 \quad \wedge \quad 16 - x^2 \neq 9$$

$$\Leftrightarrow \quad |x| \leq 4 \quad \wedge \quad x^2 \neq 7$$

$$|x| \neq \sqrt{7}$$

$$\mathbb{D}_T = [-4; -\sqrt{7}[\ \cup \ ]-\sqrt{7}; \sqrt{7}[\ \cup \ ]\sqrt{7}; 4] =$$

$$= \{x / |x| \leq 4\} \setminus \{-\sqrt{7}, \sqrt{7}\}$$

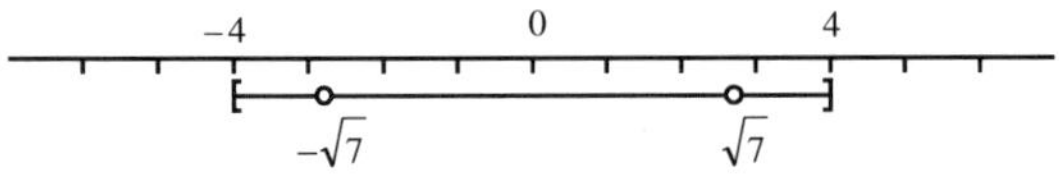

c) Zwei Bedingungen: Radikand > 0 (nicht ≥ 0), da die Wurzel ein Faktor des Nenners ist.
Auch der zweite Faktor des Nenners, nämlich der Klammerwert, darf nicht null sein.

$$4{,}6 - 2|x| > 0 \quad \wedge \quad (1 + x) \neq 0$$

$$\Leftrightarrow \quad |x| < 2{,}3 \quad \wedge \quad x \neq -1$$

$$\mathbb{D}_T = \{x / |x| < 2{,}3\} \setminus \{-1\} =]-2{,}3; -1[\ \cup \ ]-1; 2{,}3[$$

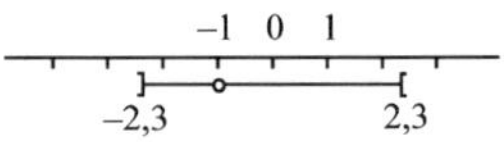

3. Ermittle jeweils zum gegebenen Term die Definitionsmenge $\mathbb{D}_T$!

a) $T(x) = \sqrt{\dfrac{x + 1}{2 - x}}$

b) $T(x) = \sqrt{\dfrac{2x - 1}{x + 3}}$

Lösung:

a) Es muß gelten $\frac{x+1}{2-x} \geq 0$.

Wir lösen diese Ungleichung durch **Fallunterscheidung**.

Entweder / **oder**

$x+1 \geq 0 \quad \wedge \quad 2-x > 0$ oder $x+1 \leq 0 \quad \wedge \quad 2-x < 0$

$\Leftrightarrow \quad x \geq -1 \quad \wedge \quad x < 2$ oder $x \leq -1 \quad \wedge \quad x > 2$

$\mathbb{L}_1 = [-1; 2[$ oder $\mathbb{L}_2 = \{ \}$

$\mathbb{D}_T = [-1; 2[$

b) Es muß gelten $\frac{2x-1}{x+3} \geq 0$.

Wir lösen diese Ungleichung wiederum durch **Fallunterscheidung**.

Entweder / **oder**

$2x-1 \geq 0 \wedge x+3 > 0$ oder $2x-1 \leq 0 \wedge x+3 < 0$

Wir lösen jeweils nach x auf.

$x \geq \frac{1}{2} \wedge x > -3$ oder $x \leq \frac{1}{2} \wedge x < -3$

$\mathbb{L}_1 = \left[\frac{1}{2}; \infty\right[$ oder $\mathbb{L}_2 = \,]-\infty; -3[$

$$\mathbb{D}_T = L_2 \cup L_1 =]-\infty; -3[\;\cup \left[\frac{1}{2}; \infty\right[$$

Aufgaben

11. Ermittle jeweils zum gegebenen Term die Definitionsmenge $\mathbb{D}_T$ und – falls vermerkt – die Termwerte!

a) $T(x) = \sqrt{6x + 5{,}4}$

b) $T(x) = \sqrt{x^2 - 16}$; $T(-5)$, $T(1)$

c) $T(x) = \sqrt{|x| - 16}$; $T(-20)$

d) $T(x) = \sqrt{2x - x^2}$

e) $T(k) = \dfrac{5}{\sqrt{1 - k^2}}$

f) $T(x) = \sqrt{\dfrac{x+5}{x-5}}$; $T(-11)$

g) $T(x) = \sqrt{\dfrac{x+3}{x+4}}$; $T(0)$, $T(-5)$

h) $T(x) = \sqrt{\dfrac{x^2+1}{1-x}}$

i) $T(r) = \sqrt{2 + r^4}$

j) $T(z) = \sqrt{-z|z|}$

k) $T(x) = \sqrt{\dfrac{-1}{1+x^2}}$

l) $T(x) = \dfrac{3-x}{\sqrt{x^2-4} - 6}$; $T(\sqrt{5})$, $T(-7)$

m) $T(x) = \sqrt{5 - \sqrt{x}}$; $T(3{,}5)$

2 Rechnen mit Quadratwurzeln

2.1 Multiplikation von Quadratwurzeln

Für die Multikplikation von Quadratwurzeln gilt ein einfaches Gesetz:

Multiplikationsregel

Quadratwurzeln werden multipliziert, indem man zunächst die Radikanden multipliziert und dann aus dem Ergebnis die Quadratwurzel zieht. Für alle nichtnegativen* reellen Zahlen a, b gilt:

$\sqrt{a} \cdot \sqrt{b} = \sqrt{a \cdot b}$ und umgekehrt $\sqrt{a \cdot b} = \sqrt{a} \cdot \sqrt{b}$

Beispiele:

Berechne:

1. $\sqrt{75} \cdot \sqrt{48}$

2. $\sqrt{28} \cdot \sqrt{3\frac{4}{7}}$

3. $\sqrt{2r} \cdot \sqrt{3{,}5} \cdot \sqrt{0{,}07r}$

Lösung:

1. $\sqrt{75} \cdot \sqrt{48} = \sqrt{75 \cdot 48} = \sqrt{25 \cdot 3 \cdot 48} = \sqrt{25 \cdot 144} = \sqrt{25} \cdot \sqrt{144}$
$= 5 \cdot 12 = 60$

2. $\sqrt{28} \cdot \sqrt{3\frac{4}{7}} = \sqrt{28 \cdot \frac{25}{7}} = \sqrt{4 \cdot 25} = \sqrt{4} \cdot \sqrt{25} = 2 \cdot 5 = 10$

3. $\sqrt{2r} \cdot \sqrt{3{,}5} \cdot \sqrt{0{,}07r} = \sqrt{2r \cdot 3{,}5 \cdot 0{,}07r} = \sqrt{7 \cdot 0{,}07r^2} = \sqrt{0{,}49r^2}$
$= \sqrt{0{,}49} \cdot \sqrt{r^2} = 0{,}7|r| = 0{,}7r \quad (r \geq 0)$

* Nichtnegativ bedeutet, daß die Zahl größer oder gleich null ist.

Ersetzt man in $\sqrt{a \cdot b} = \sqrt{a} \cdot \sqrt{b}$ die nichtnegative Zahl a durch c^2, so erhält man $\sqrt{c^2 \cdot b} = \sqrt{c^2} \cdot \sqrt{b} = |c| \cdot \sqrt{b}$.

Somit gilt: $\sqrt{c^2 \cdot b} = |c| \cdot \sqrt{b}$

Diese Umformung nennt man **teilweises Radizieren**.

Beispiele:

Radiziere teilweise!

1. $\sqrt{175}$
2. $\sqrt{6{,}25\,z^3}$; $z \geq 0$
3. $\sqrt{1000a^9b^5c^2}$; $a, b, c \geq 0$
4. $\sqrt{\frac{a^2}{9} - ab + \frac{9}{4}b^2}$

Lösung:

1. $\sqrt{175} = \sqrt{25 \cdot 7} = \sqrt{25} \cdot \sqrt{7} = 5 \cdot \sqrt{7}$
2. $\sqrt{6{,}25z^3} = \sqrt{2{,}5^2 \cdot z^2 \cdot z} = \sqrt{2{,}5^2} \cdot \sqrt{z^2} \cdot \sqrt{z} = 2{,}5 \cdot z\sqrt{z} \quad (z \geq 0)$
3. $\sqrt{1000a^9b^5c^2} = \sqrt{10^2 \cdot 10 \cdot a^8 \cdot a \cdot b^4 \cdot b \cdot c^2}$
   $= \sqrt{10^2} \cdot \sqrt{a^8} \cdot \sqrt{b^4} \cdot \sqrt{c^2} \cdot \sqrt{10ab} = 10a^4b^2c\,\sqrt{10ab}$
4. $\sqrt{\frac{a^2}{9} - ab + \frac{9}{4}b^2} = \sqrt{\left(\frac{a}{3} - \frac{3}{2}b\right)^2} = \left|\frac{a}{3} - \frac{3}{2}b\right|$

Aufgaben

12. Berechne!

a) $\sqrt{3} \cdot \sqrt{12}$

b) $\sqrt{28} \cdot \sqrt{7}$

c) $\sqrt{4{,}5} \cdot \sqrt{\frac{2}{3}} \cdot \sqrt{0{,}03}$

d) $\sqrt{16{,}9 \cdot 10^7}$

e) $\sqrt{7} \cdot \sqrt{0{,}015} \cdot \sqrt{4\,200}$

f) $\sqrt{\sqrt{2}} \cdot \sqrt{8 \cdot \sqrt{2}}$

13. Radiziere teilweise!

a) $\sqrt{54 \cdot 132}$

b) $\sqrt{25 \cdot 147 \cdot 10^6}$

c) $\sqrt{9\frac{49}{64}}$

d) $\sqrt{2\,450}$

e) $\sqrt{4{,}5 \cdot c \cdot 260 \cdot 210d^4}\quad c \geq 0$

f) $\sqrt{133\,280\,000}$

14. Radiziere bzw. radiziere teilweise!

a) $\sqrt{3^{10}}$

b) $\sqrt{a^{2n}};\ a \geq 0, n \in \mathbb{N}$

c) $\sqrt{(-3)^{10}}$

d) $\sqrt{a^{2n}};\ a \in \mathbb{R}$

e) $\sqrt{3^{11}}$

f) $\sqrt{a^{2n+1}};\ a \geq 0$

g) $\sqrt{a^5 \cdot b^5} \cdot \sqrt{a(a^2+1)};\ a, b \geq 0$

h) $\sqrt{16\frac{1}{3} b^{18} m^{13}};\ m \geq 0$

i) $\sqrt{145\,200(r-s)^5 \cdot k^6};\ r > s$

15. Vereinfache!

a) $\sqrt{64x^{18}y^2z^4}$

b) $\sqrt{1{,}62\ m};\ m \geq 0$

c) $\sqrt{1{,}69m^{14}}$

d) $\sqrt{0{,}01pqr^2};\ p, q \geq 0$

e) $\sqrt{250 \cdot (2+b^2)} \cdot \sqrt{b^3c^4};\ b \geq 0$

16. Faktorisiere den Radikanden und radiziere teilweise!

a) $\sqrt{5k^2 - 20k^3 + 20k^4}$

b) $\sqrt{324k^6 + 81k^4}$

c) $\sqrt{0{,}25a^2x + \frac{3}{4}a^2y}$

d) $\sqrt{12a^2c^2 - 36abc^2 + 27b^2c^2}$

e) $\sqrt{(2x^2 + 1)^3(4a^2 + 36 + 24a)}$

f) $\sqrt{0{,}0025} \cdot \sqrt{8x^2 + 8y^2 - 16xy}$

g) $\sqrt{x^3y^4 - x^3y^2}$

h) $\sqrt{\frac{9}{16}a^3b - \frac{3}{2}a^2b + ab}$

i) $\sqrt{10a + 6{,}25a^2 + 4}$

j) $\sqrt{a^3 - 3a^2b + 3ab^2 - b^3}$; $a > b$

17. Wie lang sind die Strecken
$[OA_1]$,
$[OA_2]$,
...
$[OA_7]$,
...
$[OA_n]$,
...
$[OA_{2n}]$,
$[OA_{2n+1}]$?

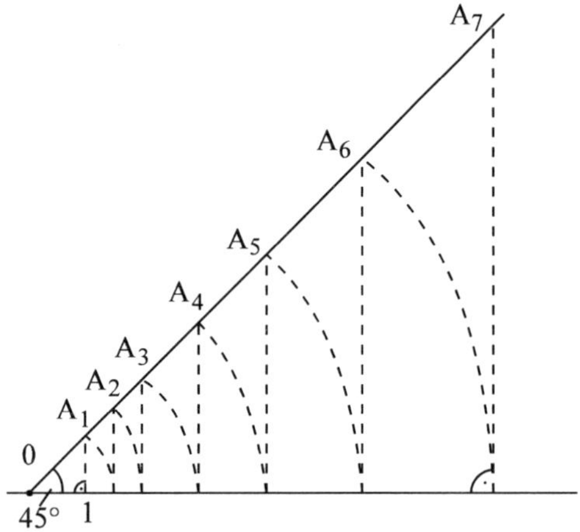

18. a) Ziehe durch die Ecken des Quadrats Hilfsgeraden parallel zu den Koordinatenachsen!

b) Wie lang ist die Quadratseite x? (Geom. Begründung!)

c) Wie groß ist der Flächeninhalt eines Quadrats mit der Seitenlänge $\overline{OA}$?

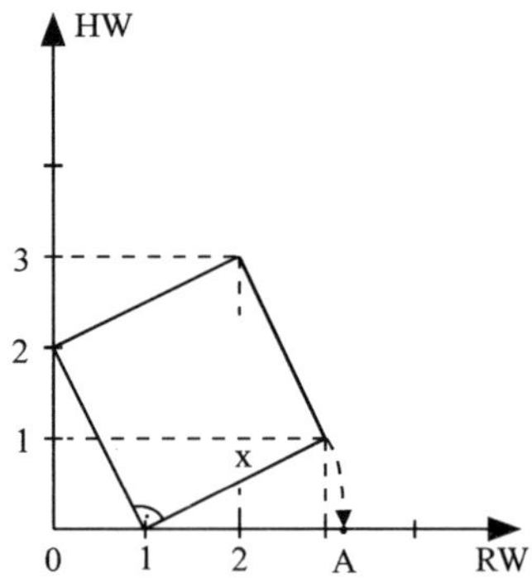

19. Bestätige das angegebene Ergebnis durch Rechnung! Berechne dann den Produktwert mit dem Taschenrechner (ohne vorherige Umformung)!

a) $\sqrt{48} \cdot \sqrt{3} = \ldots = 12$

b) $\sqrt{102} \cdot \sqrt{0{,}72} \cdot \sqrt{1{,}5} = \ldots = 1{,}8\sqrt{34}$

20. Berechne mit dem Taschenrechner!

a) $\sqrt{\sqrt{7} - 2} \cdot (\sqrt{14{,}83} - 1)$

b) $2\,000 - \sqrt{1\,999} \cdot \sqrt{1\,998 + 1\,997 \cdot \sqrt{1\,996}}$

2.2 Division von Quadratwurzeln

Wir wenden die Multiplikationsregel auf das folgende Produkt an:

$$\sqrt{\frac{c}{d}} \cdot \sqrt{d} = \sqrt{\frac{c \cdot d}{d}} = \sqrt{c}; \quad c \geq 0, d > 0$$

Dividieren wir die linke und rechte Seite der Gleichung durch $\sqrt{d}$, so ergibt sich $\sqrt{\frac{c}{d}} = \frac{\sqrt{c}}{\sqrt{d}}$. Damit haben wir die Divisionsregel:

Divisionsregel

Für alle reellen Zahlen $c \geq 0$ und $d > 0$ gilt:

$$\frac{\sqrt{c}}{\sqrt{d}} = \sqrt{\frac{c}{d}}$$

Quadratwurzeln können dividiert werden, indem man zunächst die Radikanden dividiert und dann aus dem Ergebnis die Quadratwurzel zieht.

Beispiele:

1. Berechne!

a) $\frac{\sqrt{80}}{\sqrt{245}}$

b) $\frac{\sqrt{1\,920}}{\sqrt{0{,}06}} : \frac{\sqrt{1\,470}}{\sqrt{1{,}5}}$

Lösung:

a) $\frac{\sqrt{80}}{\sqrt{245}} = \sqrt{\frac{80}{245}} = \sqrt{\frac{16}{49}} = \sqrt{\left(\frac{4}{7}\right)^2} = \frac{4}{7}$

b) $\frac{\sqrt{1\,920}}{\sqrt{0{,}06}} : \frac{\sqrt{1\,470}}{\sqrt{1{,}5}} = \sqrt{\frac{1\,920}{0{,}06}} \cdot \sqrt{\frac{1{,}5}{1\,470}} = \sqrt{\frac{1\,920 \cdot 1{,}5}{0{,}06 \cdot 1\,470}}$

$= \sqrt{\frac{192 \cdot 150}{6 \cdot 147}} = \sqrt{\frac{64 \cdot 25}{49}} = \frac{8 \cdot 5}{7} = \frac{40}{7} = 5\frac{5}{7}$

2. Vereinfache!

a) $\frac{\sqrt{5r^2s^3}}{\sqrt{45rs}}$; $r > 0, s > 0$

b) $\frac{\sqrt{0{,}8(a^2 + 1 - 2a)}}{\sqrt{0{,}001 \cdot (1 - a^2)(1 - a)}}$; $|a| \neq 1$

Lösung:

a) $\frac{\sqrt{5r^2s^3}}{\sqrt{45rs}} = \sqrt{\frac{5r^2s^3}{45rs}} = \sqrt{\frac{1}{9}rs^2} = \frac{1}{3}|s| \cdot \sqrt{r}$

b) $\frac{\sqrt{0{,}8 \cdot (a^2 + 1 - 2a)}}{\sqrt{0{,}001 \cdot (1 - a^2)(1 - a)}} = \sqrt{\frac{0{,}8 \cdot (a^2 - 2a + 1)}{0{,}001 \cdot (1 + a)(1 - a)(1 - a)}}$

$= \sqrt{\frac{800(a - 1)^2}{(1 + a)(1 - a)^2}} = \sqrt{\frac{400 \cdot 2(1 - a)^2}{(1 + a)(1 - a^2)}} = 20 \cdot \sqrt{\frac{2}{1 + a}}$

Aufgaben

21. a) $\dfrac{\sqrt{25{,}6}}{\sqrt{0{,}1}}$

b) $\sqrt{4{,}5} \cdot \sqrt{\dfrac{2}{3}} : \sqrt{0{,}03}$

c) $\sqrt{157{,}5} : \sqrt{3{,}6}$

d) $\dfrac{\sqrt{1\frac{1}{8} \cdot 1{,}4} \cdot \sqrt{2\frac{4}{9}}}{\sqrt{2{,}5} \cdot \sqrt{1\frac{3}{11}}}$

e) $\dfrac{\sqrt{2\frac{1}{8} \cdot 0{,}374}}{\sqrt{3{,}2} \cdot \sqrt{1\frac{3}{8}}}$

f) $\sqrt{\sqrt{\dfrac{32{,}4 \cdot 0{,}256}{49}} : \sqrt{\dfrac{4{,}5 \cdot 12{,}5}{56}}}$

g) $\sqrt{\dfrac{20}{7^4}} : \left(\sqrt{\dfrac{3}{9{,}8}} : \sqrt{\dfrac{8 \cdot 8{,}1}{1{,}2}}\right)$

22. Vereinfache durch teilweises Radizieren!

a) $\dfrac{13}{3}\sqrt{162ab} : \sqrt{845c^2}$; $a \geq 0,\ b \geq 0,\ c \neq 0$

b) $\sqrt{71{,}5} \cdot \sqrt{\dfrac{44}{98}k^3}$; $k \geq 0$

c) $\sqrt{\dfrac{16a^2 + 1{,}69 - 10{,}4a}{0{,}0064}}$

23. Radiziere soweit wie möglich!

a) $\sqrt{\dfrac{49}{3}b^{18}m^9}$; $m \geq 0$

b) $\sqrt{\dfrac{64a^2b^6}{289x^4y^4}}$; $x \cdot y \neq 0$

c) $\dfrac{\sqrt{ab^2c^3}}{\sqrt{a^3b^2c}}$; a, b, c > 0

d) $\dfrac{\sqrt{a^3m^3}}{\sqrt{19{,}6b^2} \cdot \sqrt{a^3m^5}}$; a, m > 0, b ≠ 0

e) $\sqrt{\frac{0{,}324}{a^3b}} : \sqrt{\frac{8{,}1a}{b^3c}}$; a, b, c > 0

f) $\sqrt{\frac{a^2 - b^2}{2}} \cdot \sqrt{\frac{8a + 8b}{a - b}}$; mit a > b > 0

g) $\sqrt{\frac{r^{14}s^3}{5 - 5a}} : \sqrt{\frac{r^2s}{0{,}2(1 - a^2)}}$; s > 0, –1 < a < 1

h) $x \cdot \left(\sqrt{\frac{xy^5}{z^3}} : \sqrt{\frac{y^3}{x^3}}\right) \cdot \sqrt{\frac{y^2}{z^5}}$; x, y, z > 0

24. a) Deute mit deinen Geometriekenntnissen die Beziehung $h = \sqrt{p \cdot q}$!

b) Berechne die Höhe h eines rechtwinkligen Dreiecks, dessen Hypotenuse 26,4 cm und kleinerer Hypotenusenabschnitt 7,2 cm messen!

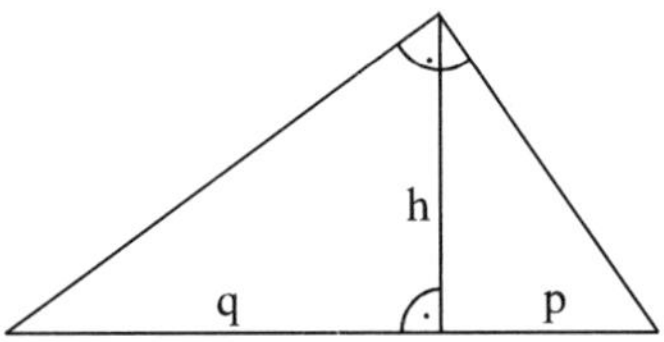

25. Welchen Flächeninhalt hat ein Dreieck, dessen Seite $a = \sqrt{48}$ cm und Höhe $h_a = \sqrt{54}$ cm ist?

26. Berechne mit dem Taschenrechner!

a) $11 - 2{,}83 \cdot \sqrt{12{,}9}$

b) $11 - \sqrt{2{,}83 \cdot 12{,}9}$

c) $\sqrt{71{,}2} : 2{,}8 - \frac{10{,}5}{\sqrt{89}}$

d) $\sqrt{71{,}2 : \left(2{,}8 - \sqrt{\frac{10{,}5}{89}}\right)}$

e) $\frac{\sqrt{13 \cdot 10^7} - 2 \cdot \sqrt{\frac{39}{0{,}007}}}{\sqrt{420 - 6{,}5^3}}$

2.3 Addition und Subtraktion von Quadratwurzeln

Mit Quadratwurzeln können wir wie mit anderen Zahlen rechnen. In den Fällen, in denen das Distributivgesetz anwendbar ist, können wir Summen und Differenzen mit Quadratwurzeln zusammenfassen.

$$m\sqrt{a} + n\sqrt{a} = \sqrt{a} \cdot (m + n)$$

$$m\sqrt{a} - n\sqrt{a} = \sqrt{a} \cdot (m - n); \qquad m, n \in \mathbb{R}, a \in \mathbb{R}_0^+$$

Beispiele:

1. Fasse zusammen!

   a) $\frac{2}{3}\sqrt{5} - 0{,}8\sqrt{5}$

   b) $8\sqrt{3} - 19 + \sqrt{2} - 2\sqrt{3} - 6\sqrt{2}$

   Lösung:

   Wir klammern den **gemeinsamen Faktor** $\sqrt{5}$ aus:

   a) $\frac{2}{3}\sqrt{5} - 0{,}8\sqrt{5} = \sqrt{5}\left(\frac{2}{3} - 0{,}8\right) = \sqrt{5}\left(\frac{2}{3} - \frac{4}{5}\right) = \sqrt{5} \cdot \frac{10-12}{15} = -\frac{2}{15}\sqrt{5}$

   b) $8\sqrt{3} - 19 + \sqrt{2} - 2\sqrt{3} - 6\sqrt{2} = 8\sqrt{3} - 2\sqrt{3} + 1 \cdot \sqrt{2} - 6\sqrt{2} - 19$
   $= (8 - 2)\sqrt{3} + (1 - 6)\sqrt{2} - 19 = 6\sqrt{3} - 5\sqrt{2} - 19$

2. Multipliziere aus und fasse zusammen!
   $(\sqrt{3} - \sqrt{2})^2 - 2(\sqrt{3} + \sqrt{2})^2 - 2\sqrt{24}$

   Lösung:

   $\sqrt{3}^2 - 2\sqrt{3} \cdot \sqrt{2} + \sqrt{2}^2 - 2(\sqrt{3}^2 + 2\sqrt{3} \cdot \sqrt{2} + \sqrt{2}^2) - 2\sqrt{4 \cdot 6}$
   $= 3 - 2\sqrt{6} + 2 - 6 - 4\sqrt{6} - 4 - 2 \cdot 2\sqrt{6}$
   $= -5 + (-2 - 4 - 4)\sqrt{6} = -5 - 10\sqrt{6} = -5(1 + 2\sqrt{6})$

Aufgaben

27. Fasse zusammen!

a) $\frac{5}{12}\sqrt{11} - \frac{3}{8}\sqrt{11} + \frac{23}{24}\sqrt{11}$

b) $3\sqrt{112} - \sqrt{700} - 2\sqrt{63} + \sqrt{175}$

c) $4\sqrt{1\,500} - 3\sqrt{486} - 2\sqrt{96} - 3\sqrt{2\,535} + 5\sqrt{294} - 8\sqrt{60}$

d) $(4\sqrt{a} + 2y\sqrt{b} - 1{,}4x) - (6{,}3\sqrt{a} + 0{,}6x - y\sqrt{b})$

e) $5\sqrt{3} - 18\sqrt{a} - x\sqrt{3} - 7\sqrt{a} + 70\sqrt{3}$

f) $2(\sqrt{r} + \sqrt{s-r}) + \sqrt{s} - (\sqrt{s-r} - 1{,}5\sqrt{r} + \sqrt{s})$

28. Multipliziere aus und fasse zusammen!

a) $(\sqrt{14} - 2\sqrt{3})(\sqrt{6} + \sqrt{7})$

b) $(2\sqrt{3} + 5\sqrt{15})(4\sqrt{5} - 2)$

c) $(\sqrt{20} - 3\sqrt{2})^2 + (3\sqrt{5} + \sqrt{8})^2$

d) $(4\sqrt{3} + 5\sqrt{2})^2 - (3\sqrt{3} - 2\sqrt{2})^2$

29. Multipliziere aus und fasse zusammen!

a) $(2\sqrt{3} - 3\sqrt{6} - 4\sqrt{5})(2\sqrt{3} - 3\sqrt{6} + 4\sqrt{5})$

b) $(2\sqrt{2} - 1 + \sqrt{3})(2\sqrt{2} - \sqrt{3} - 1)$

30. Radiziere teilweise, bevor du multiplizierst. Fasse dann zusammen!

a) $(5\sqrt{8} - 3\sqrt{20} + 4\sqrt{5} - 3\sqrt{18} + 2\sqrt{72}) \cdot 3\sqrt{10}$

b) $(3\sqrt{54} - \sqrt{343} + 10)(\sqrt{84} + \sqrt{300})$

31. Fasse zusammen!

a) $-\sqrt{m} + 2a\sqrt{m} + 2 - 2\sqrt{m} + a\sqrt{m}$; $m \geq 0$

b) $15\sqrt{x} - 18\sqrt{xy} + 3\sqrt{x}$; $x, y \geq 0$

c) $\frac{1}{4}\sqrt{1-x^2} + 1 - \sqrt{(1+x)(1-x)}$; $-1 \leq x \leq 1$

d) $\sqrt{48a} + 6\sqrt{27a^2} - 5\sqrt{75a} + 4\sqrt{3a} - 7\sqrt{12a^2}$; $a > 0$

e) $(\sqrt{x+1} + \sqrt{x-1})(\sqrt{x+1} - \sqrt{x-1})$; gib $\mathbb{D}_{max}$ an!

f) $(a\sqrt{b} - c\sqrt{d})(a\sqrt{b} + c\sqrt{d})$; $b, d \geq 0$

32. a) Berechne den Umfang des gleichschenkligen Trapezes OABC!

b) Wie lang sind die Strecken [OD] und [DE]?

c) Berechne $\overline{AX}$ und den Flächeninhalt des Trapezes OABC!

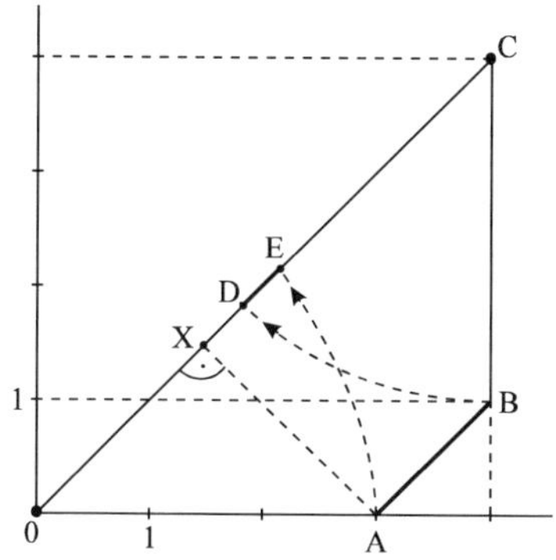

33. Berechne mit dem Taschenrechner!

a) $-\sqrt{5{,}92} + 12{,}9\sqrt{0{,}39} + \sqrt{17{,}25}$

b) $\sqrt{14{,}08} - \sqrt{\sqrt{13} - 1} + \sqrt{66 \cdot 0{,}078}$

34. a) Mit der Tastenfolge [2] [√] [+] [2] [=] [√] [+] [2] [=] [√] ...
kann man den Term $\sqrt{2+\sqrt{2+\sqrt{2+\sqrt{2+\ldots}}}}$ näherungsweise berechnen.

Welcher Zahl nähert sich das Ergebnis an?

b) Berechne ebenso $\sqrt{6+\sqrt{6+\sqrt{6+\sqrt{6+\ldots}}}}$.

c) Bestätige mit selbstgewählten Werten für $c > 0$, daß folgende Aussage gilt:

$\sqrt{c+\sqrt{c+\sqrt{c+\sqrt{c+\ldots}}}}$ nähert sich der Zahl $a = \frac{1}{2}(1 + \sqrt{1 + 4c})$ an.

2.4 Rationalmachen des Nenners

Bruchterme, die im Nenner einen Wurzelterm enthalten, können durch Erweitern so umgeformt werden, daß der **Nenner wurzelfrei** wird. Wir unterscheiden zwei Typen von Brüchen mit Quadratwurzeln im Nenner:

Typ I

Der Nenner ist ein einziger Wurzelterm, evtl. mit einem Faktor davor.

$$\frac{A}{\sqrt{B}} \underset{\uparrow}{=} \frac{A \cdot \sqrt{\mathbf{B}}}{\sqrt{B} \cdot \sqrt{\mathbf{B}}} = \frac{A\sqrt{B}}{B}$$

Wir erweitern den Bruch **mit der Nennerwurzel.**

Typ II

Der Nenner ist eine $\begin{Bmatrix}\text{Summe}\\ \text{Differenz}\end{Bmatrix}$, wobei mindestens ein Glied eine Quadratwurzel ist.

$$\frac{A}{B+\sqrt{C}} \underset{\uparrow}{=} \frac{A \cdot (\mathbf{B}-\sqrt{\mathbf{C}})}{(B+\sqrt{C}) \cdot (\mathbf{B}-\sqrt{\mathbf{C}})} = \frac{A \cdot (B-\sqrt{C})}{B^2-(\sqrt{C})^2} = \frac{A \cdot (B-\sqrt{C})}{B^2-C}$$

Wir erweitern mit der **Differenz derselben Glieder.**

$$\frac{A}{B-\sqrt{C}} \underset{\uparrow}{=} \frac{A \cdot (\mathbf{B}+\sqrt{\mathbf{C}})}{(B-\sqrt{C}) \cdot (\mathbf{B}+\sqrt{\mathbf{C}})} = \frac{A \cdot (B+\sqrt{C})}{B^2-C}$$

Wir erweitern mit der **Summe derselben Glieder.**

$$\frac{A}{\sqrt{B}-\sqrt{C}} \underset{\uparrow}{=} \frac{A \cdot (\sqrt{\mathbf{B}}+\sqrt{\mathbf{C}})}{(\sqrt{B}-\sqrt{C}) \cdot (\sqrt{\mathbf{B}}+\sqrt{\mathbf{C}})} = \frac{A \cdot (\sqrt{B}+\sqrt{C})}{(\sqrt{B})^2-(\sqrt{C})^2} = \frac{A(\sqrt{B}+\sqrt{C})}{B-C}$$

Wir erweitern mit der **Summe derselben Glieder.**

$$\frac{A}{\sqrt{B}+\sqrt{C}} \underset{\uparrow}{=} \frac{A \cdot (\sqrt{\mathbf{B}}-\sqrt{\mathbf{C}})}{(\sqrt{B}+\sqrt{C}) \cdot (\sqrt{\mathbf{B}}-\sqrt{\mathbf{C}})} = \frac{A \cdot (\sqrt{B}-\sqrt{C})}{B-C}$$

Wir erweitern mit der **Differenz derselben Glieder.**

Beispiele:

1. Mache den Nenner rational!

   a) $\frac{2}{\sqrt{3}}$

   b) $\frac{2-\sqrt{2}}{2\sqrt{2}}$

   Lösung:

   a) $\frac{2}{\sqrt{3}} = \frac{2 \cdot \boldsymbol{\sqrt{3}}}{\sqrt{3} \cdot \boldsymbol{\sqrt{3}}} = \frac{2\sqrt{3}}{3}$

   b) $\frac{2-\sqrt{2}}{2\sqrt{2}} = \frac{(2-\sqrt{2}) \cdot \boldsymbol{\sqrt{2}}}{2\sqrt{2} \cdot \boldsymbol{\sqrt{2}}} = \frac{(2-\sqrt{2}) \cdot \sqrt{2}}{2 \cdot 2} = \frac{2\sqrt{2}-2}{4}$

   $= \frac{2(\sqrt{2}-1)}{4} = \frac{\sqrt{2}-1}{2}$

2. Mache den Nenner rational!

   a) $\frac{\sqrt{3}+5\sqrt{2}}{2\sqrt{3}-\sqrt{2}}$

   b) $\frac{\sqrt{2}}{15-5\sqrt{8}}$

   c) $\frac{\sqrt{3}}{2+\sqrt{4-\sqrt{2}}}$

   d) $\frac{2}{\sqrt{x+1}+\sqrt{x-1}}$; $x > 1$

Lösung:

a) $$\frac{\sqrt{3}+5\sqrt{2}}{2\sqrt{3}-\sqrt{2}}=\frac{(\sqrt{3}+5\sqrt{2})\cdot \mathbf{2(\sqrt{3}+\sqrt{2})}}{(2\sqrt{3}-\sqrt{2})\cdot\mathbf{(2\sqrt{3}+\sqrt{2})}}=$$

$$=\frac{2(\sqrt{3})^2+\sqrt{6}+10\sqrt{6}+5(\sqrt{2})^2}{(2\sqrt{3})^2-(\sqrt{2})^2}=\frac{6+11\sqrt{6}+10}{12-2}$$

$$=\frac{16+11\cdot\sqrt{6}}{10}=1{,}6+1{,}1\sqrt{6}$$

b) $$\frac{\sqrt{2}}{15-5\sqrt{8}}=\frac{\sqrt{2}}{5\cdot(3-\sqrt{8})}=\frac{\sqrt{2}\cdot\mathbf{(3+\sqrt{8})}}{5(3-\sqrt{8})\mathbf{(3+\sqrt{8})}}=\frac{3\sqrt{2}+4}{5\cdot(9-8)}$$

$$=\frac{3\sqrt{2}+4}{5}$$

c) $$\frac{\sqrt{3}}{2+\sqrt{4-\sqrt{2}}}=\frac{\sqrt{3}\cdot\mathbf{(2-\sqrt{4-\sqrt{2}})}}{(2+\sqrt{4-\sqrt{2}})\cdot\mathbf{(2-\sqrt{4-\sqrt{2}})}}$$

$$=\frac{\sqrt{3}(2-\sqrt{4-\sqrt{2}})}{4-(4-\sqrt{2})}=\frac{\sqrt{3}(2-\sqrt{4-\sqrt{2}})}{\sqrt{2}}$$

$$=\frac{\sqrt{3}(2-\sqrt{4-\sqrt{2}})\cdot\mathbf{\sqrt{2}}}{\sqrt{2}\cdot\mathbf{\sqrt{2}}}=\frac{\sqrt{6}(2-\sqrt{4-\sqrt{2}})}{2}$$

d) $$\frac{2}{\sqrt{x+1}+\sqrt{x-1}}=\frac{2\cdot\mathbf{(\sqrt{x+1}-\sqrt{x-1})}}{(\sqrt{x+1}+\sqrt{x-1})\mathbf{(\sqrt{x+1}-\sqrt{x-1})}}$$

$$=\frac{2\cdot(\sqrt{x+1}-\sqrt{x-1})}{\underset{\text{aufpassen!}}{x+1-(x-1)}}=\frac{2(\sqrt{x+1}-\sqrt{x-1})}{x+1-x+1}$$

$$=\frac{2(\sqrt{x+1}-\sqrt{x-1})}{2}=\sqrt{x+1}-\sqrt{x-1}$$

Aufgaben

35. Mache den Nenner rational und vereinfache so weit wie möglich!

a) $\dfrac{21}{4\sqrt{7}}$

b) $\dfrac{\sqrt{5}+\sqrt{3}}{\sqrt{5}\cdot\sqrt{3}}$

c) $\dfrac{2\sqrt{18}-\sqrt{108}}{3\sqrt{8}\,\sqrt{12}}$

d) $\dfrac{52+65x}{\sqrt{13}}$

e) $\dfrac{2x}{\sqrt{14ax}}$; $a, x \in \mathbb{R}^+$

f) $\dfrac{36\text{ m}-30}{\sqrt{5-6\text{ m}}}$; $m < \dfrac{5}{6}$

g) $\dfrac{\sqrt{\frac{12x}{5}}}{\sqrt{\frac{2}{3}}}$; $x \in \mathbb{R}_0^+$

h) $\dfrac{4-k}{\sqrt{32-2k^2}}$; Bedingung für k?

36. Mache den Nenner rational und vereinfache so weit wie möglich!

a) $\dfrac{\sqrt{21}-1}{3\sqrt{7}+7\sqrt{3}}$

b) $\dfrac{9-5\sqrt{3}}{7-3\sqrt{3}}$

c) $\dfrac{14}{5\sqrt{2}-8}$

d) $\dfrac{\sqrt{63}}{4-\sqrt{16-\sqrt{7}}}$

e) $\sqrt{\dfrac{3}{\sqrt{3}+3}}$

f) $\dfrac{28}{3+\sqrt{2}+\sqrt{7}} = \dfrac{28}{(3+\sqrt{2})+\sqrt{7}}$

g) $\dfrac{\sqrt{\sqrt{3}+\sqrt{2}}}{\sqrt{\sqrt{3}-\sqrt{2}}}$

h) $\sqrt{\dfrac{18\sqrt{29}-29\sqrt{6}}{3\sqrt{6}-\sqrt{29}}}$

i) $\dfrac{2-\sqrt{2}+\sqrt{10}}{1-\sqrt{2}-\sqrt{5}}$

37. Mache den Nenner wurzelfrei und gib an, welche Bedingungen die Formvariablen der gegebenen Terme erfüllen müssen!

a) $\dfrac{1+a}{\sqrt{a^2-1}}$

b) $\dfrac{\sqrt{x}-\sqrt{y}}{\sqrt{x}+\sqrt{y}}$

c) $\dfrac{16x^2 - 25y}{\sqrt{4x + 5\sqrt{y}}}$

d) $\sqrt{\dfrac{a + \sqrt{a^2 - 1}}{a - \sqrt{a^2 - 1}}}$

e) $(\sqrt{b^2 - 1} \cdot \sqrt{b + 1}) : \sqrt{b - 1}$

f) $\dfrac{\sqrt{2\sqrt{a} + \sqrt{b}}}{\sqrt{6\sqrt{a\,b} + 3\sqrt{a\,b}}}$

g) $\dfrac{a^3\sqrt{6}}{\sqrt{18a^2}} + \left(\dfrac{a}{2}\sqrt{3}\right)^2$

38. Vereinfache:

$$\left(\frac{2x\sqrt{y} - y\sqrt{x}}{\sqrt{xy}} - \frac{x - y}{\sqrt{x} + \sqrt{y}}\right) \cdot (\sqrt{x} - \sqrt{y})$$

Hinweis: Im Zähler des ersten Bruchterms läßt sich $\sqrt{xy}$ ausklammern. Vereinfache dann den Term in der ersten Klammer!

39. Stelle rationale Nenner her und fasse zusammen!

a) $\dfrac{6 + 2\sqrt{5}}{\sqrt{5}} - 6\sqrt{\dfrac{1}{5}} + \dfrac{\sqrt{80}}{\sqrt{5} - 1}$

b) $\left(\dfrac{2}{3}\sqrt{15} + \sqrt{6}\right)(6\sqrt{7{,}5} - 2\sqrt{27}) - \dfrac{52}{\sqrt{5} + 3\sqrt{2}}$

c) $\dfrac{3\sqrt{5} + 5\sqrt{3}}{5\sqrt{2} - 2\sqrt{5}} + \dfrac{5\sqrt{2} - 2\sqrt{5}}{3\sqrt{5} + 5\sqrt{3}}$

d) $\dfrac{\sqrt{a} - \sqrt{b}}{\sqrt{a} + \sqrt{b}} + \dfrac{1}{\sqrt{a - b}}$

e) $\dfrac{2}{\sqrt{7} - \sqrt{5}} - 5\sqrt{\dfrac{1}{5}} - \dfrac{7 - 3\sqrt{7}}{\sqrt{7}}$

2.5 Einen Faktor unter die Wurzel ziehen

$\sqrt{a^2b} = |a| \cdot \sqrt{b}$ stellt das teilweise Radizieren dar. Wir kehren nun den Vorgang um und beschränken uns zunächst auf den Fall, daß $a \geq 0$ ist.

So ziehen wir einen nichtnegativen Faktor unter die Wurzel

$a\sqrt{b} = \sqrt{a^2b}$; $a \geq 0$, $b \geq 0$

Der (positive) Faktor vor der Wurzel tritt quadriert als Faktor zum Radikanden unter die Wurzel.

Beispiele:

Ziehe jeweils den Faktor unter die Wurzel und vereinfache so weit wie möglich.

1. $2x\sqrt{\dfrac{1+x}{8x^2}}$; $x > 0$

2. $(\sqrt{3}-1)\sqrt{2+\sqrt{3}}$

Lösung:

1. $$2x\sqrt{\frac{1+x}{8x^2}} = \sqrt{(2x)^2 \cdot \frac{1+x}{8x^2}} = \sqrt{\frac{4x^2(1+x)}{8x^2}} = \sqrt{\frac{1+x}{2}}$$

2. $$(\sqrt{3}-1)\sqrt{2+\sqrt{3}} = \sqrt{(\sqrt{3}-1)^2\,(2+\sqrt{3})}$$
$$= \sqrt{(3-2\sqrt{3}+1)\cdot(2+\sqrt{3})} = \sqrt{(4-2\sqrt{3})(2+\sqrt{3})}$$
$$= \sqrt{8+4\sqrt{3}-4\sqrt{3}-6} = \sqrt{2}$$

Wir betrachten nun den Fall: **negativer Faktor vor der Wurzel** $(-5) \cdot \sqrt{7} = ?$

Schreibt man etwa: $(-5)\sqrt{7} = \sqrt{(-5)^2 \cdot 7} = \sqrt{25 \cdot 7} = \sqrt{175}$,

so ist dies *falsch,* denn links steht ein negativer, rechts ein positiver Wert.

Wir berichtigen: $(-5) \cdot \sqrt{7} = (-1) \cdot 5 \cdot \sqrt{7} = -\sqrt{5^2 \cdot 7} = -\sqrt{(-5)^2 \cdot 7}$

So ziehen wir einen negativen Faktor unter die Wurzel

$a\sqrt{b} = (-1) \cdot |a| \cdot \sqrt{b} = -\sqrt{|a|^2 b} = -\sqrt{a^2 b}$; $a < 0; b \in \mathbb{R}_0^+$

Ist der Faktor vor der Wurzel negativ, so spalten wir den Faktor (–1) ab. Dadurch bleibt im Ergebnis das Minuszeichen vor der Wurzel erhalten.

Beispiele:

Ziehe jeweils den Faktor unter die Wurzel und vereinfache so weit wie möglich!

1. $-3\sqrt{6}$
2. $(1-\sqrt{5})\sqrt{3+\sqrt{5}}$
3. $(1-x)\sqrt{3x}$

Lösung:

1. $-3\sqrt{6} = (-1) \cdot 3\sqrt{6} = -\sqrt{3^2 \cdot 6} = -\sqrt{54}$
2. $(1-\sqrt{5}) \cdot \sqrt{3+\sqrt{5}} =$

   Man prüft zunächst, ob der Faktor vor der Wurzel positiv oder negativ ist. Hier ist er negativ, da $\sqrt{5} > 1$.

   $= (-1)(\sqrt{5}-1)\sqrt{3+\sqrt{5}} = (-1)\sqrt{(\sqrt{5}-1)^2 (3+\sqrt{5})}$

   $= (-1)\sqrt{(5-2\sqrt{5}+1)(3+\sqrt{5})} = -\sqrt{(6-2\sqrt{5})(3+\sqrt{5})}$

   $= -\sqrt{2(3-\sqrt{5})(3+\sqrt{5})} = -\sqrt{2(9-5)} = -\sqrt{2 \cdot 4} = -2 \cdot \sqrt{2}$

3. Hier ist eine Fallunterscheidung notwendig.

   Fall 1:

   $$1 - x \geq 0 \quad \wedge \quad 3x \geq 0$$
   $$\Leftrightarrow \quad x \leq 1 \quad \wedge \quad x \geq 0$$
   $$(1 - x)\sqrt{3x} = \sqrt{(1 - x)^2 \cdot 3x} \quad \text{für} \quad 0 \leq x \leq 1$$

   Fall 2:

   $$1 - x < 0 \quad \wedge \quad 3x \geq 0$$
   $$\Leftrightarrow \quad x > 1 \quad \wedge \quad x \geq 0$$
   $$(1 - x)\sqrt{3x} = (-1) \cdot (x - 1)\sqrt{3x} = -\sqrt{(x - 1)^2 \cdot 3x} \quad \text{für} \quad x > 1$$

Aufgaben

40. Ziehe jeweils den Faktor unter die Wurzel und vereinfache so weit wie möglich!

a) $(2 + \sqrt{3})\sqrt{2 - \sqrt{3}}$

b) $(\sqrt{5} - 3)\sqrt{\frac{1}{2}(5 - \sqrt{5})}$

c) $(\sqrt{2} - \sqrt{3})\sqrt{3}$

d) $(2\sqrt{2} - 1)\sqrt{9 + 4\sqrt{2}}$

e) $(1 - \sqrt{5})\sqrt{10 + 2\sqrt{5}}$

41. Die Differenz $5 - \sqrt{11}$ ist als **eine** Wurzel wie folgt darzustellen:

$$5 - \sqrt{11} = \sqrt{(5 - \sqrt{11})^2} = \sqrt{25 - 10\sqrt{11} + 11} = \sqrt{36 - 10\sqrt{11}}$$

Schreibe ebenso als **einen** Wurzelterm:

a) $\sqrt{7} - \sqrt{2}$

b) $\sqrt{6} - 1$

42. Ziehe den Faktor unter die Wurzel und vereinfache!

a) $\frac{a^3}{b^2}\sqrt{\frac{b^2}{a}}$; $a > 0; b \neq 0$

b) $\frac{6a^2}{b}\sqrt{\frac{b}{12a^3}}$; $a < 0; b < 0$

c) $(x - y)\sqrt{\frac{x + y}{2(y - x)}}$; $0 < x < y$

43. Ermittle mit dem Taschenrechner den Näherungswert von $\sqrt{\frac{40-6\sqrt{3}}{3}}$ auf 7 D genau.

Um wieviel ‰ ist die Kreiszahl $\pi = 3{,}1415927...$ größer als dieser Wurzelwert?

2.6 Vermischte Aufgaben

44. Wie lang ist die Kante eines Würfels, dessen Volumenmaßzahl in cm^3 gleich der Maßzahl der Summe seiner Kanten in cm ist?

45. Berechne!

a) $(5\sqrt{2} - 6\sqrt{3} - 3\sqrt{8} + 4\sqrt{12}) \cdot 2\sqrt{6}$

b) $(2\sqrt{45} - \sqrt{10})(3\sqrt{12} + \sqrt{6})$

c) $\left(4\sqrt{242} - \frac{3}{2}\sqrt{968} + \sqrt{243}\right) \cdot \frac{\sqrt{2}}{11}$

d) $(\sqrt{80} + 2\sqrt{5} - \sqrt{20} + \sqrt{125}) : \sqrt{5}$

e) $\frac{0{,}25 - \sqrt{0{,}25}}{0{,}25 + \sqrt{0{,}25}} : \sqrt{0{,}25}$

f) $\frac{1}{\sqrt{5}}\left[\left(\frac{1+\sqrt{5}}{2}\right)^2 - \frac{1}{4}(1-\sqrt{5})^2\right]$

46. Berechne x aus der Proportionsgleichung!

a) $\sqrt{\frac{1}{3}} : \sqrt{3} = (1 + \sqrt{2}) : x$

b) $(\sqrt{5} - 2) : x = 1 : (\sqrt{5} + 2)$

c) $\sqrt{10} : \sqrt{3} = \sqrt{2} : (x - 1)$

d) $3 : \sqrt{5} = (2\sqrt{x} + 1) : \sqrt{2}$

47. Vereinfache!

a) $(\sqrt{r} + \sqrt{r-s})(\sqrt{r} - \sqrt{r-s})$

b) $(2x + \sqrt{a})^2 - (2\sqrt{a} - 3x)^2 - (15x\sqrt{a} - 5x^2 - 4a)$

c) $\sqrt{p^2 + \frac{1}{p^2} + 2}; \quad p \neq 0$

d) $\sqrt{\frac{a^2-a}{a^4-a^3}}-\left(2\sqrt{a}-\frac{1}{\sqrt{a}}\right)^2$

e) $\sqrt{x^2+6|x|+9}$

48. Ermittle mit dem Taschenrechner auf 3 D genau!

a) $\sqrt{\frac{8,8}{0,66}-3,6:6,3}$

b) $\sqrt{6,6}-\frac{8,6:(\sqrt{2}-1)}{(4,1-\sqrt{6})\cdot\sqrt{3}}$

c) $\sqrt{\frac{17,3}{10,2}}:\left(\frac{18}{\sqrt{307,2}}-\sqrt{11,03:7,81}\right)$

d) $\frac{\sqrt{35,8:12,01}}{2\sqrt{2+\sqrt{5}}-5\sqrt{2}}$

49. Vereinfache so weit wie möglich!

a) $\frac{a\sqrt{12}}{2\sqrt{a}}+\sqrt{48a}-\sqrt{5a}\cdot\sqrt{15};\ a>0$

b) $\sqrt{\frac{a^3+6a^2+9a}{2a^3+12a^2+18a}};\ a\neq 0$

c) $\sqrt{\frac{a^2-b^2}{2}}\cdot\sqrt{\frac{8a+8b}{a-b}};\ 0<b<a$

d) $\frac{\sqrt{16a^2-b^2}-\sqrt{16ab^2-4b^3}}{\sqrt{4a-b}};\ 0<b<4a$

50. Ermittle die Definitionsmenge des Terms und mache den Nenner wurzelfrei!

a) $\frac{3-x}{\sqrt{2x^2}-18}$

b) $\frac{3-x}{\sqrt{2x^2-18}}$

51. Gib die Bedingung für a und z an, so daß der Term

$$\sqrt{\frac{(4-z^2)\cdot 122{,}5}{10(a^2+4)\,z^5}}$$

definiert ist! Radiziere dann teilweise!

52. Beweise:

a) $\sqrt{4+2\sqrt{3}}-\sqrt{4-2\sqrt{3}}=2$

b) $\sqrt{16-6\sqrt{7}}=3-\sqrt{7}$

c) $\sqrt{15+\sqrt{60}+\sqrt{84}+\sqrt{140}}=\sqrt{3}+\sqrt{5}+\sqrt{7}$

53. a) Prüfe die Richtigkeit der beiden merkwürdigen Gleichungen:

$$\sqrt{2\frac{2}{3}}=2\cdot\sqrt{\frac{2}{3}};\quad \sqrt{3\frac{3}{8}}=3\cdot\sqrt{\frac{3}{8}}$$

b) Berechne x aus $\sqrt{4+\frac{4}{x}}=4\cdot\sqrt{\frac{4}{x}};\ x>0$

c) Berechne x in Abhängigkeit von $n \in \mathbb{N}\setminus\{1\}$ aus

$$\sqrt{n+\frac{n}{x}}=n\cdot\sqrt{\frac{n}{x}};\quad x>0$$

Gleichungen

Die Golden Gate Bridge ist die berühmteste Sehenswürdigkeit von San Francisco. Das Bauwerk wurde 1937 vollendet und ist mit 2,7 km Länge eine der längsten Hängebrücken der Welt. Etwa 100000 Fahrzeuge passieren die Brücke täglich auf sechs Fahrbahnen, die an zwei 227 m hohen Türmen aufgehängt sind. Das Foto zeigt die Brücke, als diese sich noch im Bau befand.
Es versteht sich von selbst, daß Ingenieure und Wissenschaftler eine Menge mathematischer Probleme lösen mußten, bevor mit diesem gewaltigen Bauvorhaben begonnen werden konnte. Alleine um die Brücke gegen die Stürme vom Pazifik her abzusichern, mußte einer der Ingenieure ein Gleichungssystem lösen, das aus dreißig Gleichungen mit ebensovielen Unbekannten bestand.

3 Quadratische Gleichungen

Zur Erforschung der Erdatmosphäre setzt man auch Raketen ein. Eine Rakete werde senkrecht nach oben geschossen. Zwischen der erreichten Höhe h, gemessen in Metern, und der Zeitdauer t, gemessen in Sekunden, gilt die Beziehung:

$$h = -5 \cdot t^2 + 200 \cdot t$$

Die Frage ist nun, nach welcher Zeit die Rakete eine Höhe von 875 m erreicht. Die Lösung ergibt sich aus dem Ansatz

$$875 = -5 \cdot t^2 + 200 \cdot t$$

oder

$$-5 \cdot t^2 + 200 \cdot t - 875 = 0$$

Eine solche Gleichung heißt quadratische Gleichung.

Die quadratische Gleichung

Jede quadratische Gleichung kann auf die Form
$ax^2 + bx + c = 0$ mit $a \in \mathbb{R} \setminus \{0\}$ und $b, c \in \mathbb{R}$
gebracht werden.
Die reellen Zahlen a, b und c heißen **Koeffizienten**.
Ist a =1, so spricht man von der Normalform der quadratischen Gleichung.

Wir betrachten zunächst einige besondere Fälle.

3.1 Die reinquadratische Gleichung $ax^2 + c = 0$

Wenn $b = 0$ ist, fehlt das lineare Glied bx in der quadratischen Gleichung. Sie hat dann die Gestalt:

$$
\begin{aligned}
& ax^2 + c = 0;\ a \in \mathbb{R} \setminus \{0\},\ c \in \mathbb{R} \\
\Leftrightarrow\quad & ax^2 = -c \\
\Leftrightarrow\quad & x^2 = -\frac{c}{a} \\
\Leftrightarrow\quad & x^2 = q
\end{aligned}
$$

So erkennt man die Anzahl der Lösungen

Die reinquadratische Gleichung $x^2 = q$ hat genau
eine Lösung für $q = 0$,
zwei Lösungen für $q > 0$,
keine Lösung für $q < 0$.

Beispiele:

1. Bestimme die Lösungsmenge folgender Gleichungen in der Grundmenge $G = \mathbb{R}$:

   a) $5x^2 - 80 = 0$

   b) $2x^2 + 5 = 0$

   c) $(x + 3) \cdot (7x - 2) = 19x - 6$

   Lösung:

   a) Wir dividieren durch 5 und ziehen auf beiden Seiten die Wurzel.
   Beachte:
   $\sqrt{x^2} = |x|$

$$
\begin{aligned}
& 5 \cdot x^2 - 80 = 0 \\
\Leftrightarrow\quad & x^2 - 16 = 0 \\
\Leftrightarrow\quad & x^2 = 16 \\
\Leftrightarrow\quad & |x| = \sqrt{16} \\
\Leftrightarrow\quad & x = 4 \quad \vee \quad x = -4
\end{aligned}
$$

   Wir geben die Lösungsmenge an ($L \subseteq G$):
   $L = \{4; -4\}$

b) Wir dividieren durch 2.

$$2x^2 + 5 = 0$$
$$\Leftrightarrow \quad x^2 + \frac{5}{2} = 0$$
$$\Leftrightarrow \quad x^2 = -\frac{5}{2}$$

Diese Gleichung hat keine Lösung, da es keine reelle Zahl gibt, deren Quadrat negativ ist. Also: L = { }.

c) Wir multiplizieren aus, fassen zusammen, dividieren durch 7.
Für alle $a \in \mathbb{R} \setminus \{0\}$ gilt: 0 : a = 0.

$$(x+3)\cdot(7x-2) = 19x-6$$
$$\Leftrightarrow \quad 7x^2 - 2x + 21x - 6 = 19x - 6$$
$$\Leftrightarrow \quad 7x^2 + 19x - 6 = 19x - 6$$
$$\Leftrightarrow \quad 7x^2 + 19x - 19x - 6 + 6 = 0$$
$$\Leftrightarrow \quad 7x^2 = 0$$
$$\Leftrightarrow \quad x^2 = \frac{0}{7}$$
$$\Leftrightarrow \quad x^2 = 0$$
$$\Leftrightarrow \quad x = 0$$

L = {0}

2. Löse die Gleichung $x^2 - 625 = 0$ in $G = \mathbb{R}$!

Lösung:
Mit Hilfe einer der binomischen Formeln $a^2 - b^2 = (a - b) \cdot (a + b)$ läßt sich diese Gleichung **faktorisieren**. Es gilt:

$$x^2 - 625 = 0$$
$$\Leftrightarrow \quad (x - 25)\cdot(x + 25) = 0$$

Ein Produkt zweier Faktoren ist dann genau null, wenn mindestens einer der Faktoren null ist. Also:

$$x - 25 = 0 \quad \vee \quad x + 25 = 0$$
$$\Leftrightarrow \quad x = 25 \quad \vee \quad x = -25$$

L = {25; –25}

Aufgaben

Löse die folgenden Gleichung in der Grundmenge $G = \mathbb{R}$!

54. a) $x^2 = 576$

b) $x^2 - 12{,}25 = 0$

c) $1{,}69x^2 = 27{,}04$

d) $7{,}9x^2 + 561{,}69 = 0$

55. a) $\frac{x^2}{50} = \frac{1}{8}$

b) $\frac{2{,}25x^2}{3} - \frac{3}{4} = 0$

c) $4x^2 - \frac{2}{5} = 25{,}2$

d) $\frac{7}{23}x^2 = 0$

56. a) $\sqrt{20}x^2 + 4\sqrt{5} = \sqrt{125}$

b) $\frac{x^2}{\sqrt{6}} = \sqrt{18}$

57. a) $(3x + 2) \cdot (4x - 5) = 290 - 7x$

b) $(x - 2)^2 + 4x = 85$

c) $(2x + 2\sqrt{2}) \cdot (x - \sqrt{2}) = 0$

3.2 Die Konstante ist null

Ist die Konstante null, d. h. gilt $c = 0$, dann hat die quadratische Gleichung die Form

$$ax^2 + bx = 0 \text{ mit } a \in \mathbb{R} \setminus \{0\} \text{ und } b \in \mathbb{R}.$$

Wir lösen durch Faktorisieren:

$$\begin{aligned} ax^2 + bx &= 0 \\ \Leftrightarrow \quad x \cdot (ax + b) &= 0 \end{aligned}$$

Dieses Produkt ist dann null, wenn mindestens ein Faktor null ist.

$$\begin{aligned} x = 0 \quad \vee \quad & ax + b = 0 \\ \Leftrightarrow \; & ax = -b \\ \Leftrightarrow \; & x = -\frac{b}{a} \end{aligned}$$

$$L = \left\{0; -\frac{b}{a}\right\}$$

Alle quadratischen Gleichungen der Form $ax^2 + bx = 0$ haben eine gemeinsame Lösung, nämlich $x = 0$.

Beispiele:

Löse die folgenden Gleichungen in $G = \mathbb{R}$!

1. $5x^2 - 2x = 0$
2. $0{,}12x^2 + 2x = 3{,}08x$
3. $(25x + 3\sqrt{2})(\sqrt{2}x - 4) + 12\sqrt{2} = 0$

Lösung:

1. Wir klammern x aus und setzen die einzelnen Faktoren gleich null.

$$\begin{aligned} & 5x^2 - 2x = 0 \\ \Leftrightarrow\ & x \cdot (5x - 2) = 0 \\ \Leftrightarrow\ & x = 0 \quad \vee \quad 5x - 2 = 0 \\ & \qquad\qquad \Leftrightarrow\ 5x = 2 \\ & \qquad\qquad \Leftrightarrow\ x = \frac{2}{5} \end{aligned}$$

$$L = \left\{0; \frac{2}{5}\right\}$$

2. Wir bringen die linearen Glieder auf eine Seite, fassen zusammen, klammern x aus und setzen die einzelnen Faktoren gleich null.

$$\begin{aligned} & 0{,}12x^2 + 2x = 3{,}08x \\ \Leftrightarrow\ & 0{,}12x^2 + 2x - 3{,}08x = 0 \\ \Leftrightarrow\ & 0{,}12x^2 - 1{,}08x = 0 \\ \Leftrightarrow\ & x \cdot (0{,}12x - 1{,}08) = 0 \\ \Leftrightarrow\ & x = 0 \quad \vee \quad 0{,}12x - 1{,}08 = 0 \\ & \qquad\qquad \Leftrightarrow\ 0{,}12x = 1{,}08 \\ & \qquad\qquad \Leftrightarrow\ x = \frac{1{,}08}{0{,}12} \\ & \qquad\qquad \Leftrightarrow\ x = 9 \end{aligned}$$

$$L = \{0; 9\}$$

3. Wir multiplizieren aus, fassen zusammen, klammern x aus und setzen die einzelnen Faktoren gleich null.

$$\begin{aligned} & (25x + 3\sqrt{2}) \cdot (\sqrt{2}x - 4) + 12\sqrt{2} = 0 \\ \Leftrightarrow\ & 25\sqrt{2}x^2 - 100x + 6x - 12\sqrt{2} + 12\sqrt{2} = 0 \\ \Leftrightarrow\ & 25\sqrt{2}x^2 - 94x = 0 \\ \Leftrightarrow\ & x \cdot (25\sqrt{2}x - 94) = 0 \\ \Leftrightarrow\ & x = 0 \quad \vee \quad 25\sqrt{2}x - 94 = 0 \end{aligned}$$

Wir machen den Nenner rational.

$$\Leftrightarrow \quad x = \frac{94}{25\sqrt{2}}$$

$$\Leftrightarrow \quad x = \frac{94\sqrt{2}}{25 \cdot \sqrt{2} \cdot \sqrt{2}}$$

$$\Leftrightarrow \quad x = \frac{47\sqrt{2}}{25}$$

$$L = \left\{0; \frac{47\sqrt{2}}{25}\right\}$$

Aufgaben

58. Löse die folgenden Gleichungen in $G = \mathbb{R}$!

a) $\frac{1}{12}x^2 - 5x = 0$ b) $0{,}24x^2 = 1{,}68x$

c) $\sqrt{27}x^2 + \sqrt{3}x = 0$ d) $0{,}56x^2 - 0{,}32x = 4{,}72x$

59. Der Zeit-Höhen-Zusammenhang unserer Rakete vom Anfang des Kapitels war durch $h = -5t^2 + 200t$ gegeben.
Berechne, zu welchen Zeiten die Höhe $h = 0$ (m) ist!
Welche Bedeutung haben die beiden sich ergebenden Lösungen?

60. Bestimme die Lösungsmenge in $G = \mathbb{R}$!

a) $(2x + 7) \cdot (2x - 7) = 7 \cdot (x - 7)$

b) $(\sqrt{5} \cdot x - 3) \cdot (\sqrt{5} \cdot x + 2) + 6 = 0$

c) $(\sqrt{3} \cdot x + 2)^2 = 4$

d) $(2x + 7) \cdot (5x - 10) = (7 - x) \cdot (2x - 10)$

3.3 Lösen durch quadratische Ergänzung

Quadratische Gleichungen vom Typ $ax^2 + c = 0$ und $ax^2 + bx = 0$ können wir lösen. Was aber machen wir bei einer allgemeinen quadratischen Gleichung? Gelingt es, die linke Seite zu faktorisieren, dann ist das Problem gelöst. Man nennt dieses Lösungsverfahren **Lösen durch quadratische Ergänzung**.

Quadratische Ergänzung

Quadratische Ergänzung bedeutet, daß man ein vollständiges Quadrat der Form $x^2 + 2ux + u^2 = (x + u)^2$ durch geeignete Ergänzung herstellen muß.

Beispiel:

$$\frac{1}{2}x^2 + 5x = 28$$

Schritt 1: Wir stellen die Normalform her

$$\frac{1}{2}x^2 + 5x - 28 = 0$$

Wir multiplizieren mit 2.

$$\Leftrightarrow x^2 + 10x - 56 = 0$$

Schritt 2: Wir ergänzen zum Quadrat

Wir fassen den Term $x^2 + 10x$ als Anfang der linken Seite der binomischen Formel $(x^2 + 2ux + u^2) = (x + u)^2$ auf. Der Koeffizient von x muß dann $2u = 10$ sein. Damit ist $u = 5$. Wir ergänzen nun das fehlende u^2, also 5^2 und ziehen es gleich wieder ab, um den Wert der Gleichung nicht zu verändern. Also:

$$\underbrace{x^2 + 2 \cdot 5 \cdot x +}_{(x+5)^2}\underbrace{5^2 - 5^2}_{0} - 56 = 0$$

Wir radizieren auf beiden Seiten und schreiben betragsfrei

$\Leftrightarrow \quad (x + 5)^2 - 81 = 0$

$\Leftrightarrow \quad (x + 5)^2 = 81$

$\Leftrightarrow \quad |x + 5| = 9$

$\Leftrightarrow \quad x + 5 = 9 \lor x + 5 = -9$

$\Leftrightarrow \quad x = 4 \lor x = -14$

$L = \{4; -14\}$

Aufgaben

61. Löse die folgenden Gleichungen durch quadratische Ergänzung:

a) $x^2 + 4x - 21 = 0$

b) $x^2 + 8x + 12 = 0$

c) $x^2 + 2{,}5x - 1\frac{1}{2} = 0$

d) $x^2 - \frac{5}{4}x - \frac{3}{8} = 0$

e) $x^2 - \sqrt{5}x - 1 = 0$

f) $3x^2 + 5x + 8\frac{5}{6} = 0$

g) $2x^2 + \sqrt{3}x - 2 = 0$

3.4 Diskriminante und Lösungsformel

Wenn ein Mathematiker immer wieder gleichlautende Aufgaben lösen muß, dann wird er dessen bald müde, und er beginnt sich zu fragen, ob sich nicht eine Formel finden läßt, mit der er zukünftig Aufgaben diesen Typs lösen kann.

So lösen wir quadratische Gleichungen mit der Diskriminante

Die Gleichung $ax^2 + bx + c = 0$ hat die Diskriminante $D = b^2 - 4ac$.
Die Lösungen der Gleichungen sind

für $D > 0$ $\quad x = \frac{-b + \sqrt{D}}{2a} \quad \vee \quad x = \frac{-b - \sqrt{D}}{2a}$

für $D = 0$ $\quad x = -\frac{b}{2a}$

für $D < 0$ $\quad$ keine Lösung

Beispiele:

Bestimme zunächst die Anzahl der Lösungen! Gib dann die Lösungsmenge bzgl. der Grundmenge $G = \mathbb{R}$ an!

1. $-2x^2 - 3x + 2 = 0$

2. $\frac{5}{6}x^2 = -\frac{125}{54} - \frac{25}{9}x$

3. $x^2 - 1{,}4x = 0{,}95$

Lösung:

1. $-2x^2 - 3x + 2 = 0$

   Wir ordnen zu: $a = -2$; $b = -3$ und $c = 2$.

   Wir berechnen die Diskriminante und folgern, daß es zwei Lösungen gibt.

   $D = b^2 - 4ac$

   $D = (-3)^2 - 4 \cdot (-2) \cdot 2 = 9 + 16$

   $\quad = 25 > 0$

   Jetzt setzen wir in die Lösungsformel ein:

   $$x = \frac{-b + \sqrt{D}}{2a} \quad \vee \quad x = \frac{-b - \sqrt{D}}{2a}$$

Mit a = –2, b = –3 und D = 25 wird

$$x = \frac{-(-3) + \sqrt{25}}{2 \cdot (-2)} \quad \vee \quad x = \frac{-(-3) - \sqrt{25}}{2 \cdot (-2)}$$

$$\Leftrightarrow \quad x = \frac{3+5}{-4} \qquad \Leftrightarrow \quad x = \frac{3-5}{-4}$$

$$\Leftrightarrow \quad x = \frac{8}{-4} \qquad \Leftrightarrow \quad x = \frac{-2}{-4}$$

$$\Leftrightarrow \quad x = -2 \qquad \Leftrightarrow \quad x = \frac{1}{2}$$

$$L = \left\{-2; \frac{1}{2}\right\}$$

2. $\frac{5}{6}x^2 = -\frac{125}{54} - \frac{25}{9}x$

Wir stellen die Grundform her und ordnen zu:

$a = \frac{5}{6}; b = \frac{25}{9}; c = \frac{125}{54}$

$\frac{5}{6}x^2 + \frac{25}{9}x + \frac{125}{54} = 0$

Wir berechnen die Diskriminante und erkennen, daß es genau eine Lösung gibt.

$D = b^2 - 4ac$

$$D = \left(\frac{25}{9}\right)^2 - 4 \cdot \frac{5}{6} \cdot \frac{125}{54} = \frac{625}{81} - \frac{625}{81} = 0$$

$$x = -\frac{b}{2a}$$

Mit $a = \frac{5}{6}$ und $b = \frac{25}{9}$ wird

$$x = -\frac{\frac{25}{9}}{2 \cdot \frac{5}{6}} = -\frac{\frac{25}{9}}{\frac{5}{3}} = -\frac{25 \cdot 3}{9 \cdot 5} = -1\frac{2}{3}$$

$$L = \left\{-1\frac{2}{3}\right\}$$

3. $x^2 - 1{,}4x = 0{,}95$

Wir stellen die Grundform her und sehen: $a = 1$; $b = -1{,}4$; $c = -0{,}95$.

$x^2 - 1{,}4x - 0{,}95 = 0$

Wir berechnen die Diskriminante und sehen, daß es zwei Lösungen gibt.

$D = b^2 - 4ac$

$D = (-1{,}4)^2 - 4 \cdot 1 \cdot (-0{,}95) = 1{,}96 + 3{,}8 = 5{,}76 > 0$

$$x = \frac{-b + \sqrt{D}}{2a} \quad \vee \quad x = \frac{-b - \sqrt{D}}{2a}$$

Mit $a = 1$, $b = -1{,}4$ und $D = 5{,}76$ wird

$$x = \frac{1{,}4 + 2{,}4}{2} \quad \vee \quad x = \frac{1{,}4 - 2{,}4}{2}$$

$$\Leftrightarrow \quad x = 1{,}9 \qquad \Leftrightarrow \quad x = -0{,}5$$

$L = \{1{,}9; -0{,}5\}$

Aufgaben

62. Bestimme zunächst die Anzahl der Lösungen und gib dann die Lösungsmenge zur Grundmenge $G = \mathbb{R}$ an!

a) $x^2 + 2x - 24 = 0$

b) $x^2 + 1{,}6x - 0{,}8 = 0$

c) $x^2 + 6\frac{2}{3}x = 7\frac{2}{3}$

d) $\frac{2}{5}x^2 + \frac{1}{2}x + 7 = 0$

e) $x^2 = 7\frac{1}{4}x + 6$

f) $\sqrt{3}\,x^2 + 2x - \sqrt{3} = 0$

g) $11x^2 + 2x = 8x^2 + 9x - 2$

h) $(3x + 5)^2 - x \cdot (6x - 3) = 29x + 15$

i) $(x + 2)^2 + (x - 1)^2 = -2(x - 1)(x + 1)$

63. Löse die folgenden quadratischen Gleichungen mit Hilfe des Taschenrechners auf 2 D genau:

a) $x^2 - 127{,}9x + 1\,343 = 0$

b) $\sqrt{2}x^2 - (2 - 2\sqrt{2})x + \frac{3}{\sqrt{2}} - 2 = 0$

c) $1\,607x^2 + 2\,011x - 7\,516 = 0$

d) $1{,}23 \cdot 10^4\, x^2 - 2{,}17 \cdot 10^5\, x = 1$

Hinweis:
Berechne zunächst die Diskriminante $D = b^2 - 4ac$. Ist die Diskriminante positiv, dann radiziere und speichere diesen Wert ab (z. B.: [STO] oder [min]). Im folgenden kannst du dann die Lösungen durch Rückruf von $\sqrt{D}$ berechnen (z. B.: [RCL] oder [MR]) und folgendermaßen rechnen:

[b] [+/–] [–] [RCL] [($\sqrt{D}$)] [=] [:] [2] [:] [a] [=] bzw.

[b] [+/–] [+] [RCL] [($\sqrt{D}$)] [=] [:] [2] [:] [a] [=]

Für den Fall, daß D = 0, ist nur der Term $-\frac{b}{2a}$ zu berechnen.

64. Bestimme die Lösungen der Gleichungen in $G = \mathbb{R}$!

$2 \cdot (x - 2)^2 - 4 = 4\sqrt{2} \cdot (x - 2)$

Führe für eine Lösung die Probe durch!

3.5 Lösen quadratischer Gleichungen, die Fallunterscheidungen erfordern

In der Gleichung $x^2 + \lambda x + 2 = 0$ mit $\lambda \in \mathbb{R}$ kommt außer der Lösungsvariablen x auch noch die Formvariable λ vor.

So lösen wir quadratische Gleichungen mit Formvariablen

1. Wir bestimmen die Diskriminante.
2. Wir führen notwendige Fallunterscheidungen bezüglich der Anzahl der Lösungen in Abhängigkeit von der Formvariablen durch.
3. Wir lösen die quadratische Gleichung.

Beispiele:

1. Bestimme $\lambda \in \mathbb{R}$ so, daß die Gleichung
   $-4x^2 + (2\lambda + 2)x - \lambda = 0$
   genau eine Lösung hat! Gib diese Lösung an!

   Lösung:
   Wir bringen die Gleichung auf Normalform
   $$-4x^2 + (2\lambda + 2)\,x - \lambda = 0 \qquad |(-1)$$
   $$\Leftrightarrow \quad 4x^2 - (2\lambda + 2)\,x + \lambda = 0$$
   und bestimmen die Diskriminante in Abhängigkeit von λ:
   $D = b^2 - 4ac$
   hier: $a = 4$; $b = -(2\lambda + 2)$; $c = \lambda$
   $$\begin{aligned} D &= [-(2\lambda + 2)]^2 - 4 \cdot 4 \cdot \lambda \\ &= (2\lambda + 2)^2 - 16\lambda \\ &= 4\lambda^2 + 8\lambda + 4 - 16\lambda \\ &= 4\lambda^2 - 8\lambda + 4 \\ &= 4(\lambda^2 - 2\lambda + 1) \\ &= 4(\lambda - 1)^2 \end{aligned}$$
   Wir erkennen: $D = 0 \Leftrightarrow \lambda = 1$

Die zugehörige quadratische Gleichung:

$$4x^2 - (2 \cdot 1 + 2)x + 1 = 0$$

$$\Leftrightarrow \quad 4x^2 - 4x + 1 = 0$$

hat genau eine Lösung. Sie lautet nach der Lösungsformel:

$$x = -\frac{b}{2a} = -\frac{-4}{2 \cdot 4} = \frac{1}{2}$$

Wir hätten auch eine der binomischen Formeln benutzen können:

$$4x^2 - 4x + 1 = 0$$

$$\Leftrightarrow \quad (2x - 1)^2 = 0$$

$$\Leftrightarrow \quad 2x - 1 = 0 \quad \Leftrightarrow \quad 2x = 1 \quad \Leftrightarrow \quad x = \frac{1}{2}$$

Für $\lambda = 1$ erhalten wir somit $L = \left\{\frac{1}{2}\right\}$.

2. Bestimme die Lösungsmenge der Gleichung
$x^2 - 2x + \lambda x - 2\lambda^2 - \lambda + 1 = 0$
in Abhängigkeit von λ!

Lösung:
Wir bringen die Gleichung auf Normalform
$x^2 + (\lambda - 2)x + (-2\lambda^2 - \lambda + 1) = 0$

Wir erkennen
$a = 1;\ b = \lambda - 2,\ c = -2\lambda^2 - \lambda + 1$

und bestimmen die Diskriminante

$$D = b^2 - 4ac$$

$$D = (\lambda - 2)^2 - 4 \cdot 1 \cdot (-2\lambda^2 - \lambda + 1)$$

$$= \lambda^2 - 4\lambda + 4 + 8\lambda^2 + 4\lambda - 4$$

$$= 9\lambda^2$$

1. Fall: $D = 0 \Leftrightarrow \lambda = 0$
Für $\lambda = 0$ hat die zugehörige quadratische Gleichung genau eine Lösung.
Es gilt:

$$x^2 - 2x + 1 = 0$$

$$\Leftrightarrow \quad (x - 1)^2 = 0 \quad \Leftrightarrow \quad x = 1$$

2. Fall: $D > 0 \Leftrightarrow \lambda \in \mathbb{R} \setminus \{0\}$
Für jedes $\lambda \in \mathbb{R} \setminus \{0\}$ hat die zugehörige quadratische Gleichung genau zwei Lösungen.
Es gilt:

$$x = \frac{-b + \sqrt{D}}{2a} \quad \vee \quad x = \frac{-b - \sqrt{D}}{2a}$$

Mit den Werten $a = 1$; $b = \lambda - 2$; $D = 9\lambda^2$ wird

$$x = \frac{-(\lambda - 2) + \sqrt{9\lambda^2}}{2} \quad \vee \quad x = \frac{-(\lambda - 2) - \sqrt{9\lambda^2}}{2}$$

$$\Leftrightarrow \quad x = \frac{-\lambda + 2 + 3|\lambda|}{2} \quad \vee \quad x = \frac{-\lambda + 2 - 3|\lambda|}{2}$$

Mit der Fallunterscheidung $|\lambda| = \lambda$ für $\lambda > 0$ und $|\lambda| = -\lambda$ für $\lambda < 0$ können wir die Lösungsterme betragsfrei schreiben und weiter zusammenfassen. Es gilt:

$\lambda > 0$

$$x = \frac{-\lambda + 2 + 3\lambda}{2} \quad \vee \quad x = \frac{-\lambda + 2 - 3\lambda}{2}$$

$$\Leftrightarrow \quad x = \frac{2\lambda + 2}{2} \quad \vee \quad x = \frac{-4\lambda + 2}{2}$$

$$\Leftrightarrow \quad x = \lambda + 1 \quad \vee \quad x = 1 - 2\lambda$$

Also: $L = \{1 + \lambda;\ 1 - 2\lambda\}$ für $\lambda > 0$

$\lambda < 0$

$$x = \frac{-\lambda - 2 - 3\lambda}{2} \quad \vee \quad x = \frac{-\lambda + 2 - 3(-\lambda)}{2}$$

$$\Leftrightarrow \quad x = \frac{2 - 4\lambda}{2} \quad \vee \quad x = \frac{-\lambda + 2 + 3\lambda}{2}$$

$$\Leftrightarrow \quad x = 1 - 2\lambda \quad \vee \quad x = \frac{2\lambda + 2}{2} = \lambda + 1$$

Also: $L = \{1 + \lambda;\ 1 - 2\lambda\}$ für $\lambda < 0$

Wir erkennen;
Für $\lambda \in \mathbb{R} \setminus \{0\}$ lautet die Lösungsmenge $L = \{1 + \lambda;\ 1 - 2\lambda\}$

Aufgaben

65. Bestimme die Lösungsmenge in Abhängigkeit von $\lambda \in \mathbb{R}$ $\{G = \mathbb{R}\}$!

a) $x^2 + 4x + \lambda = 0$

b) $10x^2 - \lambda^2 x - 2\lambda^4 = 0$

c) $\lambda x^2 - \lambda^3 x + x - \lambda^2 = 0 \quad (\lambda \neq 0)$

66. Bestimme $\lambda \in \mathbb{R}$ so, daß die quadratische Gleichung genau eine Lösung hat!

a) $x^2 + \lambda x + 3 - \lambda = 0$

b) $(1 - \lambda)x^2 + 6x - 3 = 0 \quad (\lambda \neq 1)$

c) $2x^2 + (\lambda + 8)x + \lambda + 24 = 0$

67. Gegeben ist die Gleichung $2x^2 - 6kx + 8 = 0$.

a) Berechne die Lösungen in $G = \mathbb{R}$!

b) Bestimme den Wert für k, für den die gegebene Gleichung zwei zusammenfallende Lösungen hat!
Gib für diesen Fall die Lösungsmenge an!

68. Gegeben ist die quadratische Gleichung
$2x^2 + 4x + k - 2 = 0$ mit $x \in \mathbb{R}$ und $k \in \mathbb{R}$.

a) Bestimme die Lösungsmenge für $k = -4$ und $k = 2$!

b) Für welche Werte von k besitzt die gegebene Gleichung zwei verschiedene reelle Lösungen? Für welche Werte von k ergibt sich keine reelle Lösung?

c) Für welchen Wert von k ist das Produkt der Lösungen gleich 5?

d) Für welchen Wert von k ist die erste Lösung der gegebenen Gleichung gleich 1? Wie lautet die zweite (dazugehörige) Lösung ?

e) Welcher Wert von k führt zu genau einer Lösung? Bestimme für diesen Fall die Lösungsmenge.

69. Bestimme die Lösungsmenge in Abhängigkeit von $\lambda \in \mathbb{R}$ und $\mu \in \mathbb{R}$!

a) $x^2 - 2\lambda x + \mu x - 2\lambda\mu = 0$

b) $x^2 - 2\lambda x + \lambda^2 - \mu^2 = 0$

3.6 Linearfaktorenzerlegung: Satz von Vieta

Die Lösungen einer quadratischen Gleichung in Normalform

$$(x + p) \cdot (x + q) = 0$$

lassen sich sehr schnell angeben. Wir setzen die Faktoren der Reihe nach gleich null:

$$x + p = 0 \quad \vee \quad x + q = 0$$
$$\Leftrightarrow \quad x = -p \quad \vee \quad x = -q$$
$$L = \{-p; -q\}$$

Der Satz von Vieta gibt uns an, wie und ob wir eine quadratische Gleichung faktorisieren können.

Satz von Vieta

Wenn die quadratische Gleichung $x^2 + bx + c = 0$ zwei Lösungen x_1 und x_2 hat, dann gilt:

$$x^2 + bx + c = (x - x_1) \cdot (x - x_2)$$

mit $x_1 + x_2 = -b$ und

$$x_1 \cdot x_2 = c$$

Beispiele:

1. Faktorisiere $x^2 - 6x + 8$ und gib die Lösungen der Gleichung $x^2 - 6x + 8 = 0$ an!

   Lösung:
   Wir haben $b = -6$ und $c = 8$. Nach dem Satz von Vieta muß gelten:
   $c = x_1 \cdot x_2 = 8$

   Also: $8 = 1 \cdot 8 = 2 \cdot 4 = (-1) \cdot (-8) = (-2) \cdot (-4)$
   Außerdem muß gelten: $x_1 + x_2 = -b$
   Wir prüfen, ob für eine der oben angegebenen Kombinationen die Beziehung $x_1 + x_2 = -(-6) = 6$ erfüllt ist.

   Es gilt:
   $1 + 8 = 9 \neq 6$
   $2 + 4 = 6$ (w)
   Die beiden anderen Zerlegungen führen ebenfalls nicht zu $b = -6$.

Damit gilt:
$x^2 - 6x + 8 = (x - 2) \cdot (x - 4)$

Für die angegebene Gleichung
$x^2 - 6x + 8 = 0$

gilt die Produktdarstellung
$(x - 2)(x - 4) = 0$

$\Leftrightarrow \quad x - 2 = 0 \quad \vee \quad x - 4 = 0$
$\Leftrightarrow \quad x = 2 \quad \vee \quad x = 4$

Also: $L = \{2; 4\}$

2. Gesucht ist diejenige quadratische Gleichung der Form $x^2 + bx + c = 0$, die die Lösungen $x_1 = 5$ und $x_2 = -7$ besitzt.

Lösung:
$x_1 \cdot x_2 = c$; $5 \cdot (-7) = c \Leftrightarrow c = -35$
$-(x_1 + x_2) = b$; $-(5 - 7) = b \Leftrightarrow b = 2$
Ergebnis: $x^2 + 2x - 35 = 0$

3. Eine Lösung der quadratischen Gleichung $x^2 + bx + 21 = 0$ lautet $x_1 = 7$. Wie lautet die andere Lösung? Welchen Wert hat b?

Lösung:
$x_1 \cdot x_2 = 21$; $7 \cdot x_2 = 21 \Leftrightarrow x_2 = 3$
$b = -(x_1 + x_2) = -(7 + 3) = -10$
Ergebnis: Die Gleichung lautet $x_2 - 10x + 21 = 0$.
Sie hat die Lösungen $x_1 = 7$ und $x_2 = 3$.

Aufgaben

70. Die quadratische Gleichung $x^2 + bx + c$ hat jeweils die folgenden Lösungen. Bestimme b und c!

a) $x_1 = 12; x_2 = \frac{1}{4}$ b) $x_1 = 5 + \sqrt{20}$; $x_2 = 5 - \sqrt{20}$

71. Für die quadratische Gleichung $x^2 + bx + c = 0$ sind gegeben:

a) $x_1 = 2$ und $c = 4$

b) $x_2 = 23$ und $b = -11$

c) $x_1 = 2 + \sqrt{2}$ und $b = 4$

Berechne jeweils die fehlende Lösung und gib die quadratische Gleichung mit ihren richtigen Koeffizienten an!

72. Gib die Lösungen einer normierten quadratischen Gleichung mit der gegebenen Lösungsmenge an!

a) $L = \left\{-2; 1\frac{1}{3}\right\}$ b) $L = \left\{\sqrt{2}; -2\sqrt{3}\right\}$

73. Faktorisiere die folgenden quadratischen Gleichungen und gib dann die Lösungsmenge ($G = \mathbb{R}$) an!

a) $x^2 - x - 6 = 0$ b) $x^2 + 21x - 22 = 0$

c) $x^2 - 9x + 18 = 0$ d) $x^2 + 7x - 8 = 0$

e) $2x^2 - 10x - 28 = 0$ f) $3x^2 + 8x + 5 = 0$

g) $6x^2 + 4\sqrt{3}x + 6 = 0$ h) $x^2 - \frac{1}{6}x - \frac{1}{6} = 0$

4 Verwandte Gleichungen

Viele Gleichungen, die zunächst keine quadratischen Gleichungen sind, können wir durch Termumformungen auf die Form einer quadratischen Gleichung bringen.

4.1 Bruchgleichungen

So lösen wir Bruchgleichungen

1. Wir bestimmen die maximale Definitionsmenge.
2. Wir ermitteln den Hauptnenner (HN) aller Bruchterme und multiplizieren damit beide Seiten der Gleichung.
3. Wir kürzen durch den Nenner der einzelnen Bruchterme.
4. Wir lösen die entstandene quadratische Gleichung.

Beispiel:

Bestimme die Lösungen der folgenden Gleichung in der Grundmenge $G = \mathbb{R}$:

$$\frac{1}{x} - \frac{1}{x+1} = \frac{1}{20}$$

Lösung:

Wir bestimmen die maximale Definitionsmenge und erinnern uns, daß die Nenner der Bruchterme beim Einsetzen von x nicht null werden dürfen. Aus

$x = 0$ und $x + 1 = 0 \Leftrightarrow x = -1$

folgt, daß die maximale Definitionsmenge lautet:

$\mathbb{D} = \mathbb{R} \setminus \{0; -1\}$.

Der Hauptnenner lautet: $20 \cdot x \cdot (x + 1)$. Wir multiplizieren beide Seiten der Gleichung damit:

$$\frac{1}{x} - \frac{1}{x+1} = \frac{1}{20} \quad | \; 20x\,(x+1)$$

$$\Leftrightarrow \quad \frac{20x\,(x+1)}{x} - \frac{20x\,(x+1)}{x+1} = \frac{20x\,(x+1)}{20}$$

Wir kürzen durch die Nenner der einzelnen Bruchterme:

$$\begin{aligned}
\Leftrightarrow \quad 20(x+1) - 20x &= x(x+1) \\
\Leftrightarrow \quad 20x + 20 - 20x &= x^2 + x \\
\Leftrightarrow \quad 20 &= x^2 + x \\
\Leftrightarrow \quad x^2 + x - 20 &= 0
\end{aligned}$$

Wir faktorisieren:

$$\begin{aligned}
&\Leftrightarrow \quad (x+5)\cdot(x-4) = 0 \\
&\Leftrightarrow \quad x+5 = 0 \quad \vee \quad x-4 = 0 \\
&\Leftrightarrow \quad x = -5 \quad \vee \quad x = 4
\end{aligned}$$

Die erhaltenen Lösungen –5 und 4 sind Elemente der Definitionsmenge. Also: $L = \{-5; 4\}$

Aufgaben

74. Bestimme jeweils die Lösungsmenge in der Grundmenge $G = \mathbb{R}$!

a) $x - \frac{1}{x} = \frac{7}{12}$

b) $x - \frac{10}{x} = 3$

c) $x - \frac{6}{x+1} = 4$

d) $9x - \frac{8}{x+1} = 62$

e) $\frac{3}{x} - \frac{2}{x+1} = \frac{1}{2}$

f) $\frac{2}{3x+1} + \frac{3}{2x-1} - \frac{4}{5} = 0$

g) $\frac{3x^2 + 5x + 1}{x^2 + 2x + 3} = \frac{3}{2}$

h) $x = 1 + \frac{1}{x}$

i) $\frac{2x-5}{2x+5} - \frac{4}{4x^2 - 25} = 3 - \frac{2x+5}{2x-5}$

4.2 Biquadratische Gleichungen

In der Gleichung $x^4 + 6x^2 - 7 = 0$ kommt die Lösungsvariable nicht – wie gewohnt – in der Form x^2 und x vor, sondern in x^4 und x^2. Wegen $x^4 = (x^2)^2$ und $x^2 = (x)^2$ heißt eine derartige Gleichung **biquadratische Gleichung**.

So lösen wir biquadratische Gleichungen

1. Wir ersetzen das Quadrat der Variablen durch eine neue Variable.
2. Wir lösen die entstandene quadratische Gleichung.
3. Wir machen die Substitution rückgängig und lösen die Ausgangsgleichung.

Beispiele:

1. Bestimme die Lösung der Gleichung $x^4 + 6x^2 - 7 = 0$ in der Grundmenge $G = \mathbb{R}$!

   Lösung:
   Wir ersetzen zunächst x^2 durch eine neue Variabel. Wir setzen $z := x^2$.

   Damit wird aus der Gleichung
   $x^4 + 6x^2 - 7 = 0$

   die Gleichung
   $z^2 + 6z - 7 = 0$

   Mit der Produktdarstellung $z^2 + 6z - 7 = (z + 7)(z - 1)$ wird

   $$(z + 7)(z - 1) = 0$$

   $$\Leftrightarrow \quad z + 7 = 0 \quad \lor \quad z - 1 = 0$$

   $$\Leftrightarrow \quad z = -7 \quad \lor \quad z = 1$$

   Nun müssen wir die Substitution rückgängig machen, d. h. für unsere berechneten z wieder x^2 setzen. Also:

   $$x^2 = -7 \quad \lor \quad x^2 = 1$$

   Für die erste Gleichung $x^2 = -7$ erhalten wir als Lösungsmenge
   $L_1 = \{\ \}$

   Die zweite Gleichung $x^2 = 1$ hat die Lösungsmenge $L_2 = \{1; -1\}$

   Ergebnis: $L = L_1 \cup L_2 = \{1; -1\}$

2. Bestimme die Lösungsmenge der Gleichung $(x^2 + 7)^2 + (x^2 + 7) = 6$ in der Grundmenge $G = \mathbb{R}$!

Lösung:
Wir führen die Substitution $z := x^2 + 7$ durch.

Wir erhalten:

$$z^2 + z = 6$$
$$\Leftrightarrow \quad z^2 + z - 6 = 0$$

Wir lösen die Gleichung durch

$$\Leftrightarrow \quad (z + 3)(z - 2) = 0$$
$$\Leftrightarrow \quad z + 3 = 0 \quad \vee \quad z - 2 = 0$$
$$\Leftrightarrow \quad z = -3 \quad \vee \quad z = 0$$

Wir setzen wieder $z = x^2 + 7$

$$x^2 + 7 = -3 \quad \vee \quad x^2 + 7 = 2$$
$$\Leftrightarrow \quad x^2 = -10 \quad \vee \quad x^2 = -5$$

Da Quadrate stets nichtnegativ sind erhalten wir als Lösungsmenge die leere Menge, in mathematischer Kurzschrift: $L = \{\ \}$

Aufgaben

75. Löse die folgenden Gleichung in der Grundmenge $G = \mathbb{R}$!

a) $x^4 - 6x^2 - 55 = 0$

b) $(x^2 - 4)^2 + 8(x^2 - 4) - 9 = 0$

c) $x^4 + 41x^2 + 400 = 0$

d) $(x^2 - 20)^2 = 11(3x^2 - 16)$

e) $0{,}5(x^2 - 0{,}25)^2 + \frac{3}{8}\left(x + \frac{1}{2}\right) \cdot \left(x - \frac{1}{2}\right) = -\frac{3}{16}$

f) $x^6 - 7x^3 - 8 = 0$

76. Auch Bruchgleichungen lassen sich häufig durch Substitution geschickt lösen (Grundmenge $G = \mathbb{R}$):

a) $\frac{1}{x + 2} + x + 2 = -2$

b) $\left(\frac{1 + x}{1 - x}\right)^2 + \left(\frac{1 + x}{1 - x}\right) = 6$

4.3 Wurzelgleichungen

Auch Gleichungen in denen Terme mit Wurzeln vorkommen, können vielfach in quadratische Gleichung umgeformt werden.

So lösen wir Wurzelgleichungen

1. Wir bestimmen die maximale Definitionsmenge.
2. Wir isolieren die Wurzel auf einer Seite und quadrieren beide Seiten der Gleichung.
3. Wir lösen die entstandene quadratische Gleichung.
4. Wir setzen die erhaltenen Lösungszahlen der quadratischen Gleichung in die gegebene Wurzelgleichung ein, und stellen fest, ob diese Lösungszahlen der Wurzelgleichungen sind.

Beispiele:

Bestimme die Lösungsmenge der folgenden Gleichungen in der Grundmenge $G = \mathbb{R}$!

1. $x = 3 + \sqrt{x+3}$

2. $\sqrt{1+3x} - \sqrt{1-3x} = 4\sqrt{x}$

Lösung:

1. $x = 3 + \sqrt{x+3}$

   Wir bestimmen zunächst die maximale Definitionsmenge. Wegen des Wurzelterms auf der rechten Seite muß gelten:

   $x + 3 \geq 0 \quad \Leftrightarrow \quad x \geq -3$

   Also: $\mathbb{D}_{max} = [-3, \infty[$

   Wir ordnen so um, daß der Wurzelterm alleine auf einer Seite der Gleichung steht:

   $$x = 3 + \sqrt{x+3} \quad |-3$$
   $$\Leftrightarrow \quad x - 3 = \sqrt{x+3}$$

Durch Quadrieren fällt das Wurzelzeichen weg:

$$(x-3)^2 = (\sqrt{x+3})^2$$

$$\Leftrightarrow \quad (x-3)^2 = x+3$$

$$\Leftrightarrow \quad x^2 - 6x + 9 = x + 3$$

$$\Leftrightarrow \quad x^2 - 7x + 6 = 0$$

$$(x-6)\cdot(x-1) = 0$$

$$\Leftrightarrow \quad x - 6 = 0 \ \vee \ x - 1 = 0$$

$$\Leftrightarrow \quad x = 6 \ \vee \ x = 1$$

Durch **Probe** entscheiden wir, ob die Zahlen 6 und 1 auch tatsächliche Lösungen der gegebenen Wurzelgleichung sind.

Für x = 6 erhalten wir: $6 = 3 + \sqrt{6+3} = 6$ (w)

Für x = 1 erhalten wir: $1 = 3 + \sqrt{1+3} = 5$ (f)

Ergebnis: $L = \{6\}$

2. $\sqrt{1+3x} - \sqrt{1-3x} = 4\sqrt{x}$

Wir bestimmen zunächst $\mathbb{D}_{max}$. Dabei haben wir diesmal drei Wurzelterme zu beachten. Es muß gelten:

$$1 + 3x \geq 0 \ \wedge \ 1 - 3x \geq 0 \ \wedge \ x \geq 0$$

$$\Leftrightarrow \quad 3x \geq -1 \ \wedge \ 3x \leq 1 \ \wedge \ x \geq 0$$

$$\Leftrightarrow \quad x \geq -\frac{1}{3} \ \wedge \ x \leq \frac{1}{3} \ \wedge \ x \geq 0$$

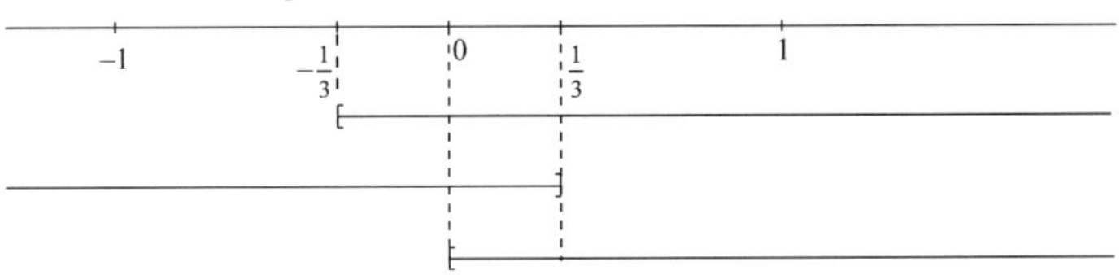

Also: $\mathbb{D}_{max} = \left[0; \frac{1}{3}\right]$

Wir quadrieren beide Seiten der gegebenen Wurzelgleichung:

$$\sqrt{1+3x} - \sqrt{1-3x} = 4\sqrt{x} \quad \Big| \ ^2$$

$$\Leftrightarrow \quad \sqrt{1+3x}^{\,2} - 2\cdot\sqrt{1+3x}\cdot\sqrt{1-3x} + \sqrt{1-3x}^{\,2} = 16\cdot x$$

$$\Leftrightarrow \quad 1 + 3x - 2\sqrt{1+3x}\cdot\sqrt{1-3x} + 1 - 3x = 16x$$

$$\Leftrightarrow \quad 2 - 2\sqrt{1-9x^2} = 16x \quad \Big| :2$$

$$\Leftrightarrow \quad 1 - \sqrt{1-9x^2} = 8x$$

und stellen fest, daß die Gleichung noch nicht wurzelfrei ist.

Wir isolieren daher die Wurzel

$1 - 8x = \sqrt{1 - 9x^2}$

und quadrieren beide Seiten dieser Gleichung

$$\begin{aligned} & 1 - 16x + 64x^2 = 1 - 9x^2 \\ \Leftrightarrow\quad & 73x^2 - 16x = 0 \\ \Leftrightarrow\quad & x \cdot (73x - 16) = 0 \\ \Leftrightarrow\quad & x = 0 \quad \vee \quad 73x - 16 = 0 \\ & \qquad\qquad \Leftrightarrow \quad x = \frac{16}{73} \end{aligned}$$

Wir führen die **Proben** durch:

Für $x = 0$ ($\in \mathbb{D}_{max}$) erhalten wir:

$$\left.\begin{array}{ll} \text{linke Seite:} & \sqrt{1} - \sqrt{1} = 0 \\ \text{rechte Seite:} & 4 \cdot \sqrt{0} = 0 \end{array}\right\} \quad 0 = 0$$

Für $x = \frac{16}{73}$ ($\in \mathbb{D}_{max}$) erhalten wir:

$$\left.\begin{array}{ll} \text{linke Seite:} & \sqrt{1 + \frac{48}{73}} - \sqrt{1 - \frac{48}{73}} \approx 0{,}70. \\ \text{rechte Seite:} & 4 \cdot \sqrt{\frac{16}{73}} \approx 1{,}87. \end{array}\right\} \quad 0{,}70 \neq 1{,}87$$

Ergebnis: $L = \{0\}$

Aufgaben

77. Bestimme jeweils die maximale Definitionsmenge sowie die Lösungsmenge in $G = \mathbb{R}$!

a) $x + \sqrt{x} = 30$

b) $x - \sqrt{x + 4} = 8$

c) $\sqrt{2x - 1} + \sqrt{x - 1} = \sqrt{5x}$

d) $\sqrt{x} + \frac{1}{\sqrt{x}} = \frac{3}{\sqrt{2}}$

78. Bestimme die maximale Definitionsmenge und die Lösungsmenge in $G = \mathbb{R}$!

a) $\sqrt{\sqrt{x^2 + 2}} = x$

b) $\sqrt{x + \sqrt{x}} = \sqrt{2}$

79. Bestimme jeweils die maximale Definitionsmenge und die Lösungsmenge in $G = \mathbb{R}$!

a) $x \cdot \sqrt{x^2 - 1} = 1 - x^2$

b) $\sqrt{6x + 4} \cdot \sqrt{2x - 11} = 3x - 6$

c) $\sqrt{x^2 - 2x + 1} + \sqrt{x^2 + 4x + 4} = 3$

d) $x + 6 + \sqrt{x^2 - 12x + 36} = 9$

80. Löse die folgende Gleichung in der Grundmenge $G = \mathbb{R}$ mit Hilfe der Substitution $z = \sqrt{x}$!

$x + 4\sqrt{x} - 21 = 0$

81. Versuche geschickt zu rechnen!

a) $\dfrac{1}{x} + \dfrac{1}{\sqrt{x}} = \dfrac{3}{4}$

b) $\dfrac{2}{\sqrt{3x - 5}} + 3 \cdot \sqrt{3x - 5} - 4 = \sqrt{3x - 5}$

c) $\dfrac{1}{\sqrt{2x - 1}} + \dfrac{3}{2x - 1} = \dfrac{5}{2 + \sqrt{2x - 1}}$

5 Quadratische Ungleichungen

Manchmal führen Probleme auch auf die Untersuchung quadratischer Ungleichungen. Will man z. B. die Wurzelgleichung

$$\sqrt{-3x^2 + x + 2} = x - 1$$

lösen, so müssen wir zur Bestimmung der maximalen Definitionsmenge zunächst die quadratische Ungleichung

$$-3x^2 + x + 2 \geq 0$$

lösen.

Die Lösung einer solchen quadratischen Ungleichung vollzieht sich im allgemeinen in folgenden Schritten:

So lösen wir quadratische Ungleichungen

1. Lösungsmethode

Wir faktorisieren die quadratische Ungleichung, nehmen entsprechend den Regeln

$(+) \cdot (+) = +$; $(-) \cdot (-) = +$; $(-) \cdot (+) = -$ und $(+) \cdot (-) = -$

Fallunterscheidungen vor, lösen die zugehörigen linearen Gleichungen und fassen die einzelnen Lösungsmengen zur Lösungsmenge der quadratischen Ungleichung zusammen.

2. Lösungsmethode

Wir lösen die quadratischen Ungleichung mit Hilfe des Verfahrens der quadratischen Ergänzung.

Beispiele:

1. Bestimme die Lösungsmengen folgender Ungleichungen in der Grundmenge $G = \mathbb{R}$:

   a) $x^2 + 2x - 63 < 0$

   b) $-3x^2 + x + 2 > 0$

Lösung:

a) $x^2 + 2x - 63 < 0$

Wir benutzen die 1. Lösungsmethode und faktorisieren mit Hilfe des Satzes von Vieta:

$(x + 9) \cdot (x - 7) < 0$

Ein Produkt ist negativ, wenn entweder der 1. Faktor negativ und der 2. Faktor positiv ist, oder wenn der 1. Faktor positiv und der 2. Faktor negativ ist. In mathematischer Kurzschrift

$$\begin{array}{lccccccc} & (x+9) < 0 & \wedge & (x-7) > 0 & \vee & (x+9) > 0 & \wedge & (x-7) < 0 \\ \Leftrightarrow & x < -9 & \wedge & x > 7 & \vee & x > -9 & \wedge & x < 7 \\ & & L_1 = \{\} & & \vee & & L_2 =]-9; 7[& \end{array}$$

$$L = L_1 \cup L_2 =]-9; 7[$$

Die Lösung des Systems linearer Ungleichungen

$x + 9 < 0 \;\wedge\; x - 7 > 0 \;\vee\; x + 9 > 0 \;\wedge\; x - 7 < 0$

kann man auch anschaulich ermitteln:

Wir markieren auf der Zahlengerade die Bildpunkte der Zahlen –9 und 7. Es sind dies die Lösungen der Gleichungen $x + 9 = 0$ und $x - 7 = 0$.

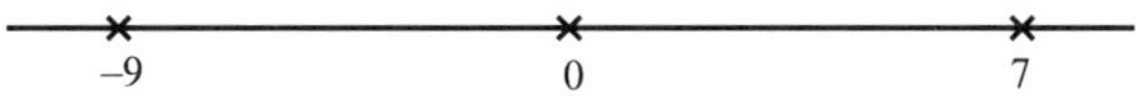

Diese Zahlen teilen die Grundmenge in drei Intervalle:

$]-\infty; -9[$; $]-9; 7[$ und $]7; \infty[$

In diesen Intervallen haben die Terme $x + 9$ und $x - 7$ jeweils einheitliche Vorzeichen. Es gilt:

Intervalle	Aussage über $x + 9$	Aussage über $x - 7$	Aussage über $(x + 9) \cdot (x - 7)$
$]-\infty; -9[$	–	–	+
$]-9; 7[$	+	–	–
$]7; \infty[$	+	+	+

Wir lesen ab: $(x + 9) \cdot (x - 7) < 0$ für $x \in]-9; 7[$

b) $-3x^2 + x + 2 > 0$

Wir gehen nach der 2. Lösungsmethode vor und formen algebraisch um:

$-3x^2 + x + 2 > 0 \qquad |:(-3)$

Beachte: Bei Multiplikation bzw. Division beider Seiten mit bzw. durch einen negativen Term wird das Ungleichungszeichen umgedreht.

$\Leftrightarrow \quad x^2 - \frac{1}{3}x - \frac{2}{3} < 0$

Wir ergänzen quadratisch

$\Leftrightarrow \quad x^2 - \frac{1}{3}x + \frac{1}{36} < \frac{2}{3} + \frac{1}{36}$

$\Leftrightarrow \quad \left(x - \frac{1}{6}\right)^2 < \frac{25}{36}$

und radizieren

$\sqrt{\left(x - \frac{1}{6}\right)^2} < \sqrt{\frac{25}{36}}$

Beachte: $\sqrt{x^2} = |x|$

$\Leftrightarrow \quad \left|x - \frac{1}{6}\right| < \frac{5}{6}$

1. Fall: $\mathbf{x - \frac{1}{6} \geq 0} \Leftrightarrow x \geq \frac{1}{6}$

Wir können betragsfrei schreiben:

$x - \frac{1}{6} < \frac{5}{6} \quad \wedge \quad x \geq \frac{1}{6}$

$\Leftrightarrow \quad x < \frac{6}{6} \quad \wedge \quad x \geq \frac{1}{6}$

$\Leftrightarrow \quad x < 1 \quad \wedge \quad x \geq \frac{1}{6}$

$L_1 = \left[\frac{1}{6}; 1\right[$

2. Fall: $\mathbf{x - \frac{1}{6} < 0} \Leftrightarrow x < \frac{1}{6}$

Wir schreiben betragsfrei:

$$-\left(x - \frac{1}{6}\right) < \frac{5}{6} \quad \wedge \quad x < \frac{1}{6}$$

$$\Leftrightarrow \qquad x - \frac{1}{6} > -\frac{5}{6} \quad \wedge \quad x < \frac{1}{6}$$

$$\Leftrightarrow \qquad x > -\frac{2}{3} \quad \wedge \quad x < \frac{1}{6}$$

$$L_2 = \left]-\frac{2}{3}\,;\ \frac{1}{6}\right[$$

Ergebnis: $L = L_1 \cup L_2 = \left]-\frac{2}{3}\,;\ \frac{1}{6}\right[\cup \left]\frac{1}{6}\,;\ 1\right[$

2. Bestimme die Anzahl der Lösungen der folgenden quadratischen Gleichung in Abhängigkeit von t:

   $\frac{1}{4}x^2 + tx + t + 6 = 0$; mit $t \in \mathbb{R}$

   Lösung:
   Über die Anzahl der Lösungen entscheidet die Diskriminante.
   $D = b^2 - 4ac$

   Hier ist: $a = \frac{1}{4}$; $b = t$; $c = t + 6$

   $$\begin{aligned} D &= t^2 - 4 \cdot \frac{1}{4}(t + 6) \\ &= t^2 - t - 6 \\ &= (t + 2) \cdot (t - 3) \end{aligned}$$

Wir untersuchen das Vorzeichenverhalten der Terme (t + 2) und (t – 3) mit Hilfe der folgenden Tabelle:

Intervalle	Aussage über $t+2$	Aussage über $t-3$	Aussage über $(t+2)\cdot(t-3)$
$]-\infty; -2[$	–	–	+
$]-2; 3[$	+	–	–
$]3; \infty[$	+	+	+

1. Fall: $D > 0$
Wir entnehmen der Tabelle, daß $D = (t+2)\cdot(t-3) > 0$ für
$t \in\ ]-\infty; -2[\ \cup\ ]3; \infty[$.
In diesem Fall hat die quadratische Gleichung zwei Lösungen.

2. Fall: $D = 0$

$$D = 0 \Leftrightarrow t = -2 \vee t = 3$$

Für diese Werte erhalten wir genau eine Lösung.

3. Fall: $D < 0$
Es gibt keine Lösung für $t \in\ ]-2; 3[$.

Aufgaben

82. Löse die folgenden Ungleichungen in der Grundmenge $G = \mathbb{R}$!

a) $x^2 + x - 12 > 0$

b) $-2x^2 - 9x + 5 < 0$

c) $15x^2 + 8x - 16 \leq 0$

d) $\frac{1}{2}x^2 - 2x + \frac{\sqrt{3}}{2} + 2\sqrt{3} \geq 0$

e) $x^3 - 7x^2 + 20x < 0$

83. Für welches $t \in \mathbb{R}$ hat die folgende quadratische Gleichung in $G = \mathbb{R}$ keine Lösung?
$x^2 + tx + t = 0$

84. Bestimme die Anzahl der Lösungen von $(t + 2) \cdot x^2 + tx - t + 2 = 0$ in Abhängigkeit von $t \in \mathbb{R} \setminus \{-2\}$!

85. Bestimme jeweils die maximale Definitionsmenge der folgenden Terme!

a) $\sqrt{x^2 + x - 2}$

b) $\sqrt{4x^2 - 35x - 9}$

86. Ermittle die Lösungsmenge in der Grundmenge $G = \mathbb{R}$!

a) $\sqrt{3x^2 - 7} = \sqrt{x^2 + 25}$

b) $\sqrt{x^2 + x - 2} = 2\sqrt{7}$

87. Bestimme zu den folgenden Gleichungen zunächst die maximale Definitionsmenge! Gib dann die Lösungsmenge in Abhängigkeit von der Formvariablen an ($G = \mathbb{R}$)!

a) $\frac{1}{\lambda - x} - \frac{1}{\lambda + x} = \frac{x^2 - 4}{\lambda^2 - x^2}$ mit $\lambda \in \mathbb{R}$

b) $x - \frac{1}{x} = \frac{1}{\lambda} - \lambda$ mit $\lambda \in \mathbb{R} \setminus \{0\}$

6 Probleme, die auf quadratische Gleichungen führen

Für das Lösen von Sachaufgaben gibt es keine festgelegten Vorgehensweisen. Es empfiehlt sich jedoch schrittweise vorzugehen:

So lösen wir Sachaufgaben

1. Lies den Text genau durch!
2. Wiederhole sinngemäß oder auch wörtlich die Aufgabe!
3. Durchdenke und zergliedere die Aufgabe!
4. Stelle, wenn nötig, den Zusammenhang in einer Zeichnung dar!
5. Übersetze den Sachverhalt in eine Gleichung!
6. Löse die Gleichung und prüfe, ob die erhaltenen Lösungen sinnvoll sind!

Beispiele:

1. Zwei natürliche Zahlen, von denen die eine um 8 größer ist als die andere, geben als Produkt 240. Wie heißen die Zahlen?

   Lösung:
   Wir nennen die eine Zahl x. Die andere Zahl lautet dann x + 8. Für das Produkt beider Zahlen gilt:

   $x \cdot (x + 8) = 240$

   Wir multiplizieren aus, stellen um, und erhalten eine quadratische Gleichung.

   $\Leftrightarrow \quad x^2 + 8x = 240$

   $\Leftrightarrow \quad x^2 + 8x - 240 = 0$

   Wir faktorisieren die Gleichung, setzen die Faktoren gleich null, und erhalten die Lösungen.

   $\Leftrightarrow \quad (x + 20) \cdot (x - 12) = 0$

   $\Leftrightarrow \quad x + 20 = 0 \quad \vee \quad x - 12 = 0$

   $\Leftrightarrow \quad x = -20 \quad \vee \quad x = 12$

   Die Lösung $x = -20$ ist unbrauchbar, da $-20 \notin \mathbb{N}$.
   Als Lösung kommt nur in Frage: Die eine Zahl heißt 12, die andere 20.
   Probe: $12 \cdot 20 = 240$
   Damit ist gezeigt, daß 12 und 20 die gesuchten natürlichen Zahlen sind.

2. In einem rechtwinkligen Dreieck ist die Hypotenuse 15 m lang. Wie lang sind die beiden Katheten, wenn sie sich um 10,2 m unterscheiden?

Lösung:

Nach dem Lehrsatz des Pythagoras gilt:

$x^2 + y^2 = 15^2$ (*)

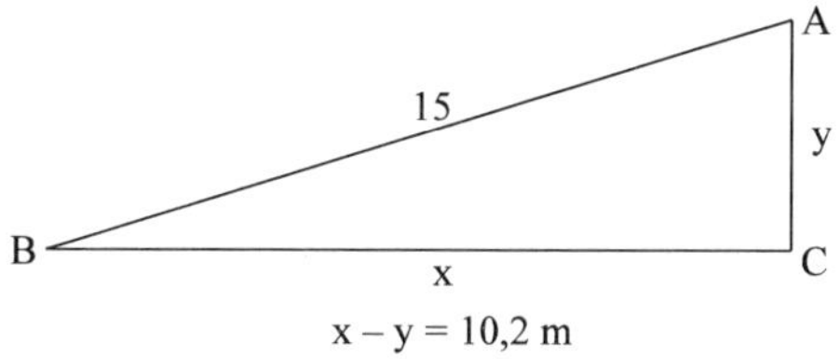

Aus der Bedingung

$x - y = 10{,}2$

erhalten wir:

$x = 10{,}2 + y$

Setzen wir diesen Zusammenhang in (*) ein, so folgt:

$(10{,}2 + y)^2 + y^2 = 15^2$

Dabei verstehen sich alle eingesetzten Längen in Meter

$\Leftrightarrow \quad 104{,}04 + 20{,}4y + y^2 + y^2 = 225$

$\Leftrightarrow \quad 2y^2 + 20{,}4y - 120{,}96 = 0$

Damit haben wir die Lösung unseres Problems auf die Lösung einer quadratischen Gleichung zurückgeführt.

Wir berechnen zunächst die Diskriminante.

$D = b^2 - 4ac.$

Mit $a = 2$; $b = 20{,}4$ und $c = -120{,}96$ erhalten wir:

$$\begin{aligned} D &= 20{,}4^2 - 4 \cdot 2 \cdot (-120{,}96) \\ &= 416{,}16 + 967{,}68 \\ &= 1\,383{,}84 \end{aligned}$$

Die Gleichung hat zwei reelle Lösungen:

$$y = \frac{-b + \sqrt{D}}{2a} \quad \vee \quad y = \frac{-b - \sqrt{D}}{2a}$$

Mit den Werten $a = 2$, $b = 20{,}4$ und $D = 1\,383{,}84$ wird

$$y = \frac{-20{,}4 + \sqrt{1383{,}84}}{2 \cdot 2} \quad \vee \quad y = \frac{-20{,}4 - \sqrt{1383{,}84}}{2 \cdot 2}$$

$$\Leftrightarrow \quad y = \frac{-20{,}4 + 37{,}2}{4} \quad \vee \quad y = \frac{-20{,}4 - 37{,}2}{4}$$

$$\Leftrightarrow \quad y = 4{,}2 \quad \vee \quad y = -14{,}4$$

Die zweite Lösung ist negativ, und damit als Seitenlänge eines Dreiecks unbrauchbar. Als Lösung kommt nur in Frage

$y = 4{,}2$ m und $x = 10{,}2$ m + 4,2 m = 14,4 m.

Probe: $4{,}2^2 + 14{,}4^2 = 17{,}64 + 207{,}36 = 225 = 15^2$

Ergebnis: Das Dreieck hat die Katheten $a = 14{,}4$ m und $b = 4{,}2$ m.

3. *Goldener Schnitt*
Teile eine Strecke der Länge m so, daß sich der kleinere Teil der Strecke zum größeren, wie der größere Teil zur Gesamtstrecke verhält. Wie lang sind die Teilstrecken?
(Eine derartige Teilung nennt man „Goldener Schnitt")

Lösung:

Wir wählen folgende Bezeichnungen:

$m = \overline{AB}$: Gesamtlänge der Strecke [AB]

$x = \overline{TB}$: Länge der größeren Teilstrecke [TB]

Dann ist $\overline{AT}$, die Länge der kleineren Teilstrecke, $m - x$.

Also gilt:
$(m - x): x = x : m$ mit $x \neq 0$ und $m \neq 0$

Wir multiplizieren mit dem Hauptnenner $m \cdot x$, kürzen gleichzeitig, multiplizieren aus und bringen alle Terme auf eine Seite.

$$\Leftrightarrow \quad \frac{m-x}{x} = \frac{x}{m} \qquad | \cdot mx$$
$$\Leftrightarrow \quad (m-x)\cdot m = x^2$$
$$\Leftrightarrow \quad m^2 - mx = x^2$$
$$\Leftrightarrow \quad x^2 + mx - m^2 = 0$$

Wir bestimmen die Diskriminante, und erkennen, daß die Gleichung stets zwei reelle Lösungen hat.

$$D = b^2 - 4ac$$
$$= m^2 + 4m^2 = 5m^2 > 0$$

Also:

$$x = \frac{-b + \sqrt{D}}{2a} \quad \vee \quad x = \frac{-b - \sqrt{D}}{2a}$$

$$x = \frac{-m + \sqrt{5\,m^2}}{2} \quad \vee \quad x = \frac{-m - \sqrt{5\,m^2}}{2}$$

$$\Leftrightarrow \quad x = \frac{-m + m\sqrt{5}}{2} \quad \vee \quad x = \frac{-m - m\sqrt{5}}{2}$$

$$\Leftrightarrow \quad x = \frac{1}{2}m \cdot (\sqrt{5} - 1) \quad \vee \quad x = \frac{1}{2}m \cdot (-\sqrt{5} - 1) < 0$$

Die zweite Lösung kommt als Streckenlänge ($x < 0$) nicht in Betracht. Damit hat die größere Teilstrecke die Länge

$$x = \frac{1}{2}m \cdot (\sqrt{5} - 1)$$

und die kürzere Teilstrecke

$$m - x = m - \frac{1}{2}m \cdot (\sqrt{5} - 1) = m + \frac{1}{2}m - \frac{1}{2}m \cdot \sqrt{5}$$
$$= \frac{3}{2}m - \frac{1}{2}m\sqrt{5} = \frac{1}{2}m \cdot (3 - \sqrt{5})$$

Aufgaben

Zahlenrätsel

88. Um welche Zahl muß man jeden Faktor des Produktes $7 \cdot 48$ vermehren, damit das Produkt um 56 größer wird?

89. Eine rationale Zahl ist um $\frac{9}{20}$ kleiner als ihr Kehrwert. Wie heißt diese Zahl?

90. Die Summe der Quadrate zweier natürlicher Zahlen, die sich um 9 unterscheiden beträgt 1 553. Wie heißen die Zahlen?

Aus der Geometrie

91. In einem rechtwinkligen Dreieck ist die eine Kathete 13,2 m lang, während sich die Hypotenuse zur anderen Kathete wie 13 : 5 verhält. Wie lang ist jede Seite?

92. Der Umfang eines Rechtecks beträgt 36 cm, der Flächeninhalt 80 cm^2. Berechne die Länge und die Breite des Rechtecks.

93. Ist es möglich ein Quadrat mit der Seitenlänge 12 cm in ein flächengleiches Rechteck zu verwandeln, dessen Umfang 60 cm ist?

94. Um welche Strecke muß man eine Strecke der Länge m verlängern, damit sich die verlängerte Strecke zur Strecke m genauso verhält, wie die Strecke m zur Verlängerung?

95. In einem rechtwinkligen Dreieck ABC mit der Hypotenuse c = 78 mm ist die Höhe h_c 36 mm lang. In welchem Verhältnis teilt der Höhenfußpunkt die Hypotenuse?

96. Die kleinere Kathete eines rechtwinkligen Dreiecks ist 12 cm lang, die Hypotenusenabschnitte unterscheiden sich um 2 cm. Wie lang sind die Seiten des Dreiecks?

97. Der Inhalt eines rechtwinkligen Dreiecks ABC beträgt 7 956 cm^2 und die Summe der Katheten 257 cm. Berechne die Länge der Seiten a, b und c.

98. In einem gleichschenkligen Dreieck mit dem Umfang 50 cm ist die Grundlinie um 1 cm größer als die Höhe. Wie groß sind die Seiten und die Höhe des Dreiecks?

99. Das 1556 erbaute Alte Rathaus in Leipzig ist ein sehr schönes Bauwerk aus der Zeit der Renaissance. Beim Betrachten fällt auf, daß der Turm die Vorderfront nicht genau in der Mitte teilt; trotzdem wirkt der Anblick sehr harmonisch. Dieser Eindruck kommt zustande, weil der Turm die Vorderfront in einem besonderen Verhältnis, der sogenannten Proportion des Goldenen Schnittes, teilt.
An welcher Stelle des ca. 90 Meter langen Leipziger Rathauses setzte der Baumeister den Turm?

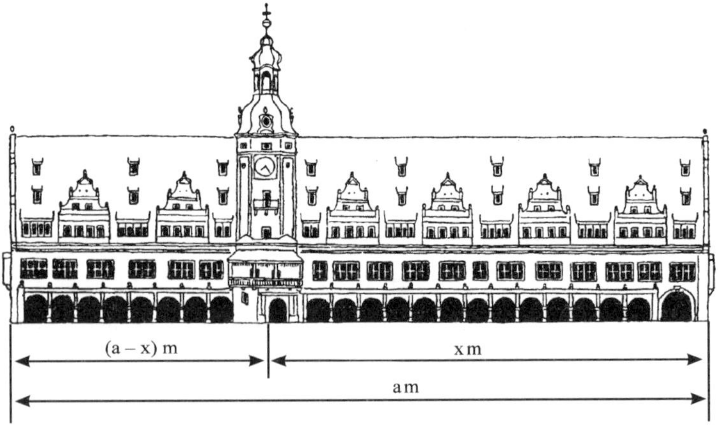

Aus dem Alltag

100. In der Klasse 9 a wünscht jeder jedem einen „Guten Tag“. Der Gruß wird insgesamt 756mal ausgesprochen. Wie viele Schüler hat die Klasse 9 a?

101. Bettina hat Geburtstag. Bei ihrer Feier stößt jeder mit jedem an. Es macht insgesamt 10mal „kling“. Wie viele Gäste sind bei Bettinas Feier?

102. Rolf und Angela wollen die Tiefe eines Brunnens bestimmen. Sie lassen einen Stein in den Brunnen fallen und messen die Zeit, bis sie den Aufschlag des Steins hören.
Der Stein, legt während er fällt, in a Sekunden etwa $5a^2$ Meter zurück. Der Schall legt in einer Sekunde etwa 340 Meter zurück. Wie tief ist der Brunnen, wenn man nach 3 Sekunden den Aufschlag hört?

Funktionen

Ein neues Jahr wird begrüßt: mit Glockenläuten, einander Glück wünschen und mit dem Abbrennen von Feuerwerkskörpern.
Wie man eindrucksvoll sieht, bewegen sich die Leuchtraketen auf parabelförmigen Kurven.

7 Quadratische Funktionen

Viele Zusammenhänge in den Naturwissenschaften, in Technik, Wirtschaft und Verwaltung lassen sich durch Funktionen darstellen. Wir beschäftigen uns im folgenden mit quadratischen Funktionen.
Stellt man eine solche quadratische Funktion in einem rechtwinkligen Koordinatensystem dar, dann erhält man eine **Parabel**.

Parabelförmige Linien begegnen uns häufig in unserer Umwelt: Wassertropfen bewegen sich auf einer parabelförmigen Bahn. Bei Brücken und Gebäuden z. B. übernehmen parabelförmige Bauteile Aufgaben der Statik und Gestaltung.

7.1 Quadratische Funktionen $y = ax^2$

Die parabelförmigen Linien können wir auch mathematisch beschreiben. Legt man z. B. in der untenstehenden Abbildung den Scheitel des Bogens in den Ursprung des Koordinatensystems, erfüllen die „Punkte" $(x \mid y)$ des Brückenbogens die Funktionsgleichung $x \mapsto y = -0{,}01 \cdot x^2$ (x, y in Meter).

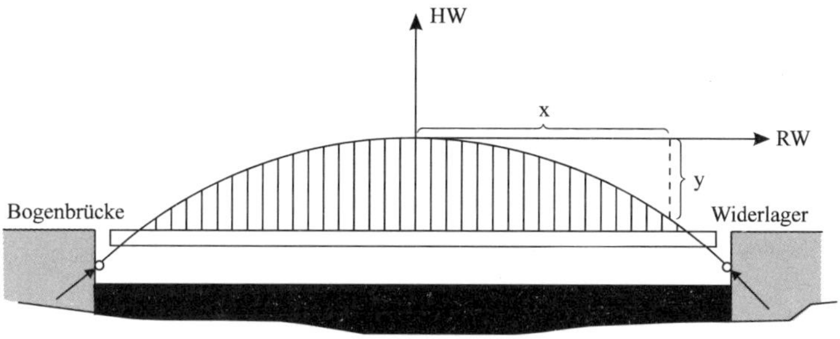

Allgemein gilt:

Die Funktionsgleichung $y = ax^2$ mit konstantem $a \in \mathbb{R} \setminus \{0\}$, $x \in \mathbb{R}$ beschreibt eine **quadratische Funktion**.
Ihr Graph ist eine **bezüglich der y-Achse symmetrische Parabel** mit dem Scheitelpunkt $S(0 \mid 0)$.

Die Parabel ist für

$a > 0$	nach oben offen,
$a < 0$	nach unten offen,
$a = 1$	**die Normalparabel (NP),**
$a = -1$	die an der x-Achse gespiegelte NP,
$\lvert a \rvert > 1$	schmäler als die NP,
$0 < \lvert a \rvert < 1$	breiter als die NP.

Die Abbildung zeigt die Parabeln zu einigen a-Werten

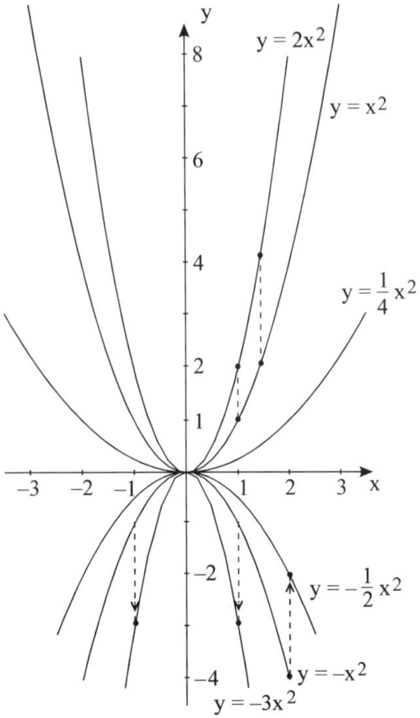

	$a = 1$	Normalparabel (NP) Die anderen Parabeln entstehen aus der Normalparabel
für	$a = 2$	durch Verdoppelung der Ordinaten (y-Koordinaten); Dehnung; Graph ist schmäler als die NP;
für	$a = \frac{1}{4}$	durch Verkürzung der Ordinaten auf $\frac{1}{4}$ ihres Wertes; Stauchung; Graph ist breiter als die NP;
für	$a = -1$	durch Spiegelung der NP an der x-Achse;
für	$a = -\frac{1}{2}$	durch Spiegelung an der x-Achse, dann Stauchung; Graph ist breiter als die NP;
für	$a = -3$	durch Spiegelung an der x-Achse, dann Dehnung; Graph ist schmäler als die NP.

Beispiele:

1. Gib die Merkmale der Parabeln an und zeichne sie:

   a) $x \mapsto y = 1{,}5x^2$

   b) $x \mapsto y = -\frac{1}{\sqrt{2}}x^2$

   Lösung:

   a) nach oben offen, schmaler als die NP,

   b) nach unten offen, breiter als die NP.

   $y = -\frac{\sqrt{2}}{2}x^2$

x	±1	±1,5	±2
y	≈ −0,71	≈ −1,59	≈ −2,83

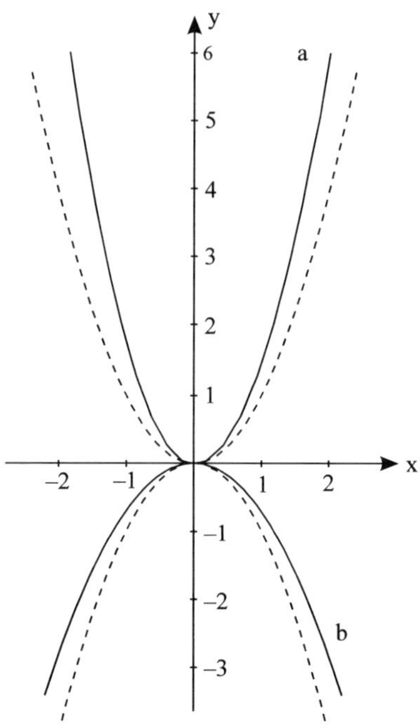

2. Bestimme jeweils den Faktor a in der Parabelgleichung $y = ax^2$ so, daß die Parabel durch den gegebenen Punkt P geht:

   a) $P(1{,}5 \mid -1{,}5)$

   b) $P\left(-\frac{\sqrt{5}}{2} \middle| -1\right)$

   Lösung:

   a) $-1{,}5 = a \cdot 1{,}5^2 \quad \Leftrightarrow \quad a = -\frac{1}{1{,}5} = -\frac{2}{3}$

   b) $-1 = a\left(-\frac{\sqrt{5}}{2}\right)^2 \quad \Leftrightarrow \quad a = -\frac{1}{\frac{5}{4}} = -\frac{4}{5}$

3. Welche Punkte mit der Ordinate (–6) liegen auf der Parabel mit der Gleichung $y = -1{,}2x^2$?

   Lösung:

   $-6 = -1{,}2x^2 \quad \Leftrightarrow \quad x^2 = 5 \quad \Leftrightarrow \quad x = -\sqrt{5} \quad \vee \quad x = \sqrt{5}$

   Die Punkte $Q_1(-\sqrt{5} \mid -6)$ und $Q_2(\sqrt{5} \mid -6)$ liegen auf der Parabel.

Aufgaben

103. Bestimme jeweils den Faktor a in der Parabelgleichung $y = a \cdot x^2$ so, daß die Parabel durch den gegebenen Punkt P geht! Zeichne die Parabel der Aufgabe c, d, und e!

a) $P(2 \mid -2)$

b) $P(-5 \mid 20)$

c) $P\left(\frac{5}{2} \middle| -\frac{5}{4}\right)$

d) $P(-\sqrt{2} \mid 3)$

e) $P(0{,}4 \mid 0{,}48)$

104. Die Kurven I und II sind Parabeln ($y = ax^2$). Was ist richtig?

a) Für die Parabel I gilt:
- ☐ $a < 0$
- ☐ $a > 0$
- ☐ $a < 1$
- ☐ $a > 1$

b) Für die Parabel II gilt:
- ☐ $a < 0$
- ☐ $a > 0$
- ☐ $a < -1$
- ☐ $|a| < 1$

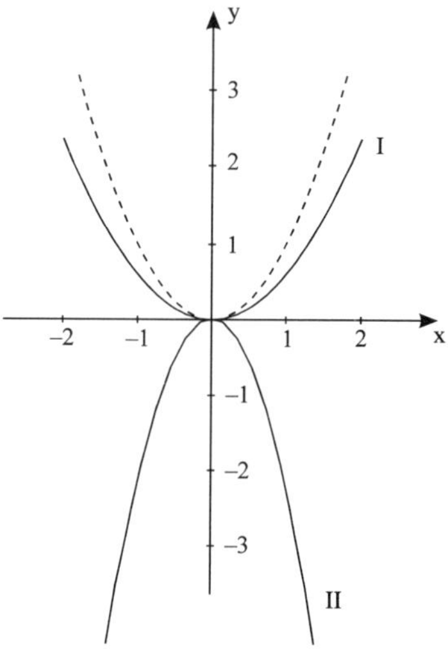

105. Ein Punkt $\underset{x_1 \neq 0}{P(x_1 \mid y_1)}$ wird auf der Parabel $y = ax^2$ so verschoben, daß seine Abszisse (x-Koordinate) doppelt so groß wird. Begründe durch Rechnung, daß sich dabei die Ordinate (y-Koordinate) vervierfacht! Skizze!

106. Zeichne die Graphen in ein Koordinatensystem!

$y = 0{,}5x^2;\quad y = -1{,}5x^2;\quad y = \frac{2}{3}x^2;\quad y = -\,0{,}1x^2$

107. Der Bremsweg s eines ICE berechnet sich angenähert nach der Formel $s = 0{,}042 \cdot v^2$, wobei s in m und v = Geschwindigkeit in $\frac{km}{h}$ anzugeben ist.

a) Berechne s für $v = 100\,\frac{km}{h}$, dann für $v = 250\,\frac{km}{h}$!

b) Wie schnell darf der ICE höchstens fahren, wenn er innerhalb von 1 km zum Stehen kommen soll?

108. Nach einer Faustregel gilt für den Bremsweg eines Autos auf trockener Straße:

Geschwindigkeit v in $\frac{km}{h}$	30	50	70	90	110	130
Bremsweg s in m	9	25	49	81	121	169

a) Zeige, daß die Punkte $P(v\,|\,s)$ auf einer Parabel mit der Gleichung $s = av^2$ liegen! Bestimme a!

b) Es wird diskutiert, innerhalb geschlossener Ortschaften die zulässige Höchstgeschwindigkeit von $50\,\frac{km}{h}$ in reinen Wohngebieten auf $30\,\frac{km}{h}$, in Durchgangsstraßen auf $60\,\frac{km}{h}$ festzusetzen. Wie ändern sich hierdurch die Bremswege bei zulässiger Höchstgeschwindigkeit?

7.2 Normalparabel und Gerade

Viele Fragestellungen aus der Mathematik oder aus Anwendungsgebieten führen auf **quadratische Gleichungen** der Form $ax^2 + bx + c = 0$. Wie man solche Gleichungen rechnerisch lösen kann, weißt du (siehe Seiten 42–61). Wir beschreiben nun, wie man solche Gleichungen **zeichnerisch lösen** kann.

So lösen wir eine quadratische Gleichung zeichnerisch

Löse die Gleichung:

$ax^2 + bx + c = 0; \quad a \neq 0$

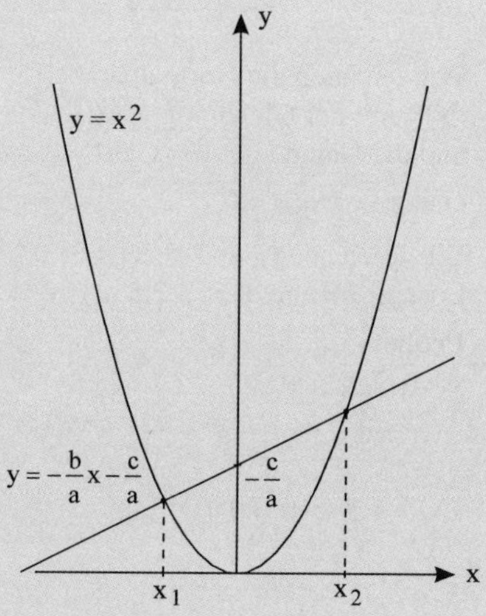

1. Wir dividieren durch a, so daß das quadratische Glied den Faktor 1 erhält:

   $x^2 + \frac{b}{a}x + \frac{c}{a} = 0$

2. Wir lösen nach x^2 auf:

   $x^2 = -\frac{b}{a}x - \frac{c}{a}$

3. Wir zeichnen die Graphen zu $y = x^2$ und

   $y = -\frac{b}{a}x - \frac{c}{a}$.

   $-\frac{b}{a}$ heißt Steigungsfaktor;

   $-\frac{c}{a}$ gibt den Abschnitt auf der y-Achse an

In den Schnittpunkten gilt $x^2 = -\frac{b}{a}x - \frac{c}{a}$. Die x-Koordinaten dieser Schnittpunkte sind damit die Lösungen der gegebenen Gleichung.

Beispiel:

Ermittle zeichnerisch die Lösungen der folgenden Gleichung und mache die Probe!
$2x^2 + x - 10 = 0$

Lösung:
$2x^2 + x - 10 = 0 \quad |:2$

$\Leftrightarrow \quad x^2 + \frac{1}{2}x - 5 = 0$

$\Leftrightarrow \quad x^2 = -\frac{1}{2}x + 5$

Wir zeichnen die Normalparabel (NP) mit der Gleichung $y = x^2$ und die Gerade mit der Gleichung $y = -\frac{1}{2}x + 5$.

Wir lesen ab: $x_1 = -2{,}5$; $x_2 = 2$
Lösungsmenge: $L = \{-2{,}5, 2\}$

Probe:
$x := -2{,}5$:
$2 \cdot (-2{,}5)^2 + (-2{,}5) - 10 = 0$ (w)
$x := 2$:
$2 \cdot 2^2 + 2 - 10 = 0$ (w)

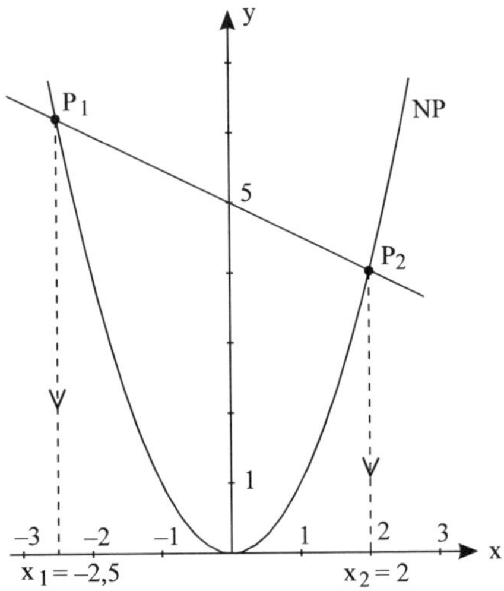

Aufgaben

109. Ermittle die Lösungen der folgenden quadratischen Gleichungen zuerst graphisch und dann rechnerisch!

a) $2x^2 - 4x - 5 = 0$

b) $x^2 - 2x + 1 = 0$

c) $3x^2 - 6x + 10 = 0$

110. Für welchen Wert von t hat die Gerade g: $y = -\frac{3}{2}x + t$ mit der Normalparabel genau einen Punkt B gemeinsamt? Welchen?
(Rechnung, dann Zeichnung)

111. Die Gerade g: $y = mx + 4{,}5$ schneidet die Normalparabel (NP) im Punkt Q_1 mit der Abszisse $x_1 = 2{,}5$.
Welchen weiteren Punkt Q_2 hat g mit der NP gemeinsam?

112. Eine Gerade g mit dem Steigungsfaktor $m = -\frac{5}{4}$ schneidet die NP im Punkt Q_1 mit der Abszisse $x_1 = -3$. In welchem weiteren Punkt Q_2 schneidet g die NP?

113. Ermittle die Gleichungen derjenigen Geraden durch $P(-1{,}5\,|\,0)$, die mit der Normalparabel keinen Punkt gemeinsam haben, d. h. die Passanten bezüglich der NP sind!

114. Ermittle die Gleichungen derjenigen Tangenten an die Normalparabel, die durch $P(1\,|\,-\frac{5}{4})$ gehen, und gib jeweils den zugehörigen Berührpunkt an! Bestätige das Ergebnis mit einer Zeichnung!

115. Die Gerade g schneidet die Normalparabel in den Punkten P_1 und P_2 mit den Abszissen x_1 bzw. x_2.

a) Stelle die Gleichung von g mit Hilfe der (als fest gegebenen) Abszissen x_1 und x_2 dar!

b) In welchem Punkt schneidet g die y-Achse, in welchem die x-Achse?

c) Zeichne die NP und g für $x_1 = -\sqrt{2}$ und $x_2 = 2{,}5$ und bestätige das Ergebnis von b!

116. Eine Gerade durch den Punkt $D(0\,|\,4)$ schneidet die Normalparabel in Q_1 und Q_2. Die Abszisse von Q_1 ist $x_1 = -3$. Berechne die Koordinaten von Q_2 und gib die Geradengleichung an!

7.3 Umkehrfunktion, Wurzelfunktion

In einem Experiment werden Weg und Zeit einer fallenden Kugel gemessen.

Weg s in Meter	0	0,01	0,05	0,11	0,2	0,31	0,45	0,61	0,80
Zeit t in Sek.	0	0,05	0,10	0,15	0,20	0,25	0,30	0,35	0,40

Zu diesem Experiment kann man zwei verschiedene Diagramme zeichnen.

Ein Diagramm beantwortet die Frage: Welchen Weg durchfällt die Kugel in einer bestimmten Zeit?

Das andere Diagramm beantwortet umgekehrt die Frage: Wie lange braucht die Kugel, um einen bestimmten Weg zu durchfallen?

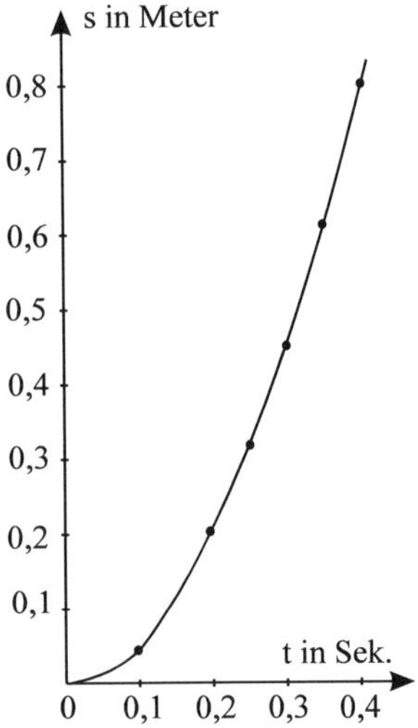

Funktion

$f\colon\ t \mapsto s = 5t^2$

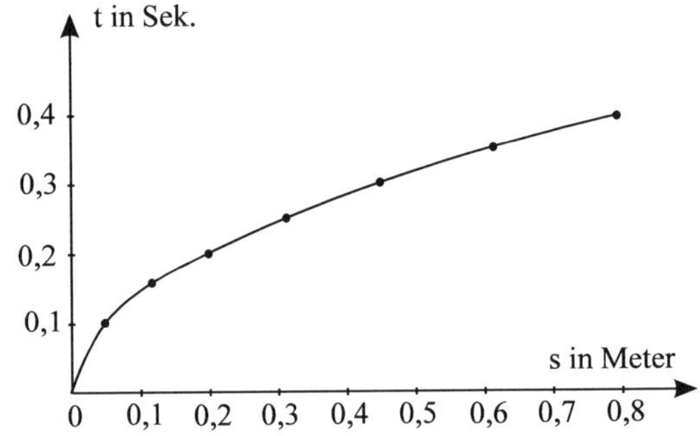

Umkehrfunktion

$\bar{f}\colon\ s \mapsto t = \sqrt{\frac{s}{5}}$

$\bar{f}$ heißt die Umkehrfunktion der Funktion f.

Wir übertragen dies auf die Quadratfunktion f: $x \mapsto y = x^2$ und beschränken uns auf $\mathbb{D}_f = \mathbb{R}_0^+$; $\mathbb{W}_f = \mathbb{R}_0^+$:

y	0	0,25	0,5	1	1,5	2,25	3	4	6	9
x	0	0,5	$\sqrt{0,5}$	1	$\sqrt{1,5}$	1,5	$\sqrt{3}$	2	$\sqrt{6}$	3

$f: \begin{matrix} y \\ \uparrow \\ x \end{matrix}$ $\qquad$ $\bar{f}: \begin{matrix} y \\ \downarrow \\ x \end{matrix}$

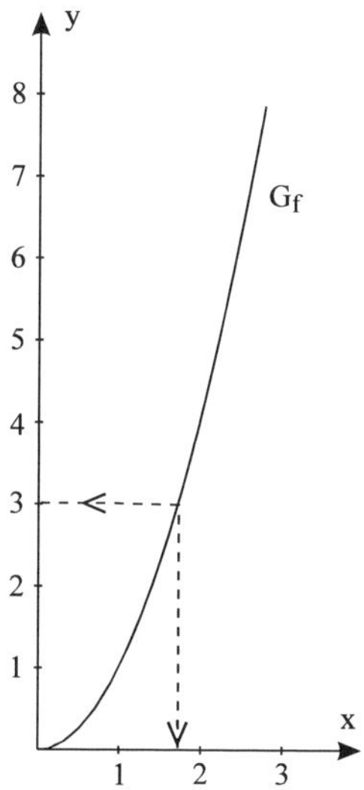

$f: \underset{x \geq 0}{x} \mapsto y = x^2$

x ist unabhängige Variable.
y ist abhängige Variable.

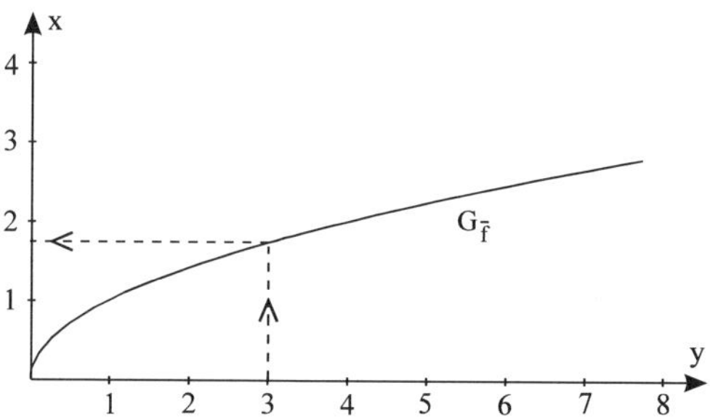

$\bar{f}: \underset{y \geq 0}{y} \mapsto x = \sqrt{y}$ $\qquad (*)$

y ist unabhängige Variable.
x ist abhängige Variable.

Will man die Graphen von f und $\bar{f}$ in ein Koordinatensystem eintragen mit x als Rechtswert für die unabhängige Variable und y als Hochwert für die abhängige Variable, so muß man in Gleichung (∗) die Variablenbezeichnungen x und y vertauschen.

Die Quadratfunktion $f:\ \underset{x \geq 0}{x} \mapsto y = f(x) = x^2$

Grapf G_f

besitzt als $\Rightarrow$

Umkehrfunktion die Wurzelfunktion $\bar{f}:\ \underset{y \geq 0}{y} \mapsto x = \bar{f}(y) = \sqrt{y}$

Graph $G_{\bar{f}}$

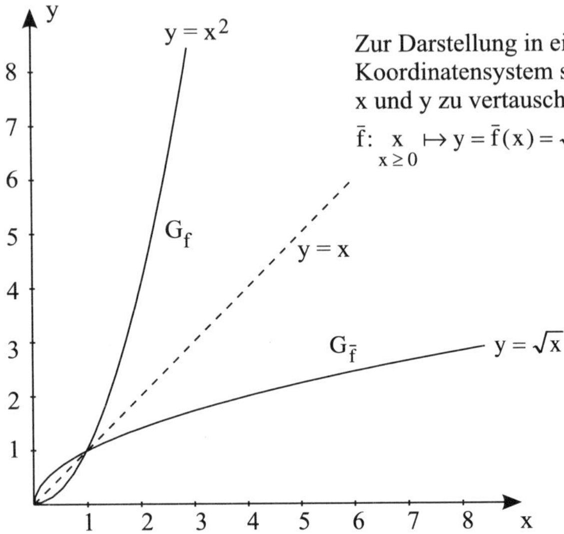

Zur Darstellung in einem Koordinatensystem sind x und y zu vertauschen:

$\bar{f}:\ \underset{x \geq 0}{x} \mapsto y = \bar{f}(x) = \sqrt{x}$

G_f und $G_{\bar{f}}$ sind Spiegelbilder zueinander bezüglich der Geraden $y = x$ als Spiegelachse.

Beispiele:

1. Zeichne die Graphen
   der Quadratfunktion $x \mapsto y = x^2$ für $x \in [0; 2]$ und
   der Wurzelfunktion $x \mapsto y = \sqrt{x}$ für $x \in [0; 4]$
   bei der LE = 2 cm!

Lösung:

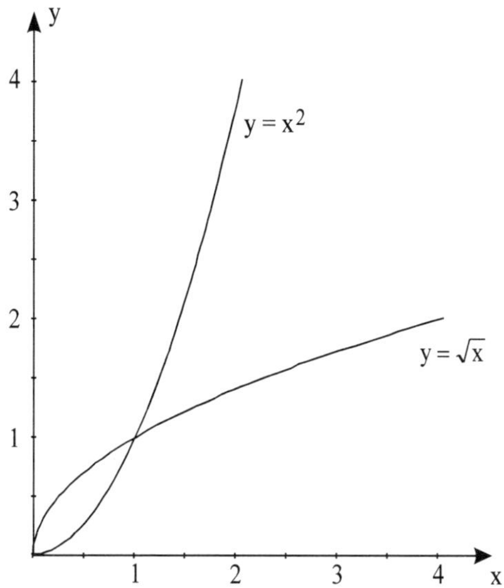

2. Zeichne den Graph der Funktion $x \mapsto y = \sqrt{|x|}$ für $x \in [-4; 4]$ mit LE = 1 cm!

Lösung:

$$y = \sqrt{|x|} = \begin{cases} \sqrt{x} & \text{für } x \geq 0 \\ \sqrt{-x} & \text{für } x < 0 \end{cases}$$

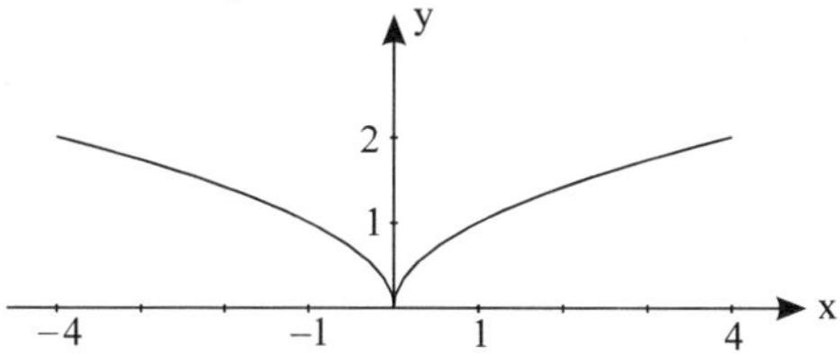

Aufgaben

117. Zeichne (mit LE = 5 cm) die Graphen zu

$x \mapsto y = x^2$ für $x \in [0; 1{,}2]$ und

$x \mapsto y = \sqrt{x}$ für $x \in [0; 1{,}44]$!

118. Zeichne (mit LE = 1 cm) den Graph zu $x \mapsto y = -\sqrt{|x|}$ für $x \in [-6; 6]$!

7.4 Parallel verschobene Parabeln

Quadratische Funktionen $y = a\,(x - x_S)^2$

Wir gehen von der Parabel $y = ax^2$ aus und **verschieben** diese **parallel zur x-Achse**. $S(x_s\,|\,0)$ ist der Scheitel der verschobenen Parabel. Die Funktionsgleichung der verschobenen Parabel mit Scheitelpunkt $S(x_s\,|\,0)$ lautet $y = a(x - x_s)^2$.

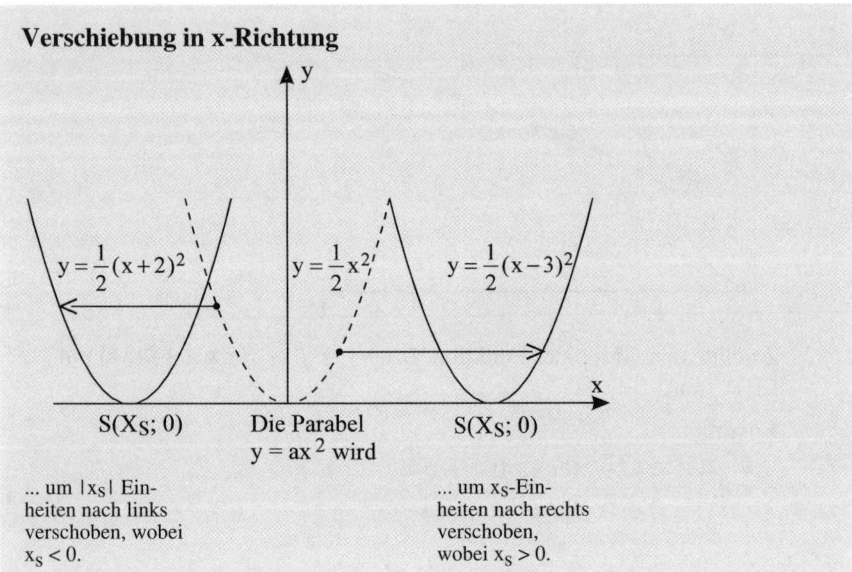

Beispiele:

1. Gegeben ist die Parabel mit der Gleichung $y = -2x^2$. Wie lautet die Gleichung der um 1 Einheit nach links verschobenen Parabel?

Lösung:
Der Scheitel der verschobenen Parabel ist S(–1 | 0).
$x_S = -1$ eingesetzt in
$y = -2(x - x_S)^2$ ergibt
$y = -2(x - (-1))^2$
$y = -2(x + 1)^2$

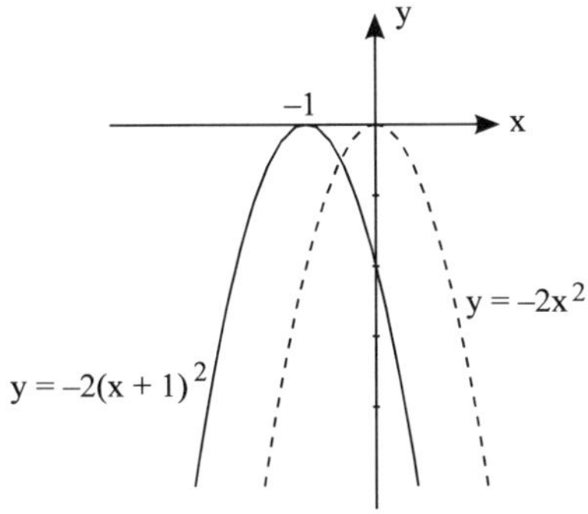

2. Wie lautet die Gleichung der an der x-Achse gespiegelten und um 2,5 Einheiten nach rechts verschobenen Normalparabel? Wo schneidet sie die y-Achse?

Lösung:
Die Normalparabel wird an der x-Achse gespiegelt (gestrichelt: $y = -x^2$) und dann um 2,5 Einheiten nach rechts verschoben
$\mathbf{y = -(x - 2{,}5)^2}$.

Schnittpunkt mit der y-Achse:
x = 0 in die Funktionsgleichung $y = -(x - 2{,}5)^2$ eingesetzt ergibt
$y = -(-2{,}5)^2 = -6{,}25$
Schnittpunkt: T(0 | –6,25).

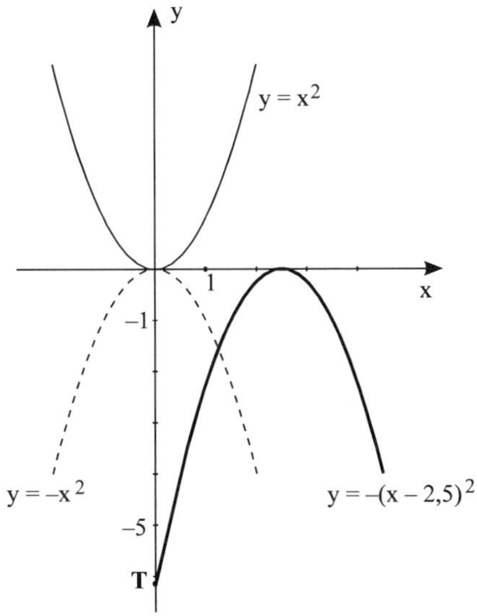

Aufgaben

119. a) Wie lautet die Gleichung der um $\sqrt{5}$ Einheiten nach links verschobenen Normalparabel?

b) Welche der folgenden Punkte liegen auf dieser Parabel?
$P_1(\sqrt{5}\,|\,20)$ $P_2(-1\,|\,2 \cdot (3-\sqrt{5}))$ $P_3(-\sqrt{20}\,|\,4)$ $P_4(0\,|\,5)$

c) Welche Punkte mit der Ordinate 4 liegen auf dieser Parabel?

120. a) Wie entsteht die Parabel mit der Gleichung $y = -0{,}6(x-5)^2$ aus der Normalparabel?

b) In welchem Punkt schneidet diese Parabel die y-Achse?

121. Gib zu jedem Graphen die Funktionsgleichung an!

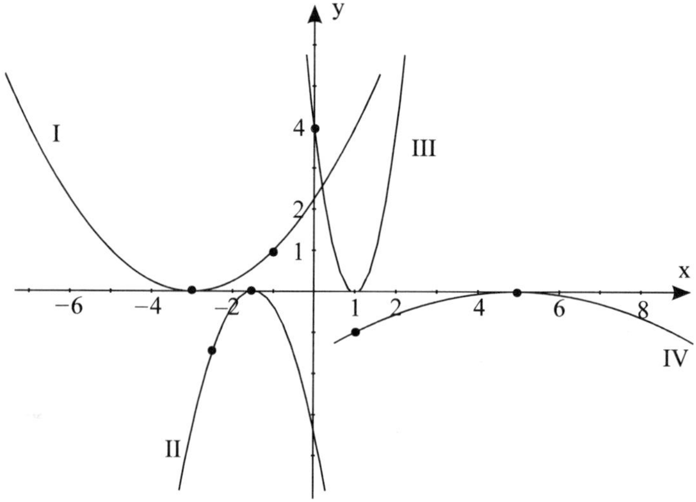

122. Bestimme b so, daß die Parabel $y = -2(x-b)^2$ durch den Punkt $P(3\,|\,-4)$ geht!

Quadratische Funktionen $y = ax^2 + y_S$

Wir gehen von der Parabel $y = ax^2$ aus und **verschieben** diese **parallel zur y-Achse**. $S(0 \mid y_S)$ ist der Scheitel der verschobenen Parabel.

Verschiebung in y-Richtung

Die Funktionsgleichung der so verschobenen Parabel mit Scheitelpunkt $S(0 \mid y_S)$ lautet: $y = ax^2 + y_S$.

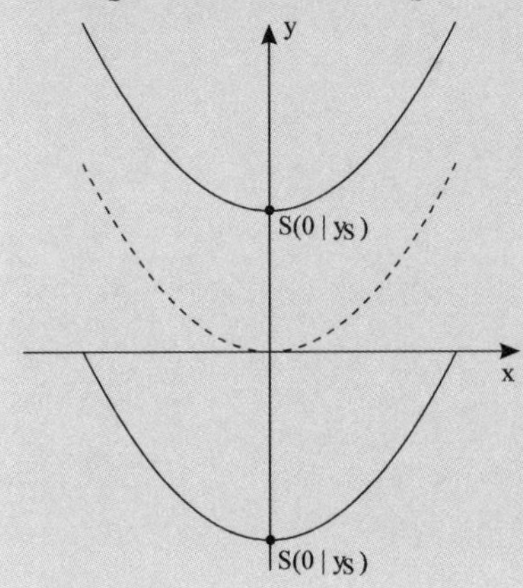

... um y_S Einheiten nach oben verschoben, wobei $y_S > 0$.

Die Parabel $y = ax^2$ wird ...

... um $|y_S|$ Einheiten nach unten verschoben, wobei $y_S < 0$.

Beispiele:

1. Gegeben ist die Parabel mit der Gleichung $y = -2x^2$. Wie lautet die Gleichung der um
   a) 4 Einheiten nach oben,
   b) 1,5 Einheiten nach unten
   verschobenen Parabel?

   Lösung:

   a) $y = -2x^2 + 4$

   b) $y = -2x^2 - 1,5$

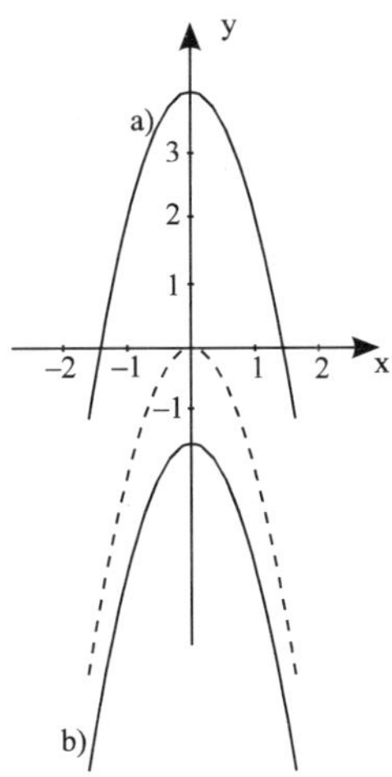

2. Gib die Lage und die Merkmale der Parabel mit der Gleichung $y = \frac{2}{3}x^2 - 2$ an.

Lösung:
Scheitel $(0|-2)$
Die Parabel ist nach oben offen, weil $a = \frac{2}{3} > 0$, sie ist breiter als die NP, weil $0 < a < 1$.

Aufgaben

123. Gib zu jedem Graphen die Funktionsgleichung an!

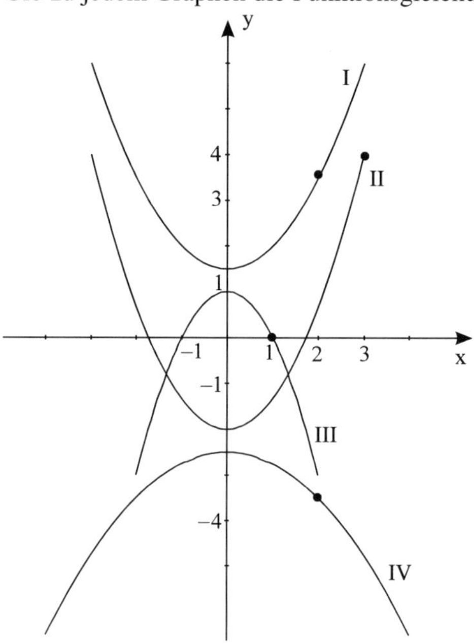

124. Eine Parabel mit dem Scheitel $(0|6)$ geht durch $Q(\sqrt{2} \mid 2\sqrt{3})$. Wie lautet ihre Funktionsgleichung?

Quadratische Funktionen $\mathbf{y = a(x - x_S)^2 + y_S}$

Wir gehen von der Parabel $y = ax^2$ aus und verschieben diese um x_S Einheiten in x-Richtung und um y_S Einheiten in y-Richtung, so daß ihr Scheitel im Punkt $S(x_S \mid y_S)$ zu liegen kommt. Wie lautet die Gleichung der verschobenen Parabel?

$a = \frac{1}{2}$

$x_S = 5;\ y_S = 2$

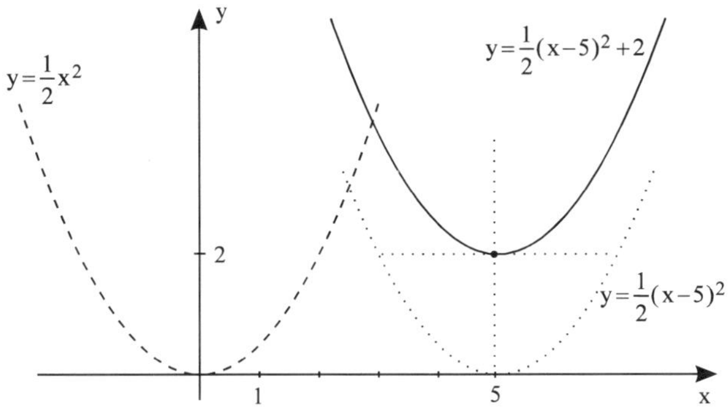

Verschiebung

Die Parabel $y = a(x - x_S)^2 + y_S$ entsteht aus der Parabel $y = ax^2$ durch Verschiebung

$$\text{um } |x_S| \text{ in x-Richtung } \begin{cases} \text{nach rechts, wenn } x_S > 0 \\ \text{nach links, wenn } x_S < 0 \end{cases}$$

$$\text{und um } |y_S| \text{ in y-Richtung } \begin{cases} \text{nach oben, wenn } y_S > 0. \\ \text{nach unten, wenn } y_S < 0. \end{cases}$$

Der Scheitel dieser verschobenen Parabel ist $S(x_S \mid y_S)$.

Man nennt die Funktionsgleichung der Zuordnung $x \mapsto \mathbf{y = a(x - x_S)^2 + y_S}$ die **Scheitelform** der Parabelgleichung.

Beispiele:

1. Die Parabel $y = -\frac{1}{2}x^2$ wird um 4,5 LE nach links und dann um 3 LE nach oben verschoben.
   a) Gib den Scheitel und die Funktionsgleichung der verschobenen Parabel an!
   b) Zeichne diese Parabel, ohne eine Wertetabelle anzulegen!

Lösung:

a) Scheitel S(– 4,5 | 3)

$$y = -\frac{1}{2}(x-(-4,5))^2 + 3 = -\frac{1}{2}(x+4,5)^2 + 3$$

b) Zeichne durch den Scheitel (–4,5 | 3) die vertikale Gerade (= Parabelachse) und die horizontale Gerade (= Scheiteltangente)!
Denk dir im Scheitel den Ursprung eines neuen Koordinatensystems und in dieses die nach unten geklappte Normalparabel eingetragen! Verkürze die von der Scheiteltangente aus gemessenen Ordinaten auf die Hälfte! (Stauchung!)

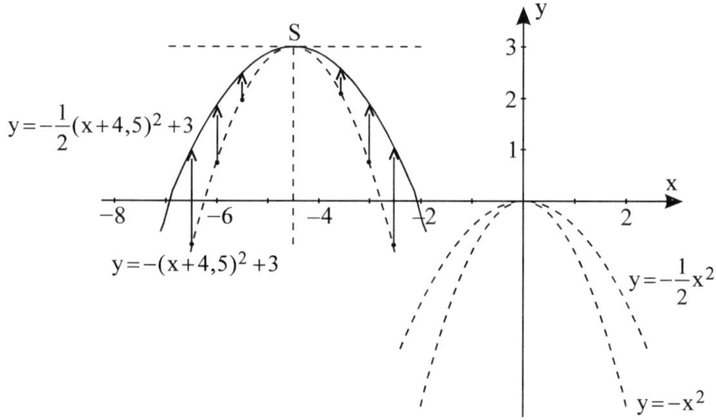

2. Die Parabel $y = -\frac{2}{3}(x - x_S)^2 + 4\frac{1}{6}$ soll durch den Ursprung des Koordinatensystems gehen. Bestimme die Scheitelabszisse x_S so, daß dies zutrifft!

Lösung:

$$(0|0) \in \text{Parabel} \Rightarrow 0 = -\frac{2}{3}(0 - x_S)^2 + 4\frac{1}{6} \Leftrightarrow \frac{2}{3}x_S^2 = \frac{25}{6}$$

$$\Leftrightarrow x_S^2 = \frac{25}{4} \Leftrightarrow x_S = \frac{5}{2} \vee x_S = -\frac{5}{2}$$

Es gibt zwei solcher Parabeln:

$$y = -\frac{2}{3}\left(x - \frac{5}{2}\right)^2 + 4\frac{1}{6} \quad \text{und} \quad y = -\frac{2}{3}\left(x + \frac{5}{2}\right)^2 + 4\frac{1}{6}$$

Aufgaben

125. Gib jeweils die Merkmale der durch folgende Gleichung gegebenen Parabeln an:

a) $y = 0{,}8(x-3)^2 + 1$

b) $y = \frac{3}{2}(x-1)^2 - 0{,}5$

c) $y = -2(x-2)^2 + 2$

d) $y = -\frac{1}{4}(x+4)^2 + 1{,}5$

e) Zeichne die Parabel der Aufgabe b ohne Wertetabelle!

126. Wie weit nach oben oder unten muß die Parabel $y = 0{,}4\,(x+2)^2 - 1$ vertikal verschoben werden, damit sie durch den Punkt $P(1\,|\,0{,}5)$ geht?

7.5 Scheitelform und allgemeine Form (Normalform) der Parabelgleichung

Parabelgleichungen liegen nicht immer gleich in Scheitelform $y = a(x - d)^2 + e$ vor. [Scheitel $S(x_S = d \mid y_S = e)$]. Häufiger tritt schon die Funktionsgleichung $\mathbf{y = ax^2 + bx + c}$ auf, die wir allgemeine Form oder **Normalform** nennen.

Beispiele:

$y = x^2 + 8x + 16$
$y = 0{,}2x^2 - 1{,}6x + 1{,}2$

Aus dieser Form kann man die Scheitelkoordinaten nicht unmittelbar ablesen. Wir können es aber, wenn wir die Funktionsgleichung mit Hilfe einiger „Tricks“ umformen.

Das Bestimmen der Scheitelkoordinaten mit Hilfe der Quadratischen Ergänzung

Wir zeigen an Beispielen, wie eine Parabelgleichung, die in Normalform vorliegt, auf Scheitelform zu bringen ist.

Beispiele:

1. Schreibe in Scheitelform um! Gib die Scheitelkoordinaten an!

   a) $y = x^2 + 6x + 9$

   b) $y = x^2 - 5x + 6{,}25$

   c) $y = x^2 - 4x + 7$

   d) $y = x^2 + 4x + 3$

   Lösung:
   Wir wenden die binomischen Formeln an:

   a) $y = x^2 + 6x + 9$
   $= x^2 + 2 \cdot 3x + 3^2$
   $= (x + 3)^2$
   $\Rightarrow S(-3 \mid 0)$

b) $y = x^2 - 5x + 6{,}25$
$= x^2 - 2 \cdot 2{,}5x + 2{,}5^2$
$= (x - 2{,}5)^2$

$\Rightarrow S(2{,}5 \mid 0)$

c) $y = x^2 - 4x + 7$
$= x^2 - 4x + 4 + 3$
$= (x - 2)^2 + 3$

$\Rightarrow S(2 \mid 3)$

d) $y = x^2 + 4x + 3$
$= x^2 + 4x + 4 - 1$
$= (x + 2)^2 - 1$

$\Rightarrow S(-2 \mid -1)$

2. Schreibe in Scheitelform um!
$y = 0{,}2x^2 - 1{,}6x + 1{,}2$

Lösung:
Das bisher benutzte Verfahren ist nicht sofort anwendbar, da vor x^2 der Zahlfaktor 0,2 steht. Wir klammern zunächst den Faktor 0,2 aus.
Also: $y = 0{,}2(x^2 - 8x + 6)$

Nun wird der Term in der Klammer wie bekannt umgeformt: Addieren und Subtrahieren der quadratischen Ergänzung.

$$y = 0{,}2(\underbrace{x^2 - 2 \cdot 4x + 4^2}_{\text{binomische Formel}} - 4^2 + 6)$$
$$= 0{,}2[(x-4)^2 - 16 + 6]$$
$$= 0{,}2[(x-4)^2 - 10]$$
$$= 0{,}2 \cdot (x-4)^2 - 2 \qquad \textit{Scheitelform}$$

$\Rightarrow S(4 \mid -2)$

Der am Beispiel gezeigte Vorgang sei noch einmal allgemein dargestellt:

$y = ax^2 + bx + c$

Wir klammern a aus und ergänzen gleichzeitig in der Klammer quadratisch:

$$= a\left(x^2 + \frac{b}{a}x + \left(\mathbf{\frac{b}{2a}}\right)^{\mathbf{2}} - \mathbf{\frac{b^2}{4a^2}} + \frac{c}{a}\right)$$

$$= a\left[\left(x + \frac{b}{2a}\right)^2 + \frac{c}{a} - \frac{b^2}{4a^2}\right]$$

$$= a\left(x + \frac{b}{2a}\right)^2 + c - \frac{b^2}{4a}$$

$$\Rightarrow S\left(-\frac{b}{2a}\,\middle|\, c - \frac{b^2}{4a}\right)$$

Beispiel:

Führe $y = -\frac{1}{2}x^2 - 3x + \frac{1}{2}$ in die Scheitelform über!

Beachte: Hier ist $a < 0$

Lösung:

$y = -\frac{1}{2}x^2 - 3x + \frac{1}{2}$

Wir klammern $-\frac{1}{2}$ aus

$$= -\frac{1}{2}(x^2 + 6x - 1)$$

und ergänzen in der Klammer quadratisch:

$$= -\frac{1}{2}(x^2 + 6x + 3^2 - 3^2 - 1)$$

$$= -\frac{1}{2}[(x+3)^2 - 10]$$

$$= -\frac{1}{2}(x+3)^2 + 5$$

$\Rightarrow S(-3\,|\,5)$, Parabel nach unten offen, breiter als die Normalparabel.

Aufgaben

127. Ermittle jeweils die Scheitelform der gegebenen Parabelgleichung! Gib dann den Scheitelpunkt an!

a) $y = -2x^2 - 8x - 7$ b) $y = \frac{1}{4}x^2 - x$

c) $y = -\frac{1}{3}x^2 + x + 3\frac{1}{4}$ d) $y = \frac{1}{\sqrt{2}}x^2 - 4x + 7\sqrt{2}$

e) $y = 2x^2 + 12x + 18$ f) $y = -\frac{2}{3}x^2 + 2$

128. Bestimme $k \in \mathbb{R}$ so, daß die Parabel mit der Gleichung $y = -\frac{1}{4}x^2 + \frac{k}{2}x - 3$ den Scheitel $S(x_S \mid 1)$ hat.

Definitionsmenge und Wertemenge einer quadratischen Funktion

Durch die Zuordnungsvorschrift $x \mapsto y = ax^2 + bx + c$, $a \neq 0$, kann zu jeder Zahl $x \in \mathbb{R}$ genau ein y-Wert errechnet werden. Deshalb gilt:

Die maximale Definitionsmenge einer quadratischen Funktion ist $\mathbb{R}$.

In manchen Fällen kann oder muß die Definitionsmenge $\mathbb{D}$ aus gewissen Gründen auf eine echte Teilmenge von $\mathbb{R}$ beschränkt werden. Dann ist $\mathbb{D}$ unbedingt anzugeben. Andernfalls sei vereinbart: $\mathbb{D} = \mathbb{D}_{max} = \mathbb{R}$.

Die den Zahlen $x \in \mathbb{D}$ durch $x \mapsto y = ax^2 + bx + c$ zugeordneten y-Werte bilden die Wertemenge $\mathbb{W}$ der quadratischen Funktion.

Im folgenden sei $\mathbb{D} = \mathbb{R}$ vorausgesetzt.

Jede quadratische Funktion $x \mapsto y = ax^2 + bx + c$ $(a \neq 0)$ hat als Graph eine Parabel.
Kennt man das Vorzeichen des Faktors a bei x^2 (d. h. die Öffnungsrichtung der Parabel) und den Scheitel $S(x_S \mid y_S)$, so läßt sich sofort die maximale Wertemenge $\mathbb{W}$ angeben:

1. Fall: $a > 0$

Die Parabel ist nach oben offen. Der Scheitel ist der tiefstgelegene Punkt der Parabel. $\Rightarrow$

$\mathbb{W} = \{y \in \mathbb{R} \,/\, y \geq y_S\} = [y_S; \infty[$

Wir überschreiten auf dem Graphen von links nach rechts wandernd einen Parabelpunkt $P(x_1 | y_1)$.

Damit gilt:

$$\left.\begin{array}{l}\text{Ist } x_1 < x_S, \\ \text{Ist } x_1 > x_S,\end{array}\right\} \text{ so ist der Graph in P } \left\{\begin{array}{l}\text{fallend.} \\ \text{ansteigend.}\end{array}\right.$$

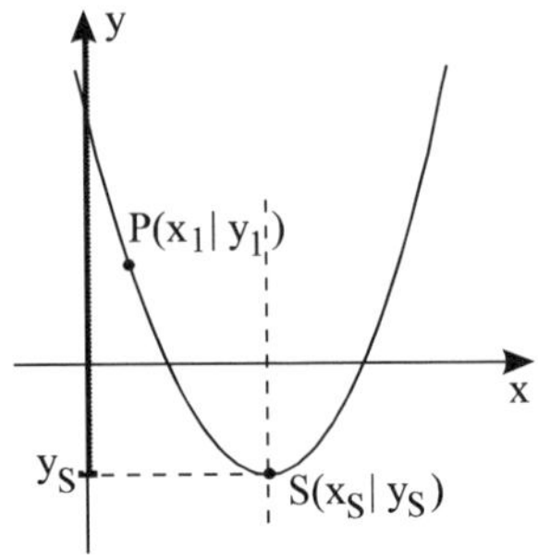

2. Fall: $a < 0$

Die Parabel ist nach unten offen. Der Scheitel ist der höchstgelegene Parabelpunkt. $\Rightarrow$

$\mathbb{W} = \{y \in \mathbb{R} \,/\, y \leq y_S\} =]-\infty; y_S]$

$P(x_1 | y_1)$ sei ein Parabelpunkt.

$$\left.\begin{array}{l}\text{Ist } x_1 < x_S \\ \text{Ist } x_1 > x_S\end{array}\right\} \text{ so ist der Graph in P } \left\{\begin{array}{l}\text{ansteigend.} \\ \text{fallend.}\end{array}\right.$$

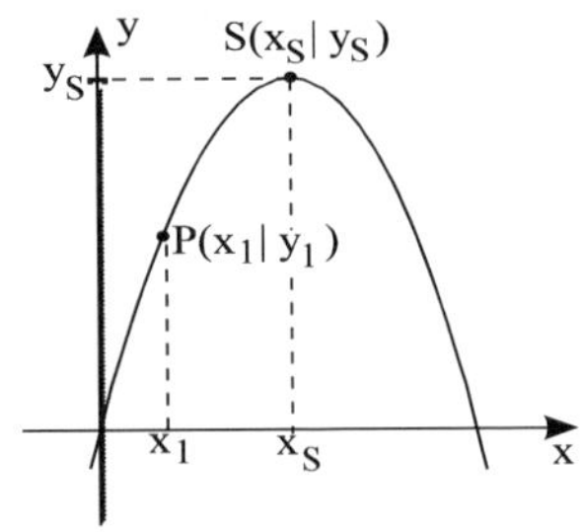

Beispiele:

1. Ermittle die Wertemenge $\mathbb{W}$ der quadratischen Funktion $x \mapsto y = 0{,}4x^2 + 2x + 0{,}5$ und gib das Steigungsverhalten (steigend oder fallend?) in den Parabelpunkten $P(-3 | \quad)$ und $Q(-0{,}5 | \quad)$ an! Ordinaten von P und Q?

Lösung:

Zunächst sind die Scheitelkoordinaten zu ermitteln.

$$y = 0{,}4x^2 + 2x + 0{,}5 = 0{,}4\left(x^2 + 5x + 2{,}5^2 - 6{,}25 + \frac{0{,}5}{0{,}4}\right)$$

$$= 0{,}4\left[(x + 2{,}5)^2 - 6\frac{1}{4} + \frac{5}{4}\right] = 0{,}4[(x + 2{,}5)^2 - 5]$$

$$= 0{,}4(x + 2{,}5)^2 - 2.$$

$\Rightarrow S(-2{,}5 | -2)$

Da die Parabel nach oben offen ist, ergibt sich die Wertemenge
$\mathbb{W} = \{y \in \mathbb{R} \,/\, y \geq -2\} = [-2; \infty[$
$-3 < x_S = -2{,}5 \quad \Rightarrow$ in P ist die Parabel fallend
$-0{,}5 > x_S = -2{,}5 \quad \Rightarrow$ in Q ist die Parabel steigend
$-3 \mapsto 0{,}4 \cdot 9 + 2 \cdot (-3) + 0{,}5 = -1{,}9; \quad P(-3\,|-1{,}9)$
$-0{,}5 \mapsto 0{,}4(-0{,}5 + 2{,}5)^2 - 2 = 0{,}4 \cdot 2^2 - 2 = -0{,}4; \quad Q(-0{,}5\,|-0{,}4)$

2. Welche Wertemenge hat die Funktion $x \mapsto y = 4x - 2x^2 - 3{,}5$? Für welche x-Werte ist in den zugehörigen Parabelpunkten der Graph fallend?

Lösung:

$y = 4x - 2x^2 - 3{,}5$ zunächst sind die Glieder zu ordnen!

$$= -2x^2 + 4x - 3{,}5 = -2\left(x^2 - 2x + 1^2 - 1 + \frac{3{,}5}{2}\right)$$

$$= -2\left[(x-1)^2 - 1 + \frac{7}{4}\right] = -2\left[(x-1)^2 + \frac{3}{4}\right] = -2(x-1)^2 - \frac{3}{2}$$

$\Rightarrow S(1\,|-1{,}5)$,

Parabel nach unten offen, Parabelachse (Symmetrieachse): $x = 1$
$\mathbb{W} = \{y \in \mathbb{R} \,/\, y \leq -1{,}5\} =]-\infty; -1{,}5]$
In den Punkten mit der Abszisse $x > 1$ ist die Parabel fallend.

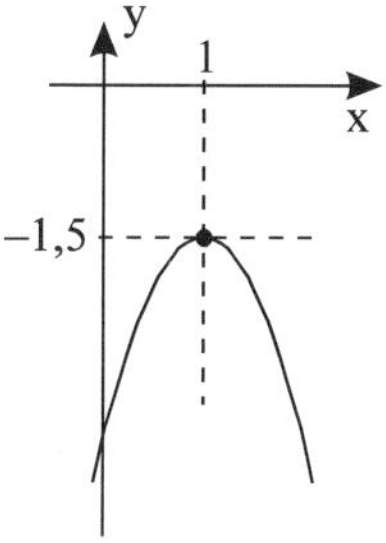

Aufgaben

129. Gegeben ist die Funktion $x \mapsto y = -\frac{1}{4}x^2 - 2x + 3$.

a) Bestimme ihre Wertemenge!

b) Schneidet ihr Graph die x-Achse?

c) Wie lautet die Gleichung derjenigen Parabel mit Scheitel $(0\,|\,1)$, aus der der Graph der gegebenen Funktion durch Parallelverschiebung entsteht?

130. Gegeben ist die Funktion $x \mapsto y = 6(1-x) + \frac{3}{2}x^2$

a) mit Definitionsmenge $\mathbb{D}_1 =]-\infty; 1[$

b) mit Definitionsmenge $\mathbb{D}_2 =]-\infty; 4]$.

Ermittle jeweils die Wertemenge und – falls vorhanden – den Schnittpunkt des Graphen mit der x-Achse! Fertige eine Skizze an!

131. Für ein "3 ℓ-Auto" gelte:

$x \mapsto y = 0{,}002x^2 + 1{,}8$ mit $x \in \mathbb{D} = [20; 40]$

Dabei ist x = Geschwindigkeit in $\frac{\text{m}}{\text{s}}$ auf horizontaler Straße.

y = momentaner Benzinverbrauch in $\frac{\ell}{100\text{ km}}$.

a) Gib die Wertemenge $\mathbb{W}$ an und zeichne den Graphen!

x-Achse: $1\frac{\text{m}}{\text{s}} \triangleq 1\text{ mm}$

y-Achse: $1\frac{\ell}{100\text{ km}} \triangleq 1\text{ cm}$.

b) Bei welcher Geschwindigkeit in $\frac{\text{km}}{\text{h}}$ ist der momentane Verbrauch gleich $3{,}0\frac{\ell}{100\text{ km}}$?

7.6 Schnittpunkte der Parabel mit den Koordinatenachsen

Schnittpunkt mit der y-Achse

Wir suchen auf der Parabel $y = ax^2 + bx + c$ den Punkt, dessen Abszisse $x = 0$ ist. ($x = 0$ ist die Gleichung der y-Achse.)
Seine Ordinate ist also $y = a \cdot 0^2 + b \cdot 0 + c = c$.

Die Parabel mit der Gleichung $y = ax^2 + bx + c$ schneidet die y-Achse im Punkt $T(0 \mid c)$.

Liegt die Parabelgleichung in der Scheitelform $y = a(x - x_S)^2 + y_S$ vor, so setzt man hierin $x = 0$ und erhält den Schnittpunkt mit der y-Achse $T(0 \mid ax_S{}^2 + y_S)$.

Beispiel:

In welchem Punkt T schneidet die Parabel mit der Gleichung

$y = \frac{1}{2}x^2 + 3x + 2$ die y-Achse?

Lösung:

$y = \frac{1}{2} \cdot 0^2 + 3 \cdot 0 + 2 = 2$

$T(0 \mid 2)$ ist der Schnittpunkt dieser Parabel mit der y-Achse. Die Scheitelform der Gleichung dieser Parabel ist

$y = \frac{1}{2}(x+3)^2 - 2{,}5$. Sie liefert mit $x = 0$

$y = \frac{1}{2}(0+3)^2 - 2{,}5 = \frac{9}{2} - \frac{5}{2} = 2$, also auch $T(0 \mid 2)$.

Aufgaben

132. In welchem Punkt T schneidet die Parabel die y-Achse?

a) p_1: $y = -2(x^2 - 4x + 1)$

b) p_2: $y = -0{,}05(x+4)^2 - 2{,}2$

c) p_3: $y = 3(2 - x) + x^2 - 1$

133. Die Parabel $y = \frac{1}{2}(x - 2\sqrt{2})^2 + d$ schneidet die y-Achse in $T(0 \mid 2{,}5)$. Bestimme d!

Schnittpunkte mit der x-Achse

Ein Punkt auf der x-Achse hat die Ordinate $y = 0$. ($y = 0$ ist die Gleichung der x-Achse!)
Er soll zugleich auf der Parabel $y = ax^2 + bx + c$ liegen. Daraus ergibt sich:

> Die Schnittstellen der Parabel $y = ax^2 + bx + c$ mit der x-Achse errechnet man durch „Nullsetzen" des Funktionsterms, d. h. durch Lösen der quadratischen Gleichung $ax^2 + bx + c = 0$.
> Die Lösungen dieser Gleichung heißen auch die **Nullstellen** der quadratischen Funktion bzw. der Parabel.

Ist die Diskriminante $D = b^2 - 4ac > 0$, so erhält man zwei Lösungen

$$x_1 = \frac{1}{2a}(-b - \sqrt{D}) \vee x_2 = \frac{1}{2a}(-b + \sqrt{D})$$

also zwei Schnittpunkte.

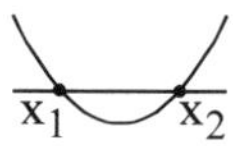

oder

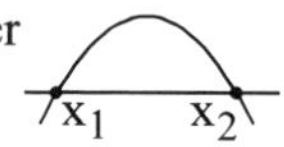

Ist $D = 0$, so gibt es genau eine Lösung:

$$x_0 = -\frac{b}{2a}$$

also einen Berührpunkt

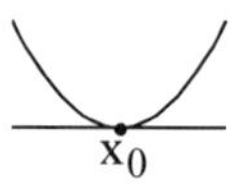

oder

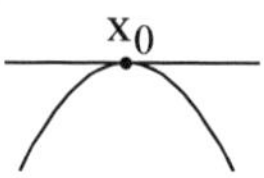

Ist $D < 0$, so gibt es keine Lösung, also keinen gemeinsamen Punkt mit der x-Achse. Die Parabel verläuft entweder ganz oberhalb oder ganz unterhalb der x-Achse.

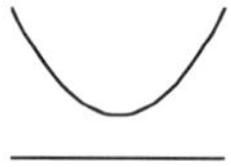

oder

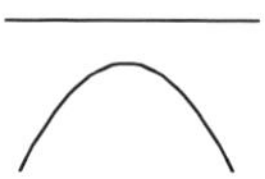

Beispiel:

Gegeben ist die quadratische Funktion $x \mapsto y = \frac{1}{2}x^2 + 3x + 2$.

1. Bestimme die Nullstellen mit der Lösungsformel für quadratische Gleichung!
2. Stelle die Scheitelform her und berechne daraus erneut die Nullstellen!

Lösung:

1. $\frac{1}{2}x^2 + 3x + 2 = 0$

$$\Leftrightarrow \quad x = \frac{-3 + \sqrt{9 - 4 \cdot \frac{1}{2} \cdot 2}}{2 \cdot \frac{1}{2}} \quad \vee \quad x = \frac{-3 - \sqrt{5}}{1}$$

$$\Leftrightarrow \quad x = -3 + \sqrt{5} \quad \vee \quad x = -3 - \sqrt{5}$$

Schnittpunkte der Parabel mit der x-Achse:
$N_1(-3 - \sqrt{5} \mid 0)$, $N_2(-3 + \sqrt{5} \mid 0)$

2. $y = \frac{1}{2}x^2 + 3x + 2 = \frac{1}{2}(x^2 + 6x + 3^2 - 9 + 4)$

$$= \frac{1}{2}[(x+3)^2 - 5] = \frac{1}{2}(x+3)^2 - 2{,}5.$$

Nullstellen? $\frac{1}{2}(x+3)^2 - 2{,}5 = 0 \quad \Leftrightarrow \quad (x+3)^2 = 5$

$$\Leftrightarrow \quad |x+3| = 5 \Leftrightarrow \quad x+3 = -\sqrt{5} \quad \vee \quad x+3 = \sqrt{5}$$

$$\Leftrightarrow \quad x = -3 - \sqrt{5} \quad \vee \quad x = -3 + \sqrt{5}$$

Aufgaben

134. Ermittle die Nullstellen der gegebenen quadratischen Funktion!

a) $x \mapsto y = -0{,}4x^2 + 1{,}2 + 0{,}7$

b) $x \mapsto y = 2x^2 - 4x + 3$

c) $x \mapsto y = -\frac{1}{6}x^2 + x - 1{,}5$

d) $x \mapsto y = \frac{1}{8}(x-2)^2 - 1$

e) $x \mapsto y = -1{,}5x^2 + 6x$

f) $x \mapsto y = -0{,}2(2x-3)(x+4)$

Fürs praktische Rechnen ist es oftmals wichtig, rasch und ohne großen Rechenaufwand zum Ziel zu gelangen. Die folgenden Regeln helfen dir:

1. Wenn die quadratische Funktion als Produkt zweier Linearfaktoren vorliegt, lassen sich die Nullstellen sofort angeben.
2. Oft läßt sich ein in Normalform gegebener Funktionsterm durch Probieren oder mit Hilfe einer binomischen Formel in Linearfaktoren zerlegen, so daß man die Nullstellen schnell findet.
3. Sind x_1 und x_2 die Nullstellen einer Parabel, so müssen diese bezüglich der Parabelachse symmetrisch liegen.
   Es gilt deshalb für die Scheitelabszisse x_S:
   $$x_S = \frac{x_1 + x_2}{2}$$

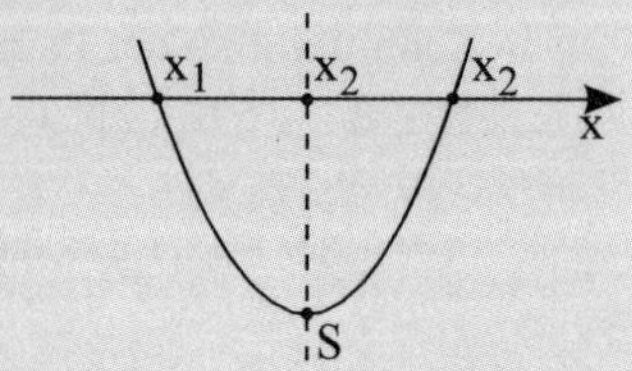

Beispiele:

1. Ermittle jeweils die Nullstellen der Funktion und gib dann die Scheitelabszisse der zugehörigen Parabel an!

   a) $x \mapsto y = 0{,}5(x+1)(3x-7)$

   b) $x \mapsto y = 8x^2 + 24x + 18$

   c) $x \mapsto y = 2x^2 - 2x - 24$

   Lösung:

   a) $y = 0 \Rightarrow x + 1 = 0 \quad \vee \quad 3x - 7 = 0$

   $$x = -1 \quad \vee \quad x = \frac{7}{3}$$

   Nullstellen: $x_1 = -1,\ x_2 = \frac{7}{3}$

   Scheitelabszisse: $x_S = \dfrac{-1 + \frac{7}{3}}{2} = \dfrac{2}{3}$

   b) $8x^2 + 24x + 18 = 0$

   $2(4x^2 + 12x + 9) = 0 \Leftrightarrow (2x + 3)^2 = 0 \Leftrightarrow x = -\frac{3}{2}$ einzige Nullstelle.

   Die Parabel berührt die x-Achse im Punkt $(-1{,}5 \mid 0)$. Dieser ist ihr Scheitel.

c) $y = 2x^2 - 2x - 24 = 2(x^2 - x - 12)$
$= 2(x + c) \cdot (x + d) = 2(x^2 + (c + d)\,x + c \cdot d)$
Überlegung:
$-12 = c \cdot d$
$= (-1) \cdot 12 = 1 \cdot (-12)$ wegen $c + d = -1$
$= (-2) \cdot 6 = 2 \cdot (-6)$ muß
$= (-3) \cdot 4 = 3 \cdot (-4)$ $c = 3,\ d = -4$ zutreffen.
$y = 2(x + 3)(x - 4)$
Nullstellen: $x_1 = -3,\ x_2 = 4$
Scheitelabszissen: $x_S = \frac{-3+4}{2} = \frac{1}{2}$

$x_S = \frac{1}{2} \mapsto y_S = 2 \cdot 3{,}5 \cdot (-3{,}5) = -24{,}5.$
$S(0{,}5 \mid -24{,}5)$

2. Eine Parabel hat den Scheitel $S(2 \mid -5)$. Einer ihrer Schnittpunkte mit der x-Achse ist $N_1(4{,}5 \mid 0)$.
   a) Ermittle den anderen Schnittpunkt mit der x-Achse.
   b) Wie lautet der Funktionsterm der Parabel?
   c) Welche Ordinate hat der Parabelpunkt P mit der Abszisse $x = 1$? In welchem Punkt schneidet die Parabel die y-Achse?
   d) Zeichne die Parabel unter Verwendung der bisher bekannten Punkte und der Symmetrieeigenschaft!

Lösung:

a) $x_S = \frac{x_1 + x_2}{2} \Rightarrow x_2 = 2x_S - x_1$
$= 2 \cdot 2 - 4{,}5 = -0{,}5.$

$N_2(-0{,}5 \mid 0)$

b) Wegen der Nullstellen $x_1 = 4{,}5$ und $x_2 = -0{,}5$ läßt sich die Funktionsgleichung so ansetzen:
$y = a(x - 4{,}5)\,(x + 0{,}5).$ $a = ?$
$S(2 \mid -5) \in$ Parabel $\Rightarrow -5 = a(2 - 4{,}5)(2 + 0{,}5)$
$\Leftrightarrow -5 = a \cdot (-6{,}25)$
$\Leftrightarrow a = \frac{4}{5}$
$y = \frac{4}{5}(x - 4{,}5)(x + 0{,}5)$

c) $x = 1 \mapsto y = \frac{4}{5}(-3{,}5) \cdot 1{,}5 = -4{,}2$; P(1 | −4,2)

$x = 0 \mapsto y = \frac{4}{5}(-4{,}5) \cdot 0{,}5 = -1{,}8$; T(0 | −1,8)

d)

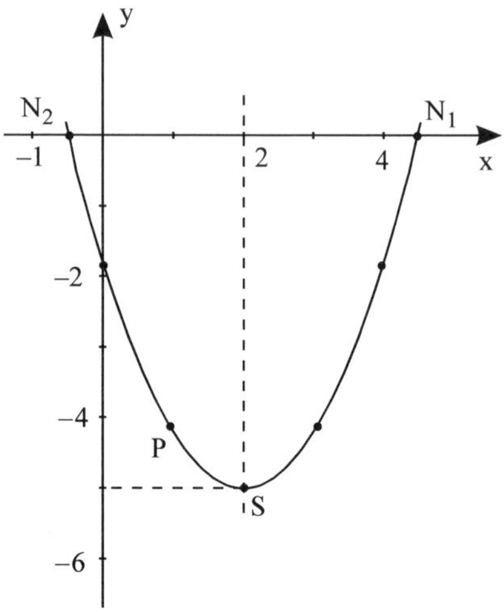

Aufgaben

135. Faktorisiere den Funktionsterm der Parabel $y = 8x - x^2 - 12$ und gib deren Schnittpunkte mit den Koordinatenachsen an! Bestimme ferner die Wertemenge $\mathbb{W}$!

136. Bestimme die Nullstellen der Funktion $x \mapsto y = \frac{3}{4}x^2 + \frac{3}{2}x - \frac{9}{2}$ und gib ihre Wertemenge an!

137. Eine Parabel besitzt die Scheiteltangente $y = -8$ und die Nullstellen $x_1 = -1$ und $x_2 = 7$.

a) Gib den Scheitel S an und die Wertemenge $\mathbb{W}$.

b) $y = a(x - x_1)(x - x_2)$ kann man als „Nullstellenform" der Parabelgleichung bezeichnen. Bestimme den Faktor a!

c) Stelle aus der Nullstellenform die Normalform der Parabelgleichung her und forme diese zur Kontrolle des Ergebnisses aus a in die Scheitelform um!

8 Das Aufstellen von Parabelgleichungen

8.1 Parabel durch drei gegebene Punkte

Es seien zunächst zwei Punkte mit verschiedenen x-Koordinaten (Abszissen) gegeben: $P(-4\,|\,0)$ und $Q(2\,|\,3)$. Welche Parabeln $y = ax^2 + bx + c$ gehen durch P und Q?

Zeichnerisch ist einzusehen, daß es unendlich viele solche Parabeln gibt, eine sog. **Parabelschar**. Fordert man, daß die Parabel auch noch durch den dritten Punkt $R(-2\,|\,5)$ geht, so trifft dies für genau eine Parabel der Schar zu. Gesucht ist deren Gleichung!

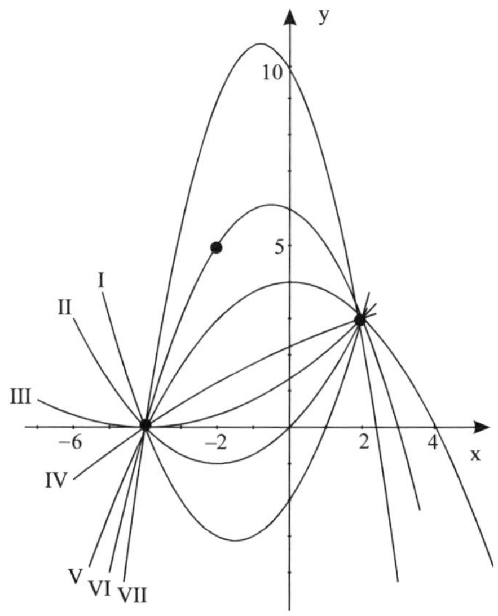

So findet man die Gleichung der durch drei Punkte P, Q und R festgelegten Parabel

1. Man vergewissert sich zunächst, daß keine zwei der drei Punkte P, Q und R auf einer Parallelen zur y-Achse liegen, also den gleichen y-Wert haben, und daß nicht alle drei Punkte auf einer Geraden liegen.
2. Falls die Untersuchung in 1. negativ verläuft, gibt es genau eine Parabel $y = ax^2 + bx + c$, die durch die Punkte P, Q und R läuft. Die Koeffizienten a, b, c dieser Parabelgleichung erhält man so:
   Die Koordinaten jedes der drei Punkte müssen die Parabelgleichung erfüllen. So erhält man für die drei Unbekannten a, b und c ein System von drei linearen Gleichungen. Dieses Gleichungssystem kann man häufig mit der sogenannten „Additionsmethode“ lösen.

Beispiel:

Die Parabel p: $y = ax^2 + bx + c$ soll durch die Punkte P(–4 | 0), Q(2 | 3) und R(–2 | 5) gehen. Wie lautet die Gleichung dieser Parabel?

Lösung:

$$
\begin{array}{lll}
\text{p:} & & ax^2 + bx + c = y \\
P(-4\,|\,0) \in p & \Rightarrow & a(-4)^2 + b(-4) + c = 0 \\
 & & 16a - 4b + c = 0 \quad (1) \\
P(2\,|\,3) \in p & \Rightarrow & 4a + 2b + c = 3 \quad (2) \\
R(-2\,|\,5) \in p & \Rightarrow & 4a - 2b + c = 5 \quad (3) \\
(2) - (3) & \Rightarrow & 4b = -2 \;\Rightarrow\; b = -0{,}5 \\
(1) - (2) & \Rightarrow & 12a - 6b = -3 \;\;|:3 \\
 & & 4a - 2b = -1 \\
 & & 4a - 2 \cdot (-0{,}5) = -1 \;\Rightarrow\; a = -0{,}5
\end{array}
$$

$$
\begin{aligned}
(2) \;\Rightarrow\; c &= 3 - 4a - 2b \\
&= 3 - 4\,(-0{,}5) - 2(-0{,}5) = 3 + 2 + 1 = 6;\; c = 6
\end{aligned}
$$

Ergebnis: p: $y = -0{,}5x^2 - 0{,}5x + 6$

Zur Probe prüft man, ob die Koordinaten von P, Q und R die Funktionsgleichung tatsächlich erfüllen.

$$x = -4 \mapsto y = -0{,}5(-4)^2 - 0{,}5(-4) + 6 = -8 + 2 + 6 = 0 \Rightarrow P \in p$$
$$x = 2 \mapsto y = -0{,}5 \cdot 2^2 - 0{,}5 \cdot 2 + 6 = -2 - 1 + 6 = 3 \Rightarrow Q \in p$$
$$x = -2 \mapsto y = -0{,}5 \cdot (-2)^2 - 0{,}5 \cdot (-2) + 6 = -2 + 1 + 6 = 5 \Rightarrow R \in p$$

Aufgaben

138. Ermittle jeweils die Gleichung derjenigen Parabel p, die durch die Punkte P, Q und R geht! Stelle dann die Scheitelform her und zeichne die Parabel!

a) P(2 | 5) Q(3 | 0,5) $R\left(5\frac{1}{2}\,\middle|\,2\frac{3}{8}\right)$

b) P(–5 | 5) Q(0 | 2,5) R(1 | –1)

c) P(–6 | 2) Q(6 | –1) $R\left(8\,\middle|\,\frac{1}{4}\right)$

139. Was ergibt sich rechnerisch bei der Frage nach der Gleichung der Parabel durch die Punkte P, Q und R, falls

a) P(1 | 1), Q(–2 | 4), R(1 | 5)?
(P und R liegen auf einer Parallelen zur y-Achse)

b) P(–2 | 2), Q(0 | 1), R(4 | –1)?
(P, Q, R liegen auf einer Geraden)

8.2 Parabel mit vorgegebenen Eigenschaften

Ist speziell der Scheitelpunkt einer gesuchten Parabel gegeben, so genügt die Angabe nur eines weiteren Parabelpunkts P (P $\notin$ Scheiteltangente), um die Parabelgleichung zu erstellen. Man setzt zweckmäßig die Scheitelform an
p: $y = a(x - x_S)^2 + y_S$ und bestimmt mit $P \in p$ den Faktor a.

Beispiele:

1. Wie lautet die Gleichung der Parabel, die den Scheitel S(3 | 3,5) hat und durch P(–1 | –0,5) geht?

   Lösung:

   Ansatz: p: $y = a(x - x_S)^2 + y_S$
   $y = a(x - 3)^2 + 3{,}5$

   $P \in p \Rightarrow -0{,}5 = a(-1 - 3)^2 + 3{,}5 \Leftrightarrow -0{,}5 = 16a + 3{,}5$

   $\Leftrightarrow a = \frac{-4}{16} = -\frac{1}{4}$

   Ergebnis: $y = -\frac{1}{4}(x - 3)^2 + 3{,}5$

   $y = -\frac{1}{4}(x^2 - 6x + 9) + 3{,}5 = -\frac{x^2}{4} + \frac{3}{2}x - \frac{9}{4} + \frac{7}{2}$

   Normalform: $y = -\frac{1}{4}x^2 + \frac{3}{2}x + \frac{5}{4}$

2. Eine Parabel hat ihren Scheitel auf der x-Achse, schneidet die y-Achse im Punkt A(0 | – 8) und geht durch P(3 | –2). Stelle die Parabelgleichung auf!

   Lösung:

   Der Scheitel liegt auf der x-Achse. Damit gilt hier speziell $y_S = 0$. Also:
   p: $y = a(x - x_S)^2$

   $A \in p \Rightarrow -8 = a \cdot x_S^2 \Leftrightarrow a = -\frac{8}{x_S^2}$ (1)

   $P \in p \Rightarrow -2 = a(3 - x_S)^2$ (2)

(1) in (2) $-2 = -\frac{8}{x_S^2}(3 - x_S)^2 \quad \Big| \cdot \left(-\frac{x_S^2}{2}\right)$

$\Leftrightarrow \quad x_S^2 = 4(3 - x_S)^2 \Leftrightarrow x_S^2 = 4 \cdot (9 - 6x_S + x_S^2) \Leftrightarrow x_S^2 = 36 - 24x_S + 4x_S^2$

$\Leftrightarrow \quad 3x_S^2 - 24x_S + 36 = 0 \quad |:3 \quad \Leftrightarrow \quad x^2 - 8x_S + 12 = 0$

$\Leftrightarrow \quad (x_S - 2)(x_S - 6) = 0.$

$\Leftrightarrow \quad x_S = 2 \quad \vee \quad x_S = 6$

Hierzu aus (1) $\quad a = \frac{-8}{4} = -2 \quad \vee \quad a = \frac{-8}{36} = -\frac{2}{9}$

Folgende zwei Parabeln erfüllen die Bedingungen der Angabe:

$p_1\colon\ y = -2(x - 2)^2$; $\qquad p_2\colon\ y = -\frac{2}{9}(x - 6)^2$

3. Erstelle die Gleichung einer Parabel, die ihren Scheitel auf der Winkelhalbierenden des 2. und 4. Quadranten hat, eine Nullstelle bei $x = 2$ besitzt und die y-Achse im Punkt mit der Ordinate 1,5 schneidet! Prüfe das Ergebnis anhand einer Zeichnung!

Lösung:

Da S auf der Geraden $y = -x$ liegt, gilt $y_S = -x_S$.

Scheitelform: p: $\quad y = a(x - x_S)^2 - x_S$

$(2; 0) \in p \qquad 0 = a(2 - x_S)^2 - x_S \quad \Leftrightarrow \quad a = \frac{x_S}{(2 - x_S)^2} \qquad (1)$

$(0; 1{,}5) \in p \qquad 1{,}5 = a \cdot x_S^2 - x_S \qquad (2)$

(1) in (2): $\qquad 1{,}5 = \frac{x_S^3}{(2 - x_S)^2} - x_S$

$\Leftrightarrow \quad 1{,}5 + x_S = \frac{x_S^3}{(2 - x_S)^2}$

$\Leftrightarrow \quad (2 - x_S)^2(1{,}5 + x_S) = x_S^3$

$\Leftrightarrow \quad (4 - 4x_S + x_S^2)(1{,}5 + x_S) = x_S^3$

$\Leftrightarrow \quad 6 + 4x_S - 6x_S - 4x_S^2 + 1{,}5x_S^2 + x_S^3 = x_S^3$

$\Leftrightarrow \quad -2{,}5x_S^2 - 2x_S + 6 = 0$

$$\Leftrightarrow x_S = \frac{2+\sqrt{4+60}}{-5} \vee x_S = \frac{2-8}{-5}$$
$$\Leftrightarrow x_S = -2 \qquad \vee x_S = 1{,}2$$
$$y_S = 2 \qquad y_S = -1{,}2 \qquad \text{weil } y_S = -x_S$$

x_S in (1) eingesetzt:

$$a = \frac{-2}{(4)^2} = -\frac{1}{8} \qquad a = \frac{1{,}2}{0{,}8^2} = \frac{120}{64} = \frac{30}{16} = \frac{15}{8}$$

$$\text{I)}\ y = -\frac{1}{8}(x+2)^2 + 2 \qquad \text{II)}\ y = \frac{15}{8}(x-1{,}2)^2 - 1{,}2$$

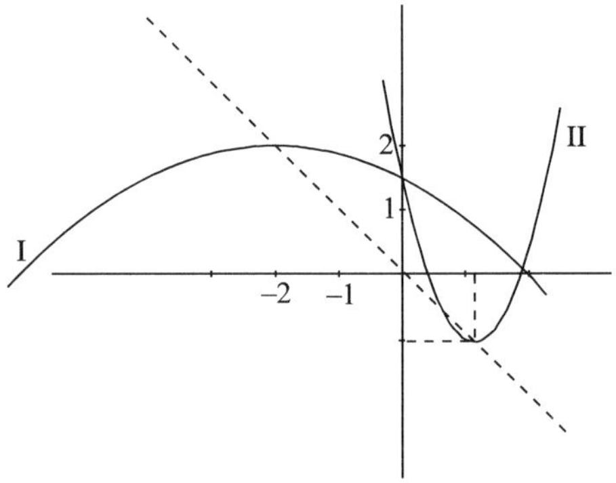

Aufgaben

140. Eine Parabel mit der y-Achse als Symmetrieachse geht durch $P(2 \mid -\sqrt{2})$. Ihre Scheiteltangente ist die Gerade $y = \sqrt{2}$. Bestimme die Parabelgleichung!

141. Der Scheitel einer Parabel, die durch den Ursprung geht, ist $S(5 \mid -2)$. Bestimme ihre Gleichung! Wo ist ihre zweite Nullstelle?

142. Ermittle die Gleichung derjenigen Parabel, die durch den Ursprung und den Punkt $P\left(\frac{9}{2} \mid \frac{9}{4}\right)$ geht und deren Scheitel auf der Winkelhalbierenden des 1. Quadranten liegt! Prüfe das Ergebnis anhand einer Zeichnung!

143. Ermittle die Funktionsgleichungen der *Scharen* von *Parabeln*, die jeweils folgende Bedingungen erfüllen:

a) Die Funktionsgleichungen sollen die Nullstellen $x_1 = -r$ und $x_2 = 3r$ mit $r \in \mathbb{R} \setminus \{0\}$ und die Wertemenge $\mathbb{W} = [-1; \infty[$ haben.

b) Die Parabeln sollen zur Normalparabel kongruent und nach unten offen sein, und ihr Scheitel soll auf der Geraden $y = 2x$ liegen.

c) Die Parabeln sollen durch den Ursprung und durch $P(4 \mid 4)$ gehen.

9 Parabel und Gerade

Eine Aufgabe, die das Thema dieses Abschnitts aufzeigt, ist z. B. folgende:
Die Zeit-Weg-Funktion eines Radfahrers R (nur bis 10 Sekunden nach dem Start) sei $t \mapsto s = \frac{3}{4}t^2$ mit $t \in [0; 10]$. t wird in Sekunden gemessen, s in Meter.
Für einen mit 20 m Vorsprung in gleicher Richtung gleichzeitg weggehenden Fußgänger F sei die Zeit-Weg-Funktion $t \mapsto s = 20 + 1{,}5 \cdot t$ mit $t \in [0; 10]$. Bestimme den Zeitpunkt t_0, in dem R den F überholt, und die Überholstelle! Zur Lösung stellen wir den Sachverhalt graphisch dar (siehe Abbildung):

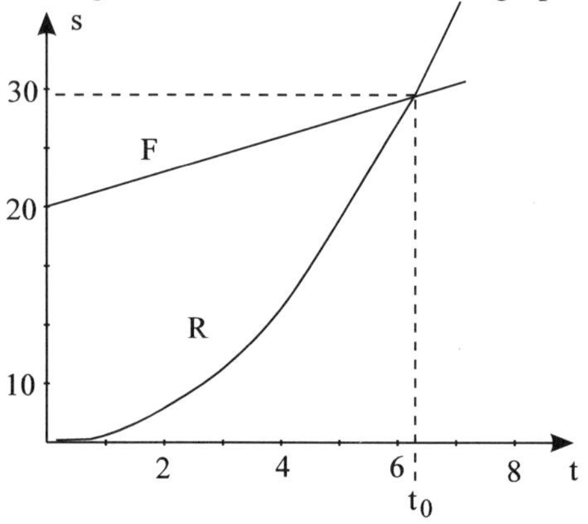

Wir erkennen: Der gesuchte Zeitpunkt t_0 ist die t-Koordinate des Schnittpunktes der Graphen mit den Gleichungen

$$s = \frac{3}{4}t^2 \quad \text{und} \quad s = 20 + 1{,}5t, \text{ wobei } t \in [0;\ 10].$$

Wir setzen die Funktionsterme einander gleich:

$$\frac{3}{4}t^2 = 20 + 1{,}5t \qquad | \cdot 4$$

$$\Leftrightarrow \quad 3t^2 = 80 + 6t \qquad \Leftrightarrow \quad 3t^2 - 6t - 80 = 0$$

$$\Leftrightarrow \quad t = \frac{6 + \sqrt{36 + 960}}{6} \qquad \left(\vee \ t = \frac{6 - \sqrt{36 + 960}}{6} \right)$$

$$\Leftrightarrow \quad t_0 \approx 6{,}25$$

Der Radfahrer überholt den Fußgänger etwa 6,25 s nach dem Start. Während dieser 6,25 s hat der Radfahrer den Weg 29,3 m zurückgelegt, denn $s_0 = \frac{3}{4} \cdot 6{,}25^2 \approx 29{,}3$.

Schnittpunkte Gerade mit Parabel

Zur Bestimmung gemeinsamer Punkte einer Parabel
$x \mapsto f(x) = y = ax^2 + bx + c \quad (a \neq 0)$ und einer Geraden
$x \mapsto g(x) = y = mx + t$ setzt man die Funktionsterme gleich.

- Die Lösungen der quadratischen Gleichung
  $ax^2 + bx + c = mx + t \iff ax^2 + (b - m)x + (c - t) = 0 \quad (*)$
  sind die x-Koordinaten (Abszissen) gemeinsamer Punkte.
- Ist x_0 eine Lösung der Gleichung (∗), so hat der entsprechende Schnittpunkt P die y-Koordinate (Ordinate) $y_0 = f(x_0)$ oder $y_0 = g(x_0)$:
  $P(x_0 \,|\, f(x_0)) = P(x_0 \,|\, g(x_0))$
- D sei die Diskriminante der quadratischen Gleichung (∗).
  $D > 0$ zwei gemeinsame Punkte (Sekante)
  $D = 0$ genau ein gemeinsamer Punkt (Tangente)
  $D < 0$ kein gemeinsamer Punkt (Passante)

Beispiele:

1. Ermittle – falls vorhanden – die gemeinsamen Punkte der Parabel $y = 0{,}25x^2 - x - 2$ und der Geraden mit der Gleichung $y = g(x)$ rechnerisch und zeichnerisch!

   a) $g(x) = -0{,}5x - 3$

   b) $g(x) = -0{,}5x + 4$

   c) $g(x) = -0{,}5x - 2{,}25$

   Lösung:

   a) $0{,}25x^2 - x - 2 = -0{,}5x - 3 \iff 0{,}25x^2 - 0{,}5x + 1 = 0$
   Diskriminante $D = (-0{,}5)^2 - 4 \cdot 0{,}25 \cdot 1 = -0{,}75 < 0$
   Die Gerade ist *Passante* bezüglich der Parabel.

   b) $0{,}25x^2 - x - 2 = -0{,}5x + 4 \iff 0{,}25x^2 - 0{,}5x - 6 = 0$
   Diskriminante $D = (-0{,}5)^2 - 4 \cdot 0{,}25 \cdot (-6) = 6{,}25 > 0$
   Es gibt zwei Schnittpunkte. Die Gerade ist *Sekante*.

Es gilt:

$$0{,}25x^2 - 0{,}5x - 6 = 0 \quad | \cdot 4$$

$$\Leftrightarrow \quad x^2 - 2x - 24 = 0 \quad \Leftrightarrow \quad (x+4)(x-6) = 0$$

$$\Leftrightarrow \quad x = -4 \quad \vee \quad x = 6$$

$$y = -0{,}5 \cdot (-4) + 4 = 6 \quad \Big| \quad y = -0{,}5 \cdot 6 + 4 = 1$$

P(−4 | 6) und Q(6 | 1) sind die Schnittpunkte.

c) $0{,}25x^2 - x - 2 = -0{,}5x - 2{,}25 \quad \Leftrightarrow \quad 0{,}25x^2 - 0{,}5x + 0{,}25 = 0$
Diskriminante $D = (-0{,}5)^2 - 4 \cdot 0{,}25 \cdot 0{,}25 = 0{,}25 - 0{,}25 = 0$
Es gibt genau eine Lösung. Die Gerade ist eine Tangente. Es gilt:

$$0{,}25x^2 - 0{,}5x + 0{,}25 = 0 \quad | \cdot 4$$

$$x^2 - 2x + 1 = 0 \quad \Leftrightarrow \quad (x-1)^2 = 0$$

$$\Leftrightarrow \quad x = 1; \quad y = g(1) = -0{,}5 \cdot 1 - 2{,}25 = -2{,}75.$$

Berührpunkt B(1 | −2,75)

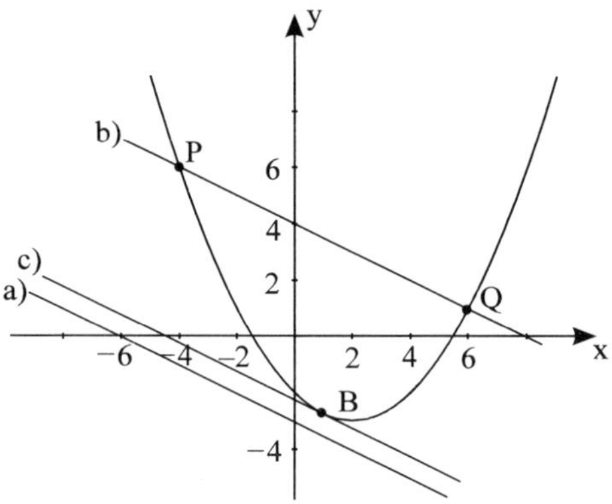

2. Welche zur Geraden $y = \frac{4}{3}x$ parallelen Geraden haben mit der Parabel $y = -\frac{1}{6}(x-3)^2 + 1$
   a) keinen Punkt
   b) genau einen Punkt
   c) zwei Punkte gemeinsam?

Lösung:

Die Schar der zu $y = \frac{4}{3}x$ parallelen Geraden wird durch $y = \frac{4}{3}x + t$ mit $t \in \mathbb{R}$ dargestellt.

Bedingung für die Abszissen gemeinsamer Punkte:

$$-\frac{1}{6}(x-3)^2+1=\frac{4}{3}x+t \iff -\frac{1}{6}(x^2-6x+9)+1=\frac{4}{3}x+t \iff$$

$$\iff -\frac{1}{6}x^2+x-\frac{1}{2}=\frac{4}{3}x+t \iff -\frac{1}{6}x^2-\frac{1}{3}x-\frac{1}{2}-t=0 \qquad |\cdot(-6)$$

$$\iff x^2+2x+3+6t=0$$

Diskriminante $D = 2^2 - 4 \cdot (3 + 6t) = -8 - 24t$

$$\left.\begin{matrix} D<0 \\ D=0 \\ D>0 \end{matrix}\right\} \iff -8-24t \left\{\begin{matrix} <0 & & t>-\frac{1}{3} & \text{kein gemeinsamer Punkt} \\ =0 & \iff & t=-\frac{1}{3} & \text{genau ein gemeinsamer Punkt} \\ >0 & & t<-\frac{1}{3} & \text{zwei gemeinsame Punkte} \end{matrix}\right.$$

Zur Veranschaulichung sind diese drei Fälle

$t>-\frac{1}{3}$, $t=-\frac{1}{3}$, $t<-\frac{1}{3}$

in der folgenden Abbildung beispielhaft dargestellt:

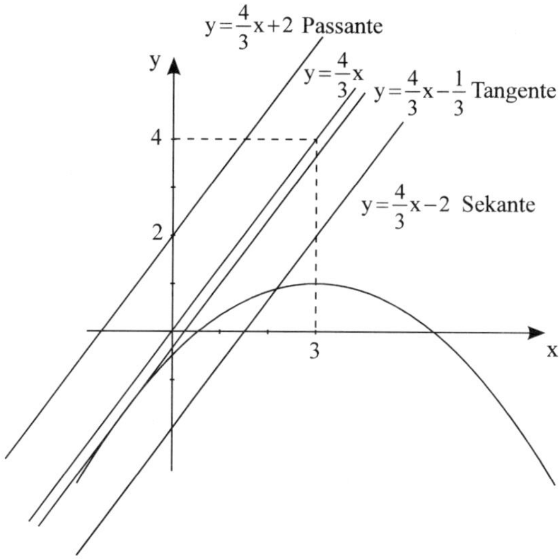

3. $P(2\,|\,y_P)$ sei ein auf der Parabel $y = 0{,}6x^2 + 1{,}2x - 2{,}4$ gelegener Punkt. Ermittle die Gleichung der Parabeltangente in P. Bestimme den Scheitel der Parabel und zeichne diese samt der Tangente in P!

Lösung:
Die gesuchte Tangentengleichung sei $y = mx + t$. Die Bestimmungsgleichung für die Abszissen gemeinsamer Punkte lautet:

$$0{,}6x^2 + 1{,}2x - 2{,}4 = mx + t$$

$$\Leftrightarrow\ 0{,}6x^2 + (1{,}2 - m)x - (2{,}4 + t) = 0$$

$$\Leftrightarrow\ x^2 + \frac{1{,}2 - m}{0{,}6} \cdot x - \frac{2{,}4 + t}{0{,}6} = 0$$

Die Lösungen dieser quadratischen Gleichung kennen wir bereits. Sie heißen $x_1 = x_2 = 2$, weil P (2|) Berührpunkt ist.

Nach dem Satz von Vieta gilt:

$$\frac{1{,}2 - m}{0{,}6} = -(x_1 + x_2) = -(2 + 2) = -4 \ \Leftrightarrow\ 1{,}2 - m = -2{,}4 \ \Leftrightarrow\ m = 3{,}6$$

und $-\dfrac{2{,}4 + t}{0{,}6} = x_1 \cdot x_2 = 2 \cdot 2 = 4 \ \Leftrightarrow\ -2{,}4 - t = 2{,}4 \ \Leftrightarrow\ t = -4{,}8$

Die gesuchte Tangentengleichung ist $y = 3{,}6x - 4{,}8$.

Wir bestimmen den Scheitel der Parabel:

$$\begin{aligned} y &= 0{,}6x^2 + 1{,}2x - 2{,}4 \\ &= 0{,}6(x^2 + 2x - 4) \\ &= 0{,}6[(x + 1)^2 - 5] \\ &= 0{,}6(x + 1)^2 - 3 \end{aligned}$$

Der Punkt $(-1\,|\,-3)$ ist Scheitel der Parabel.

Für die Zeichnung berechnen wir noch einige Parabelpunkte und beachten die Symmetrie an der Geraden $x = -1$.

$P_1(0\,|\,-2{,}4)$

$P_2(1\,|\,-0{,}6)$

$P_3(2\,|\,2{,}4)$ = Berührpunkt der Tangente.

Die Tangente zeichnen wir mit Hilfe von $P(2\,|\,2{,}4)$ und des Abschnitts $(-4{,}8)$ auf der y-Achse.

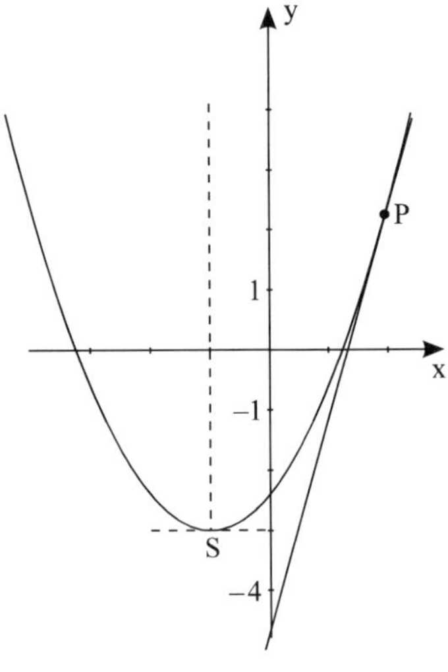

4. Welche Geraden durch den Ursprung haben mindestens einen Punkt mit der Parabel $y = \frac{1}{2}x^2 + \frac{3}{2}x + \frac{25}{8}$ gemeinsam? Verdeutliche das Ergebnis anhand einer Zeichnung!

Lösung:

Für die Abszisse eines gemeinsamen Punktes der Parabel und der Ursprungsgeraden $y = mx$ haben wir die Bestimmungsgleichung

$$\frac{1}{2}x^2 + \frac{3}{2}x + \frac{25}{8} = mx \quad \Leftrightarrow \quad \frac{1}{2}x^2 + \left(\frac{3}{2} - m\right)x + \frac{25}{8} = 0 \qquad (*)$$

Damit Lösungen existieren, muß die Diskriminante ≥ 0 sein.

$$D = \left(\frac{3}{2} - m\right)^2 - 4 \cdot \frac{1}{2} \cdot \frac{25}{8} \geq 0 \quad \Leftrightarrow \quad \left(\frac{3}{2} - m\right)^2 \geq \frac{25}{4} \quad \Leftrightarrow$$

$$\Leftrightarrow \quad \left|\frac{3}{2} - m\right| \geq \frac{5}{2} \quad \Leftrightarrow \quad \frac{3}{2} - m \geq \frac{5}{2} \quad \vee \quad \frac{3}{2} - m \leq -\frac{5}{2}$$

$$m \leq -1 \quad \vee \quad m \geq 4$$

In den Fällen, in denen das Gleichheitszeichen gilt, ist $D = 0$. Die Geraden $y = -x$ und $y = 4x$ sind Tangenten.

Für $m = -1$ ergibt sich aus $(*)$ $\quad x_{B_1} = -2{,}5;\ y_{B_1} = -x_{B_1} = 2{,}5$

Für $m = \ \ 4$ ergibt sich aus $(*)$ $\quad x_{B_2} = \ \ 2{,}5;\ y_{B_2} = 4x_{B_2} = 10$

$B_1(-2{,}5 \,|\, 2{,}5)$, $B_2(2{,}5 \,|\, 10)$ sind die Berührpunkte der Tangenten. Die vertikale Ursprungsgerade (y-Achse) schneidet die Parabel in $T(0 \,|\, \frac{25}{8})$.

Für $m \in \,]-\infty; -1[\, \cup \,]4; \infty[$ hat die Gerade $y = mx$ mit der Parabel zwei Punkte gemeinsam.

Bestimmung des Scheitels:

$$y = \frac{1}{2}\left(x^2 + 3x + \left(\frac{3}{2}\right)^2 - \frac{9}{4} + \frac{25}{4}\right)$$

$$= \frac{1}{2}\left[\left(x + \frac{3}{2}\right)^2 + \frac{16}{4}\right]$$

$$= \frac{1}{2}\left(x + \frac{3}{2}\right)^2 + 2$$

$S(-1{,}5 \,|\, 2)$

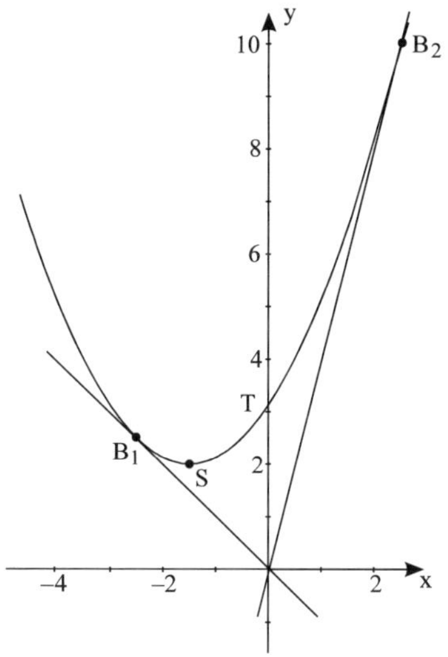

5. Vom Punkt P(–1 | 4) sollen die Tangenten an die Parabel $y = -\frac{1}{4}x^2 - x + 1$ gelegt werden. Bestimme die Gleichungen dieser Tangenten und die Berührpunkte! Zeichne den Sachverhalt!

Lösung:

Die Gerade $y = mx + t$ soll durch P(–1 | 4) gehen. Also gilt:

$4 = m \cdot (-1) + t \quad \Leftrightarrow \quad t = m + 4$

Alle (nicht vertikalen) Geraden durch P sind erfaßt durch

$y = mx + m + 4$ mit $m \in \mathbb{R}$ $\qquad (*)$.

Die Gleichung für die Abszissen gemeinsamer Punkte mit der Parabel

$y = -\frac{1}{4}x^2 - x + 1$ ist $-\frac{1}{4}x^2 - x + 1 = mx + m + 4$

$$\Leftrightarrow -\frac{1}{4}x^2 - (1+m)x - m - 3 = 0 \Leftrightarrow x^2 + 4(1+m)x + 4(m+3) = 0 \quad (**)$$

Da (∗∗) nur eine Lösung besitzen soll, muß die Diskriminante gleich null sein.

$D = 16(1 + m)^2 - 4 \cdot 4(m + 3) = 0 \quad \Leftrightarrow \quad 1 + 2m + m^2 - m - 3 = 0$

$\Leftrightarrow \quad m^2 + m - 2 = 0 \quad \Leftrightarrow \quad (m + 2)(m - 1) = 0$

$\Leftrightarrow \quad m = -2 \quad \vee \quad m = 1$

Diese Werte – in (∗) eingesetzt – ergeben:

für $m = -2$ die Tangente $y = -2x + 2$ und

für $m = 1$ die Tangente $y = x + 5$.

Berührpunktsbestimmung:

Aus (∗∗) folgt

für $m = -2$	für $m = 1$
$x^2 - 4x + 4 = 0$	$x^2 + 8x + 16 = 0$
$(x - 2)^2 = 0$	$(x + 4)^2 = 0$
$x = 2$	$x = -4$

in die zugehörige Tangentengleichung eingesetzt:

$y = -2 \cdot 2 + 2 = -2$	$y = -4 + 5 = 1$
$B_1(2 \mid -2)$	$B_2(-4 \mid 1)$

Die Parabelgleichung lautet in Scheitelform

$y = -\frac{1}{4}(x+2)^2 + 2$

$S(-2\,|\,2)$

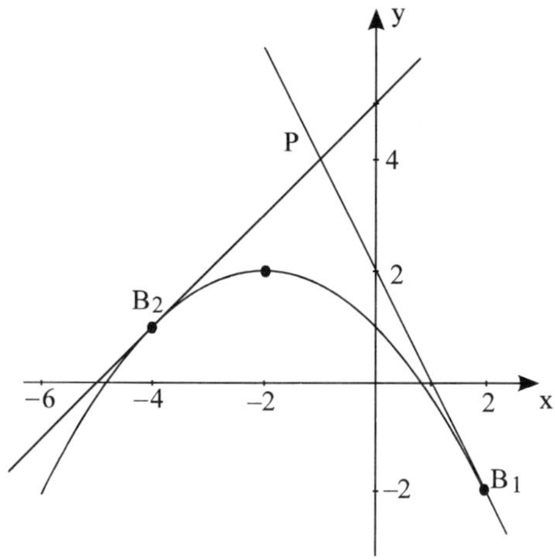

Aufgaben

144. Wo schneidet die Gerade $2x + 4y - 3 = 0$ die Parabel $y = \frac{1}{2}\left(x - \frac{1}{2}\right)^2 - 1$?
Wie lang ist die zugehörige Parabelsehne?
Prüfe das Ergebnis anhand einer Zeichnung!

145. Ermittle die gemeinsamen Punkte der Parabel $p\colon y = -\frac{3}{2}x^2 + 6x - \frac{9}{2}$ mit der jeweiligen Geraden g.

a) $y = -3$ b) $9x = 2(9 - 2y)$

c) $y = -\frac{5}{6}x + \frac{10}{3}$ d) $y = 3x - 3$

e) $x = 3{,}5$ f) $1{,}5x - y - 8 = 0$

Stelle die Scheitelform der Parabelgleichung her! Zeichne die Parabel und die Geraden!

146. a) Welche zur Geraden $y = -2{,}4x$ parallelen Geraden schneiden die Parabel $y = 0{,}8x^2$ in zwei Punkten?

b) Für welche t-Werte sind die Geraden $y = 1{,}2x + t$ Passanten bezüglich der Parabel $y = -0{,}2x^2 + 2x - 3$?

147. Für welchen Wert von k berührt die Parabel mit der Funktionsgleichung $y = \frac{1}{k}(x + k)^2$, ($k \neq 0$) die Gerade g: $8x - 3y + 8 = 0$?
Berührpunkt? Bestätige das Ergebnis anhand einer Zeichnung!

148. An die Parabel mit der Gleichung $y = f(x)$ soll im Punkt $Q(x_Q \,|\, f(x_Q))$ die Tangente gelegt werden. Ermittle deren Gleichung!

a) $f(x) = \frac{1}{2}x^2 - 3x,\ Q(0\,|\,0)$

b) $f(x) = \frac{1}{4}(x+2)^2 + 1,\ Q(-5\,|\,?)$ Zeichnung!

c) $f(x) = -\frac{3}{4}x^2 + 3x - 4,\ Q\left(?\,\middle|\,-\frac{7}{4}\right)$ Zeichnung!

149. Vom Punkt R sind die Tangenten an die Parabel p zu legen ($R \notin p$). Ermittle die Gleichungen der Tangenten und die Berührpunkte und stelle das Ergebnis in einer Zeichnung dar.

a) $R(5{,}5\,|\,-2{,}5)$, p: $y = \frac{1}{2}x^2 - 3x$

b) $R(0\,|\,0)$, p: $y = -0{,}4(x^2 - 4x + 9)$

c) $R(-2\,|\,8)$, p: $y = -\frac{1}{2}x^2 - 2x + 1$

150. Gegeben ist die durch den Ursprung gehende Parabel $y = -\frac{1}{3}x^2 + 2x$ und die Ursprungsgerade g_m: $y = mx$.

a) Welche zweite Nullstelle und welchen Scheitel hat die Parabel?

b) Ermittle die Koordinaten des zweiten Schnittpunktes Q_m von g_m mit der Parabel. Für welchen m-Wert gibt es keinen zweiten gemeinsamen Punkt?

c) Überprüfe das Ergebnis für $m = \frac{1}{3}$ und $m = -\frac{1}{3}$ anhand einer Zeichnung.

151. Gegeben ist die nach oben offene Parabel mit dem Scheitel auf der positiven x-Achse: p: $y = a(x - x_S)^2$ mit $a > 0$, $x_S > 0$.
Die Ursprungsgerade $y = mx$ soll p in zwei Punkten schneiden. Welcher Bedingung – ausgedrückt durch die festen Werte a und x_S – muß der Steigungsfaktor m genügen?

152. Für welche Werte von a berührt die Parabel p_a: $y = a(x^2 - 4)$ die Gerade g: $3x + y = 7{,}5$? Gib jeweils den Scheitel der Parabel an, ermittle den Berührpunkt und fertige eine Zeichnung an.

153. Berechne den Schnittpunkt Q des Graphen der Funktion $x \mapsto y = \sqrt{x-1}$ mit der Geraden $y = -x + t$. Dabei ist eine Vorzeichenentscheidung zu treffen und zu begründen.
Für welche t gibt es überhaupt einen gemeinsamen Punkt?
Gib Q für $t = 3$ und für $t = 7$ an und bestätige das Ergebnis mit einer Zeichnung.

10 Extremwertaufgaben

Ein Rechteck hat die Seitlenlänge a = 10 m und b = 50 m. Sein Flächeninhalt beträgt also 500 m^2.
Nun soll a um die Strecke $x \in [0, 25]$ verlängert und zugleich b um die Strecke 2x verkürzt werden. Dadurch ändert sich der Flächeninhalt A des Rechtecks.

x	1. Seite	2. Seite	Flächeninhalt
0	10	50	500
1	11	48	528
2	12	46	552
3	13	44	572
--	--	--	--
15	25	20	500
16	26	18	468
--	--	--	--
24	34	2	68
25	35	0	0

Aus der Tabelle ersehen wir:

Mit wachsendem x nimmt der Flächeninhat A zunächst zu und nimmt dann wieder ab.

Wir vermuten:

Es gibt einen x-Wert, für den der Flächeninhalt A maximal wird.

Nachweis durch Rechnung:
$A(x) = (10 + x) \cdot (50 - 2x)$. Dies ist der Funktionsterm einer quadratischen Funktion in Linearfaktorendarstellung. Ihr Graph ist eine nach unten offene Parabel mit den Nullstellen $x_1 = -10$ und $x_2 = 25$.

Der Scheitel hat die x-Koordinate (Abszisse)

$$x_S = \frac{x_1 + x_2}{2} = \frac{-10+25}{2} = 7{,}5 =: x_E$$

= Abszisse, die den Extremwert für A liefert.

y-Koordinate (Ordinate) des Scheitels:

$$A(x_E) = (10 + 7{,}5) \cdot (50 - 15) =$$
$$= 17{,}5 \cdot 35 = 612{,}5$$

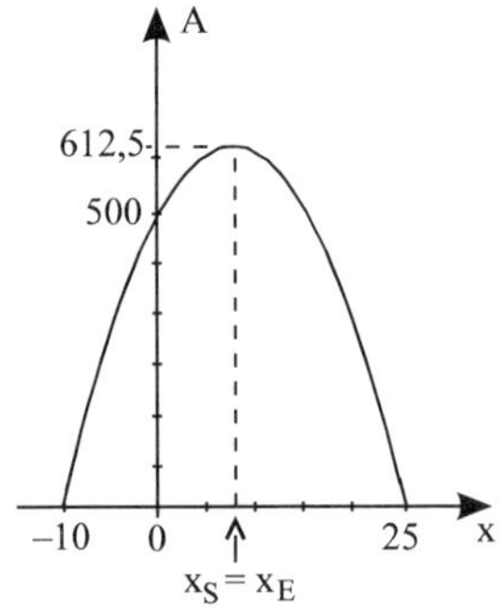

Der Flächeninhalt ist am größten, nämlich 612,5 m^2, wenn a um 7,5 m verlängert und b um $2 \cdot 7{,}5$ m = 15 m verkürzt wird.

Extrema bei quadratischen Funktionen

Ist eine Größe F als quadratische Funktion einer variablen Größe x darstellbar:

$x \mapsto F(x) = \ldots$ so ist der zugehörige Graph eine Parabel. Ist diese nach $\left\{\begin{matrix}\text{unten}\\ \text{oben}\end{matrix}\right\}$

offen, so ist die Frage sinnvoll: Für welchen x-Wert ist F ein $\left\{\begin{matrix}\text{Maximum}\\ \text{Minimum}\end{matrix}\right\}$?

Die Scheitelabszisse ist der Wert x_E, für welchen F ein Extremum annimmt.
Die Scheitelordinate $F(x_E)$ ist der Extremwert.

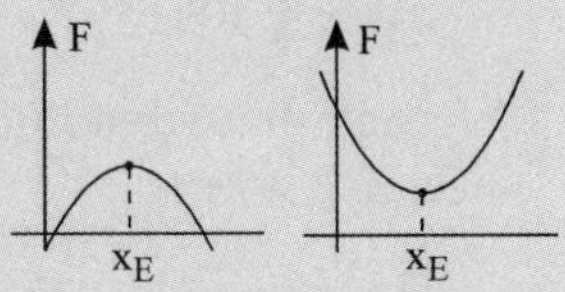

Kennt man die Nullstellen x_1, x_2 von F(x), so hat man sofort $x_S = x_E = \frac{x_1 + x_2}{2}$ und berechnet $F(x_E)$.

Andernfalls stellt man die Scheitelform von F(x) her:
$F(x) = a(x - x_E)^2 + k$, woraus x_E und $F(x_E) = k$ zu entnehmen ist.

k ist $\left\{\begin{matrix}\text{Maximum, falls } a < 0\\ \text{Minimum, falls } a > 0\end{matrix}\right\}$

Beispiele:

1. Ein Grundstück der angegebenen Form ist einzuzäunen. Das Mauerstück [EF] ist 4 m lang. Das Zaunstück [E, D] soll um 8 m kürzer sein als das Mauerstück [AF]. Es stehen 80 m Drahtzaun zur Verfügung. Wie müssen die Maße sein, damit die eingezäunte Fläche möglichst groß ist?

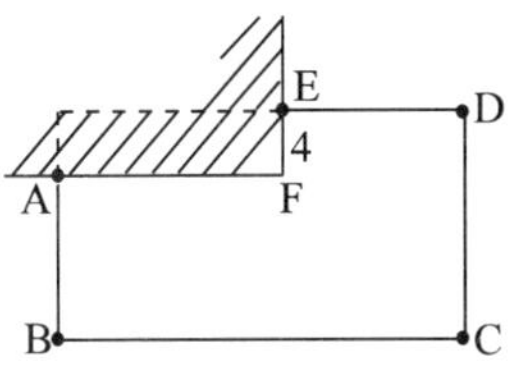

Lösung:

Eine der variablen Strecken nennen wir x, eine dazu senkrechte y. Wir entscheiden uns für $\overline{AF} = x$ und $\overline{CD} = y$. Dann ist

$\overline{ED} = x - 8$

$\overline{BC} = x + (x - 8) = 2x - 8$

$\overline{AB} = y - 4.$

Man trägt am besten diese Kurzterme in die Skizze ein.

$$\text{Fläche } F = \overline{BC}\cdot\overline{CD} - \overline{AF}\cdot\overline{EF}$$
$$= (2x-8)\cdot y - x\cdot 4$$

Die beiden Variablen x und y müssen die Zaunlängenbedingung erfüllen:

$\overline{AB} + \overline{BC} + \overline{CD} + \overline{DE} = 80$ *Verknüpfung der Variablen*

$(y-4)+(2x-8)+y+(x-8)=80 \;\Leftrightarrow\; 3x+2y=100.$

Damit kann eine Variable durch die andere ausgedrückt werden:

z.B. $y = \frac{100-3x}{2}$.

Durch Einsetzen in den Term für F erhalten wir F als Funktion von nur einer Variablen:

$$F(x) = (2x-8)\cdot\frac{(100-3x)}{2} - 4x = (x-4)(100-3x) - 4x$$
$$= 100x - 3x^2 - 400 + 12x - 4x = -3x^2 + 108x - 400.$$

Der Graph ist eine nach unten offene Parabel.

Wir ermitteln die Scheitelform:

$$F(x) = -3\left(x^2 - 36x + 18^2 - 324 + \frac{400}{3}\right) = -3\left[(x-18)^2 - \frac{572}{3}\right]$$
$$F(x) = -3(x-18)^2 + 572$$

Scheitel $(18\,|\,572)$

Für $x = x_E = 18$ m erhält man den maximalen Flächenwert 572 m^2.

Aus der Verknüpfung der Variablen folgt:

$$y = \frac{100-3x}{2} = \frac{100-3\cdot 18}{2} = 23.$$

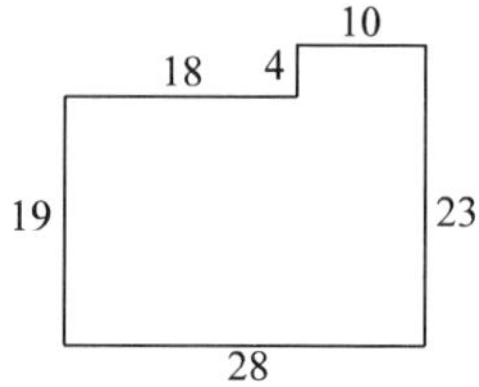

2. Ein Rechteck ist 5mal so lang wie breit. Die Breite wird – wie im Einführungsbeispiel – um x verlängert und zugleich die Länge um 2x verkürzt. Bei welcher Streckenlänge x ist die Diagonale des so veränderten Rechtecks ein Extremum? Wie lang ist die Diagonale im Extremfall?

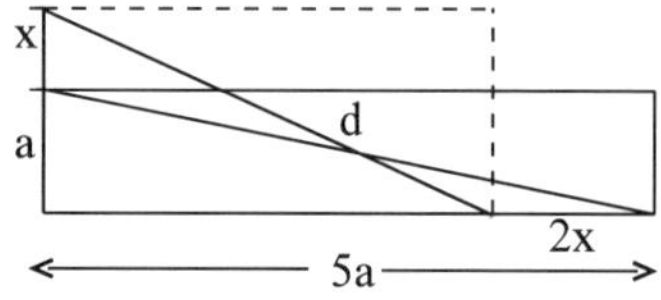

Lösung:

Der Satz des Pythagoras ergibt $d^2 = (a + x)^2 + (5a - 2x)^2$

$$d(x) = \sqrt{(a + x)^2 + (5a - 2x)^2}\ .$$

Der Wurzelwert ist am $\begin{Bmatrix}\text{kleinsten}\\ \text{größten}\end{Bmatrix}$, wenn der Radikand, nämlich $(d(x))^2$, am $\begin{Bmatrix}\text{kleinsten}\\ \text{größten}\end{Bmatrix}$ ist.

Dies folgt aus dem streng monotonen Ansteigen der Wurzelfunktion. Wir suchen also denjenigen x-Wert, für den $F(x) = d((x))^2$ ein Extremum ist.

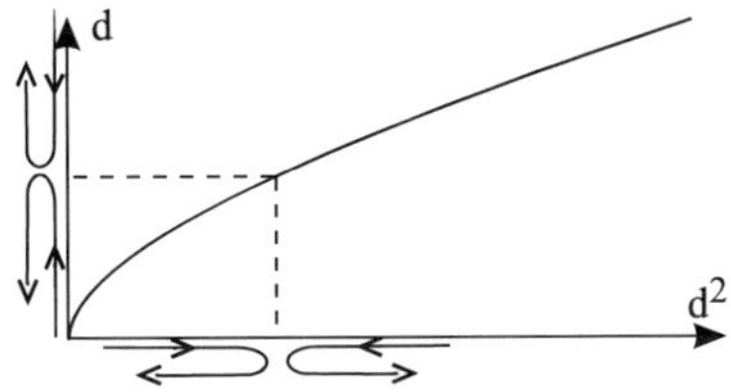

$$F(x) = (a + x)^2 + (5a - 2x)^2 = a^2 + 2ax + x^2 + 25a^2 - 20ax + 4x^2$$

$$= 5x^2 - 18ax + 26a^2 = 5\left(x^2 - \frac{18a}{5}x + \left(\frac{9a}{5}\right)^2 - \frac{81a^2}{25} + \frac{26a^2}{5}\right)$$

$$= 5\left(x - \frac{9}{5}a\right)^2 + \frac{49}{5}a^2$$

Die Parabel ist nach oben offen. Es gibt deshalb ein Minimum.

Für $x = x_E = \frac{9}{5}a = 1{,}8a$ ist d^2 und somit auch d minimal.

$$d^2_{min} = \frac{49}{5}a^2,\ d > 0 \Rightarrow d_{min} = \frac{7a}{\sqrt{5}} = 1{,}4 \cdot \sqrt{5}a \approx 3{,}13\ a$$

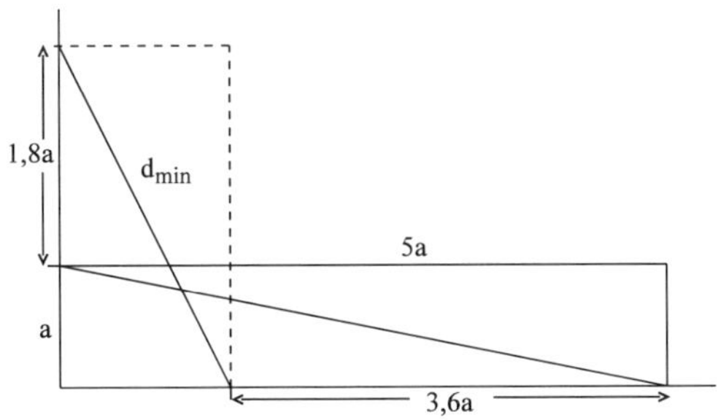

Aufgaben

154. Zwei Mauern bilden ein 135°-Winkelfeld. Ein – wie skizziert – darin liegendes Grundstück soll mit einem Zaun der Länge ℓ so abgegrenzt werden, daß seine Fläche möglichst groß ist. Bei welchen Längen für [AB] und [BC] trifft dies zu und wie groß ist die maximale Fläche?

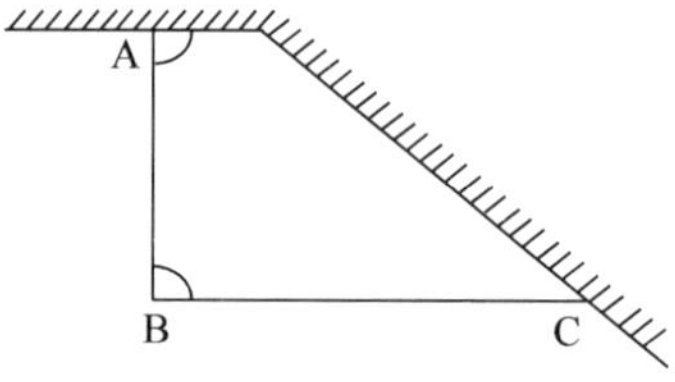

155. E sei Mitte der Seite [CD] des Quadrats ABCD mit der Seitenlänge a. Das Dreieck ABE wird mittels der Verschiebungsstrecke x, ($0 \leq x \leq a$) abgeändert in das Dreieck A_1B_1E.

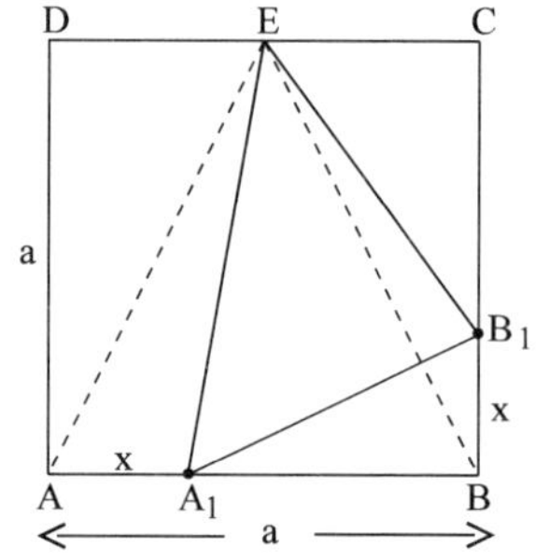

a) Drücke den Flächeninhalt I des Dreiecks A_1B_1E als Funktion von x aus. Welchen Wert hat I(x) für x = 0, welchen für x = a?

b) Ermittle, ob – und ggf. für welchen x-Wert – I(x) maximal oder minimal ist und gib den Extremwrt an.

156. a) Die Figur (Rechteck mit aufgesetztem gleichschenkligrechtwinkligem Dreieck) soll bei vorgeschriebenem Umfang von 28 cm maximalen Flächeninhalt haben. Wie groß müssen die Rechteckseiten sein?

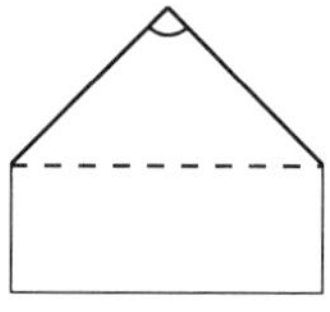

b) Die Figur (Rechteck mit aufgesetztem Halbkreis) soll bei vorgegebenem festen Umfang U maximalen Flächeninhalt haben. Wie groß müssen die Rechteckseiten sein?

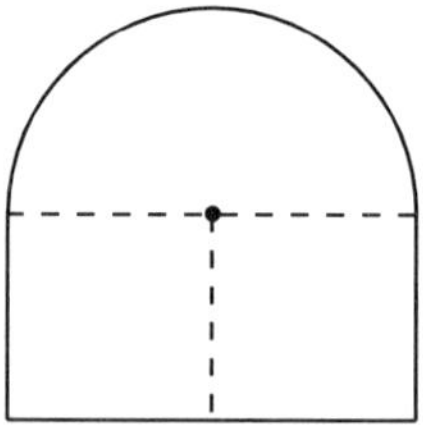

157. Ein Baumarkt bietet an: 1 Schachtel Schrauben 8,00 €.
Um den Absatz zu beschleunigen, will der Geschäftsführer hinzufügen:
Beim Kauf von 11 Schachteln 2 % Preisnachlaß
Beim Kauf von 12 Schachteln 4 % Preisnachlaß
Beim Kauf von 13 Schachteln 6 % Preisnachlaß
usw.
Er will wissen, ab welcher Anzahl von Schachteln der Gesamtpreis evtl. wieder sinken würde. Dann müßte er ja eine Höchstzahl für die pro Kauf abzugebenden Schachteln festsetzen. Hilf ihm, die Frage zu klären.

158. Eine um 2 vergrößerte gewählte Zahl wird mit der Differenz aus 5 und der Hälfte der Zahl multipliziert. Für welche Zahl wird der Produktwert ein Extremum (Maximum oder Minimum)?

159. Zwei Fahrradwege I und II kreuzen sich rechtwinklig in S. Der Radfahrer A auf I ist momentan 100 m vor S; er fährt mit der konstanten Geschwindigkeit von $4\,\frac{m}{s}$ auf S zu. Der Radfahrer B auf II hat im gleichen Moment den Kreuzungspunkt S bereits 20 m hinter sich und fährt mit der konstanten Geschwindigkeit von $3\,\frac{m}{s}$. Wieviele Sekunden nach dem beschriebenen Zustand ist die gegenseitige Entfernung $d = \overline{AB}$ am geringsten und wieviele Meter beträgt sie?

160. a) Gegeben ist die Parabel p: $x \mapsto y = 6 - \frac{1}{2}x^2$. Welcher auf p in der rechten Halbebene gelegene Punkt Q hat vom Ursprung des Koordinatensystems die geringste Entfernung? Skizze!

b) Behandle die in a gestellte Frage, wenn p mit den Formvariablen k und a gegeben ist:
p: $x \mapsto y = k - ax^2$, wobei $k > 0$, $a > 0$ und die Voraussetzung $k > \frac{1}{a}$ gilt. Prüfe schließlich, ob diese Voraussetzung $k > \frac{1}{a}$ für die Existenz des gesuchten Punktes $Q(x_Q > 0 \mid \quad) \in p$ hinreichend ist und ob sie notwendig ist und gib gegebenenfalls eine Bedingung an, die sowohl notwendig als auch hinreichend ist!

Lösungen

Wissen macht sich „spürbar“ bemerkbar. Mathematisches Wissen eignet man sich auch durch ständiges Üben an. Wir wünschen dir, daß du über die mathematischen Probleme immer die Oberhand hast.

1. a) $\sqrt{361} = 19$, weil $19^2 = 361$

b) $\sqrt{3{,}61} = 1{,}9$, weil $1{,}9^2 = 3{,}61$

c) $\sqrt{1\,440\,000} = 1\,200$, weil $1\,200^2 = (12 \cdot 100)^2 = 144 \cdot 10\,000$
$= 1\,440\,000.$

d) $\sqrt{0{,}0144} = 0{,}12$, weil $0{,}12^2 = 0{,}0144$

e) $\sqrt{\frac{1}{225}} = \frac{1}{15}$, weil $\left(\frac{1}{15}\right)^2 = \frac{1}{225}$

f) $\sqrt{22\,500} = 150$, weil $150^2 = 22\,500$

g) $\sqrt{625} = 25$, weil $25^2 = 625$

h) $\sqrt{0{,}000625} = 0{,}025$, weil $0{,}025^2 = 0{,}000625$

i) $\sqrt{\frac{1}{4}} = \frac{1}{2}$, weil $\left(\frac{1}{2}\right)^2 = \frac{1}{4}$

j) $\sqrt{\frac{4}{49}} = \frac{2}{7}$, weil $\left(\frac{2}{7}\right)^2 = \frac{4}{49}$

k) $\sqrt{\frac{441}{625}} = \frac{21}{25}$, weil $\left(\frac{21}{25}\right)^2 = \frac{21}{25} \cdot \frac{21}{25} = \frac{21^2}{25^2} = \frac{441}{625}$

l) $\sqrt{\frac{44{,}1}{62{,}5}} \underset{\uparrow}{=} \sqrt{\frac{441}{625}} = \frac{21}{25} = \frac{21 \cdot 4}{25 \cdot 4} = \frac{84}{100} = 0{,}84$

Erweitern des Radikanden mit 10

m) $\sqrt{\frac{16{,}9}{810}} = \sqrt{\frac{169}{8\,100}} = \frac{13}{90}$, weil $\left(\frac{13}{90}\right)^2 = \frac{169}{8\,100} = \frac{16{,}9}{810}$

n) $\sqrt{3^4} = 3^2 = 9$, weil $(3^2)^2 = 3^2 \cdot 3^2 = 3 \cdot 3 \cdot 3 \cdot 3 = 3^4$

o) $\sqrt{(-2)^2} = \sqrt{(-2)(-2)} = \sqrt{4} = 2$, denn $2^2 = 4 = (-2)^2$

p) $\sqrt{1-\frac{16}{25}} = \sqrt{\frac{25-16}{25}} = \sqrt{\frac{9}{25}} = \frac{3}{5} = 0{,}6$

2. a) $\sqrt{3}-\sqrt{2}$; [3] [√] [−] [2] [√] [=] 0,3178... ≈ 0,318

b) $\sqrt{\sqrt{10}-1{,}5}$; [10] [√] [−] [1,5] [=] [√] 1,2892... ≈ 1,289

oder [(] [10] [√] [−] [1,5] [)] [√]

c) $\sqrt{1+\sqrt{13}}-\sqrt{7}$;

[1] [+] [13] [√] [=] [√] [−] [7] [√] [=]

$-0{,}49969... \approx -0{,}500$

3. a) $\sqrt{6-2\sqrt{5}} = \sqrt{5}-1$;

Nach der Definition der Quadratwurzel wäre die Gleichung sicher falsch, wenn rechts ein negativer Wert stünde.

$\sqrt{5}-1 > 2-1 > 0 \Rightarrow$ rechte Seite > 0.

$(\sqrt{5}-1)^2 = (\sqrt{5})^2 - 2\cdot\sqrt{5}\cdot 1 + 1^2 = 5 - 2\sqrt{5} + 1 = 6 - 2\sqrt{5}$ = Radikand

$(a-b)^2 = a^2 - 2ab + b^2$

$\Rightarrow$ Die Gleichung ist eine richtige Aussage.

b) $\sqrt{7-4\sqrt{3}} = \sqrt{3}-2$;

Prüfung des Vorzeichens des angeblichen Wurzelwerts:

$\sqrt{3}-2 \approx 1{,}73... - 2 < 0$.

Die rechte Seite ist also negativ.

$\Rightarrow$ Die Gleichung ist eine **falsche** Aussage.

Richtig ist dagegen:

$\sqrt{7-4\sqrt{3}} = 2-\sqrt{3}$.

Da sowohl $(2-\sqrt{3})^2 = ... = 7 - 4\sqrt{3}$ = Radikand
als auch $(\sqrt{3}-2)^2 = ... = 7 - 4\sqrt{3}$ = Radikand,
ist die Prüfung, ob der angebliche Wurzelwert tatsächlich größer oder gleich Null ist, unbedingt erforderlich.

c) $\sqrt{5-2\sqrt{2}} = \sqrt{2}-1;\quad \sqrt{2}-1>0$
$(\sqrt{2}-1)^2 = (\sqrt{2})^2 - 2\sqrt{2}\cdot 1 + 1^2 = 2 - 2\sqrt{2} + 1 = 3 - 2\sqrt{2} \neq 5 - 2\sqrt{2}$

Die Gleichung ist eine **falsche** Aussage.

d) $\sqrt{4\sqrt{2}+9} = 1+2\sqrt{2};\quad 1+2\sqrt{2}>0$
$(1+2\sqrt{2})^2 = 1^2 + 2\cdot 1\cdot 2\sqrt{2} + (2\cdot\sqrt{2})^2 = 1 + 4\sqrt{2} + 2^2\cdot 2$
$= 1 + 4\sqrt{2} + 8 = 4\sqrt{2} + 9 =$ Radikand

Die Gleichung ist eine wahre Aussage.

4. a) $\sqrt{5}\cdot(\sqrt{5})^5 = (\sqrt{5})^6 = (\sqrt{5})^2\cdot(\sqrt{5})^2\cdot(\sqrt{5})^2 = 5\cdot 5\cdot 5 = 125$

b) $-\sqrt{3}\cdot(-\sqrt{3})^7 = (-\sqrt{3})^8 = [(-1)\cdot\sqrt{3}]^8 = (-1)^8(\sqrt{3})^8 = 3^4 = 81$

c) $(-\sqrt{3})^3\cdot(\sqrt{3})^7 = [(-1)\cdot\sqrt{3}]^3\cdot(\sqrt{3})^7 = (-1)^3\cdot(\sqrt{3})^3\cdot(\sqrt{3})^7$
$= -1\cdot(\sqrt{3})^{10} = -3^5 = -243$

d) $(\sqrt{69})^2 - (\sqrt{13})^4 = 69 - (\sqrt{13})^2\cdot(\sqrt{13})^2 = 69 - 13\cdot 13$
$= 69 - 169 = -100$

e) $\sqrt{(-4)^2} - 2\sqrt{(-2)^4} = \sqrt{16} - 2\sqrt{16} = -\sqrt{16} = -4$

f) $(2\sqrt{7})^3 + (-\sqrt{7})^3 = 2^3(\sqrt{7})^3 + (-1)^3\cdot(\sqrt{7})^3 = 8(\sqrt{7})^3 - (\sqrt{7})^3$
$= 7(\sqrt{7})^3 = 7\cdot(\sqrt{7})^2\cdot\sqrt{7} = 7\cdot 7\cdot\sqrt{7} = 49\cdot\sqrt{7}$

g) $\left(2-\sqrt{\frac{z}{2}}\right)\left(2+\sqrt{\frac{z}{2}}\right) = 2^2 - \left(\sqrt{\frac{z}{2}}\right)^2 = 4 - \frac{z}{2}$
$(a-b)\quad(a+b)\quad = a^2 - b^2$

h) $(\sqrt{5s} + \sqrt{3t})(\sqrt{3t} - \sqrt{5s}) = (\sqrt{3t} + \sqrt{5s})(\sqrt{3t} - \sqrt{5s})$

Summanden darf man vertauschen!

$= (\sqrt{3t})^2 - (\sqrt{5s})^2 = 3t - 5s$

i) $[(\sqrt{0{,}01} : 0{,}01)^2 : \sqrt{6{,}25}] : (-10 \cdot \sqrt{16})$

$= [(0{,}1 : 0{,}01)^2 : 2{,}5] : (-10 \cdot 4) = [10^2 : 2{,}5] : (-40)$

$= (100 : 2{,}5) : (-40) = 40 : (-40) = -1$

5. a) Das Quadrat mit der Seitenlänge 2 hat die Diagonalenlänge $2\sqrt{2}$.

$\overline{OA} = 2\sqrt{2} - 2 = 2(\sqrt{2} - 1)$

b) Das Quadrat OBCD hat die Seitenlänge $2\sqrt{2}$.

Sein Flächeninhalt ist also $(2\sqrt{2})^2 = 2^2 \cdot (\sqrt{2})^2 = 4 \cdot 2 = 8$.

6. a) $\sqrt{\frac{32}{162}} = \sqrt{\frac{16}{81}} = \frac{4}{9} \in \mathbb{Q}$

b) $1{,}8\overline{3} \in \mathbb{Q}$

c) $\sqrt{\frac{5}{27}} = \sqrt{\frac{15}{81}} \notin \mathbb{Q}$

d) $\sqrt{484} = 22 \in \mathbb{Q}$

e) $-\frac{3}{2}\sqrt{20} \notin \mathbb{Q}$

f) $\sqrt{0{,}000036} = 0{,}006 \in \mathbb{Q}$

g) $\sqrt{0{,}00036} \notin \mathbb{Q}$

h) $1{,}227272727... = 1{,}2\overline{27} \in \mathbb{Q}$

7. a) $\sqrt{625-49}=\sqrt{576}=24$

$\sqrt{625}-\sqrt{49}=25-7=18$

b) $\sqrt{4+100+121}=\sqrt{225}=15$

$\sqrt{4}+\sqrt{100}+\sqrt{121}=2+10+11=23$

c) Damit die Wurzelterme definiert sind, ist vorauszusetzen $a \geq 0$, $b \geq 0$, $m \geq n \geq 0$.

Wir setzen nun in (1) und (2) das Gleichheitszeichen. Beide Seiten der Gleichung sind jeweils größer oder gleich null. Dann ist das beidseitige Quadrieren eine äquivalente Umformung.

(1*)

$$\begin{aligned} & \sqrt{a+b} &&= \sqrt{a}+\sqrt{b} \\ \Leftrightarrow\ & (\sqrt{a+b})^2 &&= (\sqrt{a}+\sqrt{b})^2 \\ \Leftrightarrow\ & a+b &&= a+2\sqrt{a}\cdot\sqrt{b}+b \\ \Leftrightarrow\ & \sqrt{a}\cdot\sqrt{b} &&= 0 \Leftrightarrow a=0 \ \vee \ b=0 \end{aligned}$$

(1*) ist erfüllt für die Zahlenpaare

$(a = 0; \underset{\text{beliebig}}{b \geq 0}) \vee (\underset{\text{beliebig}}{a \geq 0}; b = 0)$

(2*)

$$\begin{aligned} & \sqrt{m-n} &&= \sqrt{m}-\sqrt{n} \\ \Leftrightarrow\ & (\sqrt{m-n})^2 &&= (\sqrt{m}-\sqrt{n})^2 \\ \Leftrightarrow\ & m-n &&= m-2\sqrt{m}\cdot\sqrt{n}+n \\ \Leftrightarrow\ & \sqrt{m}\cdot\sqrt{n} &&= n \Leftrightarrow \sqrt{m}\cdot\sqrt{n}-\sqrt{n}\cdot\sqrt{n}=0 \\ \Leftrightarrow\ & \sqrt{n}\cdot(\sqrt{m}-\sqrt{n}) &&= 0 \Leftrightarrow n=0 \ \vee \ m=n \end{aligned}$$

(2*) ist erfüllt für die Zahlenpaar

$(\underset{\text{beliebig}}{m \geq 0}; n = 0) \vee (\underset{\text{beliebig}}{m \geq 0}; n = m)$

8. a) $\sqrt{\dfrac{-(4x)^2}{49}}=\sqrt{\dfrac{(4x)^2}{49}}=\sqrt{\dfrac{(4x)^2}{7^2}}=\sqrt{\left(\dfrac{4x}{7}\right)^2}=\left|\dfrac{4x}{7}\right|=$

$$=\frac{4}{7}\cdot|x|=\begin{cases} \frac{4}{7}x & \text{für } x>0 \\ -\frac{4}{7}x & \text{für } x<0 \end{cases}$$

Beachte: $(-A)^2 = A^2$

oder

$$\sqrt{\frac{(-4x)^2}{49}} = \ldots = \sqrt{\left(\frac{-4x}{7}\right)^2} = \left|\frac{-4x}{7}\right| = \left|\frac{4x}{7}\right| = \frac{4}{7} \cdot |x|$$

Beachte: $|-A| = |A|$

b) $\sqrt{-\frac{9}{100\,c^2}}$

Da der Radikand negativ ist für alle $c \neq 0$, ist der Wurzelterm nicht definiert.

c) Wir benützen die binomische Formel $(a^2 - 2ab + b^2) = (a - b)^2$ und erhalten:

$$\sqrt{c^2 - 8c + 16} = \sqrt{(c-4)^2} = |c-4| = \begin{cases} c-4 & \text{für } c \geq 4 \\ -(c-4) = 4 - c & \text{für } c < 4 \end{cases}$$

d) Der Term ist nur dann wurzelfrei darstellbar, wenn $\frac{x^2}{4} + 2x + 1$ in ein vollständiges Quadrat verwandelt werden kann.

Der Ansatz müßte heißen: $\left(\frac{x}{2} + 1\right)^2$

Aber:

$$\left(\frac{x}{2} + 1\right)^2 = \frac{x^2}{4} + x + 1 \neq \frac{x^2}{4} + 2x + 1$$

Der Radikand ist nicht als Quadrat darstellbar.

9. a) $T(x) = \sqrt{\left(-\frac{x+1}{x-1}\right)^2} = \left|-\frac{x+1}{x-1}\right| = \left|\frac{x+1}{x-1}\right|$

$T(5) = \left|\frac{5+1}{5-1}\right| = \frac{6}{4} = \frac{3}{2}$; $T(-1{,}5) = \left|\frac{-1{,}5+1}{-1{,}5-1}\right| = \left|\frac{-0{,}5}{-2{,}5}\right| = \frac{1}{5}$

$T(0) = \left|\frac{1}{-1}\right| = 1$

b) $T(r) = \sqrt{(3r+1)^2} = |3r+1| = \begin{cases} 3r+1, & \text{falls } 3r+1 \geq 0 \Leftrightarrow r \geq -\frac{1}{3} \\ -(3r+1), & \text{falls } r < -\frac{1}{3} \end{cases}$

$T(-3) = |3 \cdot (-3) + 1| = |-8| = 8$

$T\left(\frac{100}{3}\right) = \left| 3 \cdot \frac{100}{3} + 1 \right| = 101$

$T\left(-\frac{29}{60}\right) = \left| 3 \cdot \left(-\frac{29}{60}\right) + 1 \right| = \left| -\frac{29}{20} + \frac{20}{20} \right| = \left| -\frac{9}{20} \right| = \frac{9}{20} = 0{,}45$

c) $T(x) = \sqrt{(25 - 4x^2)^2} = |25 - 4x^2|$

$T(-5{,}5) = |25 - 4 \cdot (-5{,}5)^2| = |25 - 4 \cdot 30{,}25|$
$= |25 - 121| = |-96| = 96$

$T(25) = |25 - 4 \cdot 25^2| = |25 - 4 \cdot 625|$
$= |25 - 2\,500| = 2\,475$

d) $T(c) = \sqrt{\frac{c^2}{9} + 9 - 2c}$

$= \sqrt{\frac{c^2}{9} - 2c + 9}$

$= \sqrt{\left(\frac{c}{3} - 3\right)^2}$

$= \left| \frac{c}{3} - 3 \right|$

$T(0{,}6) = \left| \frac{0{,}6}{3} - 3 \right| = |0{,}2 - 3| = |-2{,}8| = 2{,}8$

e) $T(a) = \sqrt{4a^2 - \frac{4}{5}a + \frac{1}{25}}$

$= \sqrt{\left(2a - \frac{1}{5}\right)^2}$

$= \left| 2a - \frac{1}{5} \right|$

$T(1{,}1) = \left| 2 \cdot 1{,}1 - \frac{1}{5} \right| = |2{,}2 - 0{,}2| = 2$

f) $T(k, m) = \sqrt{9k^2 + \frac{m^2}{4} - 3km}$

$= \sqrt{9k^2 - 3km + \frac{m^2}{4}}$

$= \sqrt{\left(3k - \frac{m}{2}\right)^2}$

$= \left| 3k - \frac{m}{2} \right|$

$T(-1{,}5; -1) = \left| 3 \cdot (-1{,}5) - \frac{(-1)}{2} \right| = \left| -4{,}5 + \frac{1}{2} \right| = |-4| = 4$

10. a) $T(1{,}7) = \sqrt{1{,}7^2 + 15 \cdot 1{,}7 + 36} = \sqrt{64{,}39} \approx 8{,}02$

$T(-5) = \sqrt{(-5)^2 + 15 \cdot (-5) + 36} = \sqrt{25 - 75 + 36} = \sqrt{-14}$ nicht definiert!

b) $T(y) = \sqrt{1 - 5y + 6{,}25y^2} = \sqrt{(1 - 2{,}5y)^2} = |1 - 2{,}5y|$

$T(400) = |1 - 2{,}5 \cdot 400| = |1 - 1\,000| = |-999| = 999$

$T(-400) = |1 - 2{,}5 \cdot (-400)| = |1 + 1\,000| = 1\,001$

$T(0{,}84) = |1 - 2{,}5 \cdot 0{,}84| = |1 - 2{,}1| = |-1{,}1| = 1{,}1$

c) $T(x; y) = \sqrt{196x^2 + 0{,}01y^2 - 2{,}8xy}$

$= \sqrt{196x^2 - 2{,}8xy + 0{,}01y^2}$

$= \sqrt{(14x - 0{,}1y)^2}$

$= |14x - 0{,}1y|$

$T(5; 905{,}3) = |14 \cdot 5 - 0{,}1 \cdot 905{,}3| = |70 - 90{,}53| = |-20{,}53| = 20{,}53$

11. a) $T(x) = \sqrt{6x + 5{,}4}$; $6x + 5{,}4 \geq 0 \Leftrightarrow 6x \geq -5{,}4 \Leftrightarrow x \geq -\frac{5{,}4}{6} \Leftrightarrow x \geq -0{,}9$

$\mathbb{D}_T = [-0{,}9; \infty[$

b) $T(x)=\sqrt{x^2-16}$; $x^2-16\geq 0 \Leftrightarrow x^2\geq 16 \Leftrightarrow |x|\geq 4 \Leftrightarrow x\leq -4 \vee x\geq 4$

$\mathbb{D}_T=\{x\,/\,|x|\geq 4\}=\,]-\infty;-4]\cup[4;\infty[$

$T(-5)=\sqrt{(-5)^2-16}=\sqrt{25-16}=\sqrt{9}=3$

T(1) ist nicht definiert, da $1\notin \mathbb{D}_T$!

c) $T(x)=\sqrt{|x|-16}$; $|x|-16\geq 0 \Leftrightarrow |x|\geq 16 \Leftrightarrow x\leq -16 \vee x\geq 16$

$\mathbb{D}_T=\,]-\infty;-16]\cup[16;\infty[$

$T(-20)=\sqrt{|-20|-16}=\sqrt{20-16}=\sqrt{4}=2$

d) $T(x)=\sqrt{2x-x^2}$; $2x-x^2\geq 0 \Leftrightarrow x(2-x)\geq 0$

Fallunterscheidung:

entweder	**oder**
$x\geq 0 \;\wedge\; 2-x\geq 0$	$x\leq 0 \;\wedge\; 2-x\leq 0$
$x\geq 0 \;\wedge\; x\leq 2$	$x\leq 0 \;\wedge\; x\geq 2$
$L_1=[0;2]$	$L_2=\{\ \}$

$\mathbb{D}_T=L_1\cup L_2=[0;2]$

e) $T(k)=\dfrac{5}{\sqrt{1-k^2}}$;

da die Wurzel den Nenner darstellt, muß der Radikand > 0 sein. (Nicht ≥ 0)!

$1-k^2>0 \;\Leftrightarrow\; k^2<1 \;\Leftrightarrow\; |k|<1 \;\Leftrightarrow\; -1<k<1$

$\mathbb{D}_T=\,]-1;1[$

f) $T(x)=\sqrt{\dfrac{x+5}{x-5}}$; es muß gelten $\dfrac{x+5}{x-5}\geq 0$

Wir lösen diese Ungleichung durch Fallunterscheidung.

Entweder	**oder**
$x+5\geq 0 \;\wedge\; x-5>0$	$x+5\leq 0 \;\wedge\; x-5<0$
$x\geq -5 \;\wedge\; x>5$	$x\leq -5 \;\wedge\; x<5$
$L_1=\,]5;\infty[$	$L_2=\,]-\infty;-5]$

$\mathbb{D}_T=L_1\cup L_2=\,]-\infty;-5]\cup\,]5;\infty[$

$T(-11)=\sqrt{\dfrac{-11+5}{-11-5}}=\sqrt{\dfrac{-6}{-16}}=\sqrt{\dfrac{3}{8}}$

g) $T(x) = \sqrt{\frac{x+3}{x+4}}$; es muß gelten $\frac{x+3}{x+4} \geq 0$

Fallunterscheidung:

entweder	**oder**
$x+3 \geq 0 \quad \wedge \quad x+4>0$	$x+3 \leq 0 \quad \wedge \quad x+4<0$
$x \geq -3 \quad \wedge \quad x>-4$	$x \leq -3 \quad \wedge \quad x<-4$
$L_1 = [-3; \infty[$	$L_2 =]-\infty; -4[$

$\mathbb{D}_T = L_1 \cup L_2 = L_2 \cup L_1 \;]-\infty; -4[\cup [-3; \infty[$

$T(0) = \sqrt{\frac{0+3}{0+4}} = \sqrt{\frac{3}{4}}$; $T(-5) = \sqrt{\frac{-5+3}{-5+4}} = \sqrt{\frac{-2}{-1}} = \sqrt{2}$

h) $T(x) = \sqrt{\frac{x^2+1}{1-x}}$; es muß gelten $\frac{x^2+1}{1-x} \geq 0$

Der Zähler ist für alle x größer als null (sogar ≥ 1). Es muß also auch der Nenner positiv sein:

$1 - x > 0 \Leftrightarrow x < 1$ $\qquad \mathbb{D}_T =]-\infty; 1[$

i) $T(r) = \sqrt{2 + r^4}$; für alle Zahlen $r \in \mathbb{R}$ ist $r^4 \geq 0$.

Es ist also stets $2 + r^4 \geq 0$ (sogar ≥ 2).

$\mathbb{D}_T = \mathbb{R} =]-\infty; \infty[$

j) $T(z) = \sqrt{-z|z|}$; $-z \cdot |z| \geq 0$

Wegen $|z| \geq 0$ für alle $z \in \mathbb{R}$ muß auch der andere Faktor $-z \geq 0$ sein, d. h. $z \leq 0$.

$\mathbb{D}_T =]-\infty; 0[$

k) $T(x) = \sqrt{\frac{-1}{1+x^2}}$; es ist $\frac{-1}{1+x^2} < 0$ für alle $x \in \mathbb{R}$.

$\mathbb{D}_T = \{ \}$

l) $T(x) = \dfrac{3 - x}{\sqrt{x^2 - 4} - 6}$; für den Zähler gibt es keine Einschränkung.

Im Nenner darf der Radikand nicht negativ sein. Außerdem darf der Nenner des Bruches nicht null werden.

$$\begin{aligned} x^2 - 4 \geq 0 \quad &\wedge \quad \sqrt{x^2 - 4} \neq 6 \\ x^2 \geq 4 \quad &\wedge \quad x^2 - 4 \neq 36 \\ |x| \geq 2 \quad &\wedge \quad x^2 \neq 40 \\ & \quad\quad |x| \neq \sqrt{40} \end{aligned}$$

$\mathbb{D}_T = \{x \,/\, |x| \geq 2\} \setminus \left\{-\sqrt{40}; \sqrt{40}\right\}$

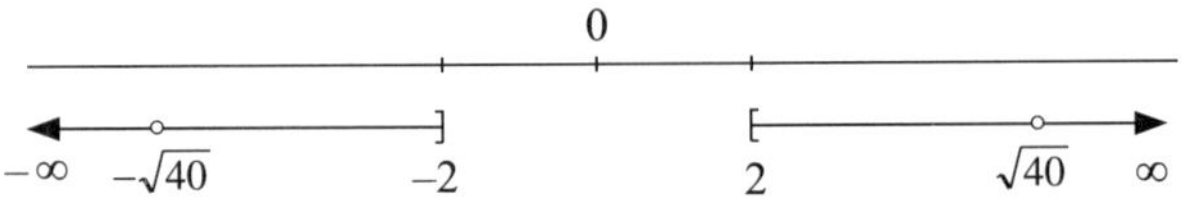

$$T(\sqrt{5}) = \frac{3 - \sqrt{5}}{\sqrt{5 - 4} - 6} = \frac{3 - \sqrt{5}}{1 - 6} = \frac{\sqrt{5} - 3}{5} \approx -0{,}1528$$

$$T(-7) = \frac{3 - (-7)}{\sqrt{49 - 4} - 6} = \frac{10}{\sqrt{45} - 6} \approx 14{,}12$$

m) $T(x) = \sqrt{5 - \sqrt{x}}$; die Radikanden der inneren und der äußeren Wurzel dürfen nicht negativ sein.

$$\begin{aligned} x \geq 0 \quad \wedge \quad 5 - \sqrt{x} &\geq 0 \\ \sqrt{x} &\leq 5 \\ 0 \leq x &\leq 25 \end{aligned}$$

$\mathbb{D}_T = [0; 25]$

$T(3{,}5) = \sqrt{5 - \sqrt{3{,}5}} \approx 1{,}7689$

12. a) $\sqrt{3} \cdot \sqrt{12} = \sqrt{3 \cdot 12} = \sqrt{3 \cdot 3 \cdot 4} = \sqrt{9} \cdot \sqrt{4} = 3 \cdot 2 = 6$

oder $= \sqrt{3 \cdot 12} = \sqrt{36} = 6$

b) $\sqrt{28} \cdot \sqrt{7} = \sqrt{4 \cdot 7 \cdot 7} = \sqrt{4} \cdot \sqrt{7^2} = 2 \cdot 7 = 14$

c) $\sqrt{4{,}5} \cdot \sqrt{\frac{2}{3}} \cdot \sqrt{0{,}03} = \sqrt{4{,}5 \cdot \frac{2}{3} \cdot 0{,}03} = \sqrt{4{,}5 \cdot 2 \cdot 0{,}01}$

$= \sqrt{9} \cdot \sqrt{0{,}01} = 3 \cdot 0{,}1 = 0{,}3$

d) $\sqrt{16{,}9 \cdot 10^7} = \sqrt{16{,}9 \cdot 10 \cdot 10^6} = \sqrt{169} \cdot \sqrt{10^6} = 13 \cdot 10^3 = 13\,000$

e) $\sqrt{7} \cdot \sqrt{0{,}015} \cdot \sqrt{4\,200} = \sqrt{7 \cdot 0{,}015 \cdot 4\,200} = \sqrt{7 \cdot 1{,}5 \cdot 42}$

$= \sqrt{7 \cdot 1{,}5 \cdot 7 \cdot 6} = \sqrt{7^2} \cdot \sqrt{9} = 7 \cdot 3 = 21$

f) $\sqrt{\sqrt{2}} \cdot \sqrt{8\sqrt{2}} = \sqrt{\sqrt{2} \cdot 8 \cdot \sqrt{2}} = \sqrt{(\sqrt{2})^2 \cdot 8} = \sqrt{2 \cdot 8} = \sqrt{16} = 4$

13. a) $\sqrt{54 \cdot 132} = \sqrt{9 \cdot 6 \cdot 6 \cdot 22} = \sqrt{9} \cdot \sqrt{6^2} \cdot \sqrt{22} = 3 \cdot 6 \cdot \sqrt{22} = 18 \cdot \sqrt{22}$

b) $\sqrt{25 \cdot 147 \cdot 10^6} = \sqrt{25} \cdot \sqrt{49 \cdot 3} \cdot \sqrt{10^6} = 5 \cdot 10^3 \cdot \sqrt{49} \cdot \sqrt{3}$

$= 5 \cdot 7 \cdot 10^3 \cdot \sqrt{3} = 35\,000\sqrt{3}$

c) $\sqrt{9\frac{49}{64}} = \sqrt{9 + \frac{49}{64}} = \sqrt{\frac{9 \cdot 64 + 49}{64}} = \sqrt{\frac{625}{64}} = \sqrt{\left(\frac{25}{8}\right)^2} = \frac{25}{8} = 3\frac{1}{8}$

d) $\sqrt{2\,450} = \sqrt{25 \cdot 98} = \sqrt{25} \cdot \sqrt{49 \cdot 2} = 5 \cdot 7 \cdot \sqrt{2} = 35\sqrt{2}$

e) $\sqrt{4{,}5 \cdot c \cdot 260 \cdot 210 d^4} = \sqrt{4{,}5 \cdot 2 \cdot 13 \cdot 10 \cdot 3 \cdot 7 \cdot 10 \cdot d^4 c}$

$= \sqrt{9 \cdot 10^2 \cdot 13 \cdot 21 \cdot d^4 \cdot c} = 3 \cdot 10 \cdot d^2 \cdot \sqrt{273c}$

f) $\sqrt{133\,280\,000} = \sqrt{10^4 \cdot 13\,328} = 10^2 \cdot \sqrt{4 \cdot 3\,332} = 10^2 \cdot 2 \cdot \sqrt{4 \cdot 833}$

$= 10^2 \cdot 2 \cdot 2 \cdot \sqrt{7 \cdot 119} = 400 \cdot \sqrt{7 \cdot 7 \cdot 17} = 400 \cdot 7 \cdot \sqrt{17}$

$= 2\,800 \cdot \sqrt{17}$

14. a) $\sqrt{3^{10}} = \sqrt{(3^5)^2} = 3^5$

b) $\sqrt{a^{2n}} = \sqrt{(a^n)^2} = a^n \qquad a \geq 0$

c) $\sqrt{(-3)^{10}} = \sqrt{3^{10}} = 3^5 = |-3|^5$

d) $\sqrt{a^{2n}} = \sqrt{(a^n)^2} = |a^n| = |a|^n \qquad a \in \mathbb{R}$

e) $\sqrt{3^{11}} = \sqrt{3^{10} \cdot 3} = 3^5 \cdot \sqrt{3}$

f) $\sqrt{a^{2n+1}} = \sqrt{a^{2n} \cdot a} = a^n \sqrt{a} \qquad \sqrt{a^{2n+1}}$ ist nur für $a \geq 0$ definiert.

g) $$\sqrt{a^5 b^5} \cdot \sqrt{a(a^2+1)} = \sqrt{a^5 \cdot b^5 \cdot a(a^2+1)} = \sqrt{a^6} \cdot \sqrt{b^5} \cdot \sqrt{a^2+1}$$
$$= a^3 b^2 \sqrt{b \cdot (a^2+1)}$$

h) $$\sqrt{16\frac{1}{3} b^{18} \cdot m^{13}} = \sqrt{\frac{49}{3} \cdot b^{18} m^{13}} = \sqrt{\frac{49}{9} \cdot 3 \cdot b^{18} \cdot m^{13}}$$
$$= \frac{7}{3} \cdot \sqrt{b^{18}} \cdot \sqrt{3} \cdot \sqrt{m^{13}} = \frac{7}{3} |b|^9 \cdot m^6 \sqrt{3\,m}$$

i) $$\sqrt{145\,200(r-s)^5 \cdot k^6} = \sqrt{100 \cdot 4 \cdot 121 \cdot 3 \cdot (r-s)^5 \cdot k^6}$$

$r > s$

$$145\,200 = 100 \cdot 1\,452 = $$
$$= 100 \cdot 4 \cdot 363 = $$
$$= 100 \cdot 4 \cdot 121 \cdot 3$$

$(r - s) > 0$

$$= 10 \cdot 2 \cdot 11 \cdot (r-s)^2 \cdot |k|^3 \cdot \sqrt{3(r-s)}$$
$$= 220(r-s)^2 \cdot |k|^3 \cdot \sqrt{3(r-s)}$$

15. a) $\sqrt{64x^{18}y^2z^4} = \sqrt{8^2} \cdot \sqrt{(x^9)^2} \cdot \sqrt{y^2} \cdot \sqrt{(z^2)^2} = 8 \cdot |x|^9 \cdot |y| \cdot z^2$

b) $\sqrt{1{,}62\,m} = \sqrt{2 \cdot m \cdot 0{,}9^2} = 0{,}9\sqrt{2\,m}$

c) $\sqrt{1{,}69\,m^{14}} = \sqrt{1{,}3^2} \cdot \sqrt{(m^7)^2} = 1{,}3 \cdot |m|^7$

d) $\sqrt{0{,}01pqr^2} = \sqrt{0{,}1^2} \cdot \sqrt{r^2} \cdot \sqrt{pq} = 0{,}1 \cdot |r| \cdot \sqrt{pq} \qquad p, q \geq 0$

e) $$\sqrt{250(2+b^2)} \cdot \sqrt{b^3c^4} = \sqrt{25 \cdot 10} \cdot \sqrt{2+b^2} \cdot \sqrt{b^3} \cdot \sqrt{(c^2)^2}$$
$$= 5 \cdot \sqrt{10} \cdot \sqrt{2+b^2} \cdot b \cdot \sqrt{b} \cdot c^2$$
$$= 5bc^2\sqrt{10b(2+b^2)}\,; \quad b \geq 0$$

16. a) $\sqrt{5k^2-20k^3+20k^4}=\sqrt{5k^2(1-4k+4k^2)}=|k|\cdot\sqrt{5(1-2k)^2}$
$=|k|\cdot\sqrt{5(1-2k)^2}=|k|\cdot|\,1-2k\,|\cdot\sqrt{5}$

b) $\sqrt{324k^6+81k^4}=\sqrt{81k^4(4k^2+1)}=9k^2\sqrt{4k^2+1}$

c) $\sqrt{0{,}25a^2x+\frac{3}{4}a^2y}=\sqrt{\frac{1}{4}a^2(x+3y)}=\frac{|a|}{2}\sqrt{x+3y}$

d) $\sqrt{12a^2c^2-36abc^2+27b^2c^2}=\sqrt{3c^2(4a^2-12ab+9b^2)}$
$=|\,c\,|\cdot\sqrt{3(2a-3b)^2}$
$=|\,c\,|\cdot|\,2a-3b\,|\cdot\sqrt{3}$

e) $\sqrt{(2x^2+1)^3(4a^2+36+24a)}=\sqrt{(2x^2+1)^2}\cdot\sqrt{2x^2+1}\cdot\sqrt{4(a^2+6a+9)}$
$=(2x^2+1)\cdot\sqrt{2x^2+1}\cdot2\cdot\sqrt{(a+3)^2}$
$=2(2x^2+1)|a+3|\cdot\sqrt{2x^2+1}$

f) $\sqrt{0{,}0025}\cdot\sqrt{8x^2+8y^2-16xy}=0{,}05\cdot\sqrt{8\cdot(x^2-2xy+y^2)}$
$=0{,}05\sqrt{8}\cdot\sqrt{(x-y)^2}$
$=0{,}05\cdot2\sqrt{2}\cdot|\,x-y\,|=0{,}1\cdot|\,x-y\,|\cdot\sqrt{2}$

g) $\sqrt{x^3y^4-x^3y^2}=\sqrt{x^3y^2(y^2-1)}=|x|\cdot|y|\cdot\sqrt{x(y^2-1)}$

h) $\sqrt{\frac{9}{16}a^3b-\frac{3}{2}a^2b+ab}=\sqrt{ab\left(\frac{9}{16}a^2-\frac{3}{2}a+1\right)}=\sqrt{ab\left(\frac{3}{4}a-1\right)^2}$
$=\left|\frac{3}{4}a-1\right|\cdot\sqrt{ab}$

i) $\sqrt{10a+6{,}25a^2+4}=\sqrt{6{,}25a^2+10a+4}=\sqrt{(2{,}5a+2)^2}=|2{,}5a+2|$

j) $\sqrt{a^3-3a^2b+3ab^2-b^3}=\sqrt{(a-b)^3}=|a-b|\cdot\sqrt{a-b}$

17. Die Diagonalenlänge eines Quadrats ist das $\sqrt{2}$fache seiner Seitenlänge. (Siehe Aufgabe 5)

$\overline{OA_1} = 1 \cdot \sqrt{2}$

$\overline{OA_2} = \overline{OA_1} \cdot \sqrt{2} = \sqrt{2} \cdot \sqrt{2} = 2$

$\overline{OA_3} = \overline{OA_2} \cdot \sqrt{2} = 2\sqrt{2} = (\sqrt{2})^3$

Die Figur auf Seite 20 zeigt gleichschenklig-rechtwinklige Dreiecke (halbe Quadrate) mit der gemeinsamen Ecke O.

$\overline{OA_7} = (\sqrt{2})^7 = 2^3\sqrt{2}$

$\overline{OA_8} = (\sqrt{2})^8 = 2^4$

$\overline{OA_n} = (\sqrt{2})^n, \ \overline{OA_{2n}} = (\sqrt{2})^{2n} = 2^n, \ \overline{OA_{2n+1}} = (\sqrt{2})^{2n+1} = 2^n\sqrt{2}$

18. a)

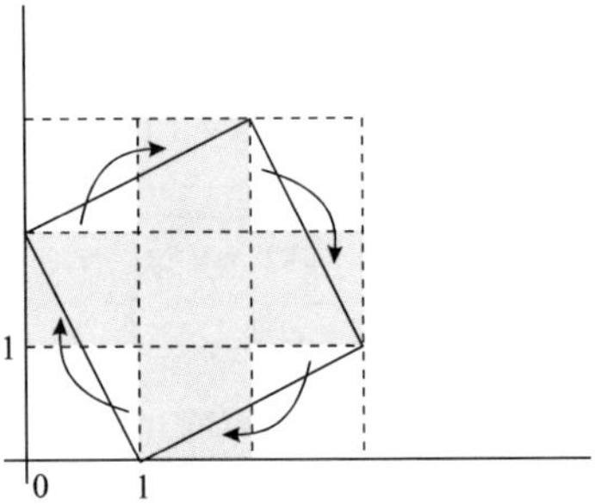

b) Das Quadrat hat denselben Flächeninhalt wie das graue Kreuz, nämlich 5 FE.

$x^2 = 5; \ x = \sqrt{5}$

Die Länge der Quadratseite ist $\sqrt{5}$ LE.

c) $\overline{OA} = 1 + \sqrt{5}; \quad \overline{OA}^2 = (1+\sqrt{5})^2 = 1 + 2\sqrt{5} + 5 = 6 + 2\sqrt{5}$

Ein Quadrat mit der Seitenlänge $\overline{OA}$ hat den Flächeninhalt $6 + 2\sqrt{5}$ FE.

19. a) $\sqrt{48} \cdot \sqrt{3} = \sqrt{48 \cdot 3} = \sqrt{16 \cdot 3 \cdot 3} = \sqrt{16} \cdot \sqrt{3^2} = 4 \cdot 3 = 12$

[48] [√] [×] [3] [√] [=]

b) $\ldots = \sqrt{102 \cdot 0{,}36 \cdot 2 \cdot \frac{3}{2}} = \sqrt{2 \cdot 3 \cdot 17 \cdot 0{,}36 \cdot 3}$

$= \sqrt{3^2 \cdot 0{,}36 \cdot 2 \cdot 17} = \ldots = 3 \cdot 0{,}6\sqrt{34} = 1{,}8\sqrt{34} \approx 10{,}495713$

[102] [√‾] [×] [0.72] [√‾] [×] [1,5] [√‾] [=]

20. a) [7] [√‾] [−] [2] [=] [√‾] [×] [(] [14.83] [√‾] [−] [1] [)] [=] 2.2910042

b) [2000] [−] [1999] [√‾] [×] [(] [1998] [+] [1997] [×] [1996] [√‾] [)] [√‾] [=] Erg. –11503.451

oder von „innen“

[1996] [√‾] [×] [1997] [+] [1998] [=] [√‾] [×] [1999] [√‾] [±] [+] [2000] [=]

21. a) $\frac{\sqrt{25{,}6}}{\sqrt{0{,}1}} = \sqrt{\frac{25{,}6}{0{,}1}} = \sqrt{\frac{256}{1}} = 16$

b) $\sqrt{4{,}5} \cdot \sqrt{\frac{2}{3}} : \sqrt{0{,}03} = \sqrt{\frac{4{,}5 \cdot \frac{2}{3}}{0{,}03}} = \sqrt{\frac{\frac{9}{3}}{0{,}03}} = \sqrt{\frac{3}{0{,}03}} = \sqrt{\frac{300}{3}} = \sqrt{100} = 10$

c) $\sqrt{157{,}5} : \sqrt{3{,}6} = \sqrt{\frac{157{,}5}{3{,}6}} = \sqrt{\frac{1\,575}{36}} = \sqrt{\frac{25 \cdot 63}{36}} = \sqrt{\frac{25 \cdot 7}{4}} = \frac{5}{2} \cdot \sqrt{7}$

d) $\frac{\sqrt{1\frac{1}{8} \cdot 1{,}4} \cdot \sqrt{2\frac{4}{9}}}{\sqrt{2{,}5} \cdot \sqrt{1\frac{3}{11}}} = \sqrt{\frac{\frac{9}{8} \cdot \frac{14}{10} \cdot \frac{22}{9}}{\frac{5}{2} \cdot \frac{14}{11}}} = \sqrt{\frac{14 \cdot 11 \cdot 2 \cdot 11}{4 \cdot 10 \cdot 5 \cdot 14}} = \sqrt{\frac{11 \cdot 2 \cdot 11}{4 \cdot 2 \cdot 5 \cdot 5}} = \frac{11}{2 \cdot 5} = 1{,}1$

e) $$\frac{\sqrt{2\frac{1}{8}\cdot 0{,}374}}{\sqrt{3{,}2}\cdot\sqrt{1\frac{3}{8}}} = \sqrt{\frac{\frac{17}{8}\cdot\frac{374}{1\,000}}{\frac{32}{10}\cdot\frac{11}{8}}} = \sqrt{\frac{17\cdot 374\cdot 10\cdot 8}{8\cdot 1\,000\cdot 32\cdot 11}} = \sqrt{\frac{17\cdot 187\cdot 2}{100\cdot 32\cdot 11}}$$

$$= \sqrt{\frac{17\cdot 17\cdot 11}{100\cdot 16\cdot 11}} = \frac{17}{10\cdot 4} = \frac{17}{40}$$

f) $$\sqrt{\sqrt{\frac{32{,}4\cdot 0{,}256}{49}}} : \sqrt{\frac{4{,}5\cdot 12{,}5}{56}} = \sqrt{\sqrt{\frac{324\cdot 256}{10\cdot 1\,000\cdot 49}}} : \sqrt{\frac{45\cdot 125}{10\cdot 10\cdot 56}}$$

$$= \sqrt{\frac{18\cdot 16}{100\cdot 7} : \frac{5\cdot 9\cdot 5\cdot 25}{100\cdot 7\cdot 8}} = \sqrt{\frac{18\cdot 16\cdot 100\cdot 7\cdot 8}{100\cdot 7\cdot 9\cdot 5^4}} = \sqrt{\frac{2\cdot 16\cdot 8}{5^4}} = \frac{\sqrt{16^2}}{5^2}$$

$$= \frac{16}{25} = 0{,}64$$

g) $$\sqrt{\frac{20}{7^4}} : \left(\sqrt{\frac{3}{9{,}8}} : \sqrt{\frac{8\cdot 8{,}1}{1{,}2}}\right) = \sqrt{\frac{20}{7^4}} : \sqrt{\frac{3\cdot 10\cdot 12}{98\cdot 8\cdot 81}} = \sqrt{\frac{20\cdot 98\cdot 8\cdot 81}{7^4\cdot 3\cdot 10\cdot 12}}$$

$$= \sqrt{\frac{2\cdot 49\cdot 2\cdot 8\cdot 81}{7^2\cdot 7^2\cdot 3\cdot 3\cdot 4}} = \sqrt{\frac{8\cdot 81}{7^2\cdot 9}} = \frac{9}{7\cdot 3}\cdot\sqrt{8} = \frac{3}{7}\cdot 2\sqrt{2} = \frac{6}{7}\sqrt{2}$$

22. a) $$\frac{13}{3}\sqrt{162\text{ab}} : \sqrt{845\text{c}^2} = \frac{13\sqrt{2\cdot 81\text{ab}}}{3\sqrt{5\cdot 169\text{c}^2}} = \frac{13\cdot 9\cdot\sqrt{2\text{ab}}}{3\cdot 13\cdot|\text{c}|\cdot\sqrt{5}} = \frac{3}{|\text{c}|}\sqrt{\frac{2\text{ab}}{5}}$$

$$= \frac{3}{|\text{c}|}\sqrt{0{,}4\text{ab}}$$

b) $$\sqrt{71{,}5}\cdot\sqrt{\frac{44}{98}\text{k}^3} = \sqrt{\frac{715\cdot 4\cdot 11\,\text{k}^3}{10\cdot 2\cdot 49}} = \sqrt{\frac{5\cdot 143\cdot 2\cdot 2\cdot 11\cdot \text{k}^3}{5\cdot 2\cdot 2\cdot 49}}$$

$$= \sqrt{\frac{11\cdot 13\cdot 11}{49}\text{k}^3} = \frac{11}{7}\text{k}\sqrt{13\text{k}}$$

c) $$\sqrt{\frac{16\text{a}^2 + 1{,}69 - 10{,}4\text{a}}{0{,}0064}} = \sqrt{\frac{16\text{a}^2 - 10{,}4\text{a} + 1{,}69}{0{,}08^2}} = \frac{\sqrt{(4\text{a} - 1{,}3)^2}}{\sqrt{0{,}08^2}}$$

$$= \frac{|4\text{a} - 1{,}3|}{0{,}08} = \frac{100}{8}\;|4\text{a} - 1{,}3| = 12{,}5\cdot|4\text{a} - 1{,}3|$$

23. a) $\sqrt{\frac{49}{3} b^{18} m^9} = \sqrt{7^2 (b^9)^2 \cdot (m^4)^2 \cdot \frac{m}{3}} = 7 \cdot |b|^9 \, m^4 \sqrt{\frac{m}{3}}$

b) $\sqrt{\frac{64a^2b^6}{289x^4y^4}} = \frac{8 \cdot |a| \cdot |b|^3}{17x^2y^2}$

c) $\frac{\sqrt{ab^2c^3}}{\sqrt{a^3b^2c}} = \sqrt{\frac{ab^2c^3}{a^3b^2c}} = \sqrt{\frac{c^2}{a^2}} = \frac{c}{a}$

d) $\ldots = \sqrt{\frac{a^3m^3 \cdot 10}{196b^2a^3m^5}} = \sqrt{\frac{10}{196} \cdot \frac{1}{b^2m^2}} = \frac{\sqrt{10}}{14\,|\,b\,|\,m}$

e) $\ldots = \sqrt{\frac{0{,}324}{a^3b} : \frac{8{,}1a}{b^3c}} = \sqrt{\frac{0{,}324 \cdot b^3c}{a^3b \cdot 8{,}1a}} = \sqrt{\frac{3{,}24b^2c}{81a^4}}$

$= \frac{1{,}8}{9} \frac{b}{a^2} \sqrt{c} = \frac{0{,}2 \cdot b\sqrt{c}}{a^2}$

f) $\ldots \sqrt{\frac{(a+b)(a-b) \cdot 8 \cdot (a+b)}{2 \cdot (a-b)}} = \sqrt{4(a+b)^2} = 2(a+b)$

g) $\ldots = \sqrt{\frac{r^{14}s^3}{5(1-a)} : \frac{r^2s}{0{,}2(1-a^2)}} = \sqrt{\frac{r^{14} \cdot s^3 \cdot 0{,}2\,(1-a)\,(1+a)}{5(1-a) \cdot r^2s}}$

$= \frac{\sqrt{r^{12}s^2 \cdot 2(1+a)}}{50} = r^6 s \sqrt{\frac{(1+a)}{25}} = \frac{r^6 s}{5} \sqrt{1+a}$

h) $x \cdot \left(\sqrt{\frac{xy^5}{z^3}} : \sqrt{\frac{y^3}{x^3}} \right) \cdot \sqrt{\frac{y^2}{z^5}} = x \cdot \sqrt{\frac{xy^5 \cdot x^3}{z^3 \cdot y^3}} \cdot \sqrt{\frac{y^2}{z^5}}$

$= x \sqrt{\frac{xy^5 \cdot x^3 \cdot y^2}{z^3y^3z^5}} = x \sqrt{\frac{x^4y^4}{z^8}} = x \frac{x^2y^2}{z^4} = \frac{x^3y^2}{z^4}$

24. a) Der sog. Höhensatz lautet: Das Quadrat über der Höhe eines rechtwinkligen Dreiecks ist flächengleich dem Rechteck aus den beiden Hypotenusenabschnitten.

$h^2 = p \cdot q.$

$\Rightarrow h = \sqrt{p \cdot q}$

b) $p = 7{,}2 \text{ cm} \Rightarrow q = 26{,}4 \text{ cm} - 7{,}2 \text{ cm} = 19{,}2 \text{ cm}$

$$h = \sqrt{7{,}2 \text{ cm} \cdot 19{,}2 \text{ cm}} = \sqrt{\frac{72 \cdot 192}{10 \cdot 10} \text{cm}^2} = \sqrt{\frac{2 \cdot 36 \cdot 2 \cdot 96}{10 \cdot 10} \text{cm}^2}$$

$$= \frac{2 \cdot 6}{10}\sqrt{96} \text{ cm} = \frac{12}{10}\sqrt{16 \cdot 6} \text{ cm} = \frac{12 \cdot 4}{10}\sqrt{6} \text{ cm} = 4{,}8 \cdot \sqrt{6} \text{ cm}$$

25. Dreiecksfläche $= \frac{1}{2} a\, h_a = \frac{1}{2}\sqrt{48} \text{ cm} \cdot \sqrt{54} \text{ cm} = \frac{1}{2}\sqrt{48 \cdot 54} \text{ cm}^2$

$$= \frac{1}{2}\sqrt{16 \cdot 3 \cdot 27 \cdot 2} \text{ cm}^2 = \frac{1}{2}\sqrt{16 \cdot 81 \cdot 2} \text{ cm}^2$$

$$= \frac{1}{2} \cdot 4 \cdot 9 \cdot \sqrt{2} \text{ cm}^2 = 18\sqrt{2} \text{ cm}^2$$

26. a) [11] [–] [2.83] [×] [12.9] [√] [=] [0.8356107]

oder

[12,9] [√] [×] [2.83] [=] [±] [+] [11] [=]

b) [11] [–] [(] [2.83] [x] [12.9] [)] [√] [=]

[4.9578977]

oder

[2.83] [×] [12.9] [=] [√] [±] [+] [11] [=]

c) [71.2] [√] [÷] [2.8] [–] [10.5] [÷] [89] [√] [=]

[1.900577]

d) [71.2] [÷] [(] [2.8] [−] [(] [10.5] [÷] [89] [)]
[$\sqrt{\ }$] [)] [=] [$\sqrt{\ }$] [5.383686]

oder

[10.5] [÷] [89] [=] [$\sqrt{\ }$] [±] [+] [2.8] [=]
[÷] [71.2] [=] [1/x] [$\sqrt{\ }$]

e) [13] [EE] [7] [$\sqrt{\ }$] [−] [2] [×] [(] [39] [÷] [0.007]
[)] [$\sqrt{\ }$] [=] [÷] [(] [420] [−] [6,5] [y^x] [3] [)]
[$\sqrt{\ }$] [=] [$9.3326 \cdot 10^2 = 933.26$]

27. a) $\frac{5}{12}\sqrt{11} - \frac{3}{8}\sqrt{11} + \frac{23}{24}\sqrt{11} = \sqrt{11}\left(\frac{5}{12} - \frac{3}{8} + \frac{23}{24}\right) = \sqrt{11} \cdot \frac{10-9+23}{24}$

$= \sqrt{11} \cdot \frac{24}{24} = \sqrt{11}$

b) $3\sqrt{112} - \sqrt{700} - 2\sqrt{63} + \sqrt{175} = 3\sqrt{4 \cdot 28} - 10\sqrt{7} - 2 \cdot 3 \cdot \sqrt{7} + 5\sqrt{7} =$
$= 3 \cdot \sqrt{4 \cdot 4 \cdot 7} - 11\sqrt{7} = 3 \cdot 4 \cdot \sqrt{7} - 11\sqrt{7} = \sqrt{7}$

c) $4\sqrt{1\,500} - 3\sqrt{486} - 2\sqrt{96} - 3\sqrt{2\,535} + 5\sqrt{294} - 8\sqrt{60} =$
$= 4 \cdot 10 \cdot \sqrt{15} - 3\sqrt{2 \cdot 243} - 2 \cdot 4\sqrt{6} - 3 \cdot \sqrt{3 \cdot 5 \cdot 169} + 5\sqrt{2 \cdot 147} - 8\sqrt{2 \cdot 5 \cdot 2 \cdot 3}$
$= 40 \cdot \sqrt{15} - 3 \cdot \sqrt{2 \cdot 3 \cdot 81} - 8\sqrt{6} - 3 \cdot 13\sqrt{15} + 5\sqrt{2 \cdot 3 \cdot 49} - 16\sqrt{15}$
$= 40\sqrt{15} - 3 \cdot 9 \cdot \sqrt{6} - 8\sqrt{6} - 39\sqrt{15} + 5 \cdot 7 \cdot \sqrt{6} - 16\sqrt{15}$
$= (40 - 39 - 16)\sqrt{15} + (-27 - 8 + 35)\sqrt{6} = -15\sqrt{15}$

d) $(4\sqrt{a} + 2y\sqrt{b} - 1{,}4x) - (6{,}3\sqrt{a} + 0{,}6x - y\sqrt{b}) =$
$= 4\sqrt{a} + 2y\sqrt{b} - 1{,}4x - 6{,}3\sqrt{a} - 0{,}6x + y\sqrt{b}$
$= (4 - 6{,}3)\sqrt{a} + (2y + y)\sqrt{b} + (-1{,}4 - 0{,}6)x = -2{,}3\sqrt{a} + 3y\sqrt{b} - 2x$

e) $5\sqrt{3} - 18\sqrt{a} - x\sqrt{3} - 7\sqrt{a} + 70\sqrt{3} = (5 - x + 70)\sqrt{3} + (-18 - 7)\sqrt{a} =$
$= (75 - x)\sqrt{3} - 25\sqrt{a}$

f) $2(\sqrt{r}+\sqrt{s-r})+\sqrt{s}-(\sqrt{s-r}-1{,}5\sqrt{r}+\sqrt{s})=$
$=2\sqrt{r}+2\sqrt{s-r}+\sqrt{s}-\sqrt{s-r}+1{,}5\sqrt{r}-\sqrt{s}$
$=(2+1{,}5)\sqrt{r}+(2-1)\sqrt{s-r}=3{,}5\sqrt{r}+\sqrt{s-r}$

28. a) $(\sqrt{14}-2\sqrt{3})(\sqrt{6}+\sqrt{7})=\sqrt{14}\cdot\sqrt{6}+\sqrt{14}\cdot\sqrt{7}-2\sqrt{3}\cdot\sqrt{6}-2\sqrt{3}\sqrt{7}=$
$=\sqrt{2\cdot 7\cdot 2\cdot 3}+\sqrt{2\cdot 7\cdot 7}-2\sqrt{3\cdot 2\cdot 3}-2\sqrt{3\cdot 7}$
$=2\sqrt{21}+7\sqrt{2}-6\sqrt{2}-2\sqrt{21}=(7-6)\sqrt{2}=\sqrt{2}$

b) $(2\sqrt{3}+5\sqrt{15})(4\sqrt{5}-2)=8\sqrt{3}\cdot\sqrt{5}-4\sqrt{3}+20\sqrt{15}\sqrt{5}-10\sqrt{15}=$
$=8\sqrt{15}-4\sqrt{3}+20\sqrt{3\cdot 5\cdot 5}-10\sqrt{15}=(8-10)\sqrt{15}-4\sqrt{3}+100\sqrt{3}$
$=96\sqrt{3}-2\sqrt{15}$

c) $(\sqrt{20}-3\sqrt{2})^2+(3\sqrt{5}+\sqrt{8})^2=$
$=20-2\sqrt{20}\cdot 3\sqrt{2}+9\cdot 2+9\cdot 5+2\cdot 3\sqrt{5}\cdot\sqrt{8}+8$
$=20-6\cdot\sqrt{2\cdot 10\cdot 2}+18+45+6\cdot\sqrt{5}\cdot 2\sqrt{2}+8$
$=91-12\sqrt{10}+12\sqrt{10}=91$

d) $(4\sqrt{3}+5\sqrt{2})^2-(3\sqrt{3}-2\sqrt{2})^2=$
$=16\cdot 3+2\cdot 4\sqrt{3}\cdot 5\cdot\sqrt{2}+25\cdot 2-(9\cdot 3-2\cdot 3\cdot\sqrt{3}\cdot 2\sqrt{2}+4\cdot 2)$
$=48+40\sqrt{6}+50-27+12\sqrt{6}-8=63+52\sqrt{6}$

29. a) $(2\sqrt{3}-3\sqrt{6}-4\sqrt{5})(2\sqrt{3}-3\sqrt{6}+4\sqrt{5})=$

Man kann ausmultiplizieren und die neungliedrige Summe zusammenfassen. Hier läßt sich jedoch zunächst eine binomische Formel anwenden:
$=[(2\sqrt{3}-3\sqrt{6})-4\sqrt{5})]\cdot[(2\sqrt{3}-3\sqrt{6})+4\sqrt{5}]$
$=(2\sqrt{3}-3\sqrt{6})^2-(4\sqrt{5})^2=4\cdot 3-12\sqrt{3\cdot 2\cdot 3}+9\cdot 6-16\cdot 5$
$=12-36\sqrt{2}+54-80=-14-36\sqrt{2}$

b) $(2\sqrt{2}-1+\sqrt{3})(2\sqrt{2}-\sqrt{3}-1)=$
$=4\cdot 2-2\sqrt{6}-2\sqrt{2}-2\sqrt{2}+\sqrt{3}+1+2\sqrt{6}-3-\sqrt{3}$
$=8-4\sqrt{2}+1-3=6-4\sqrt{2}$

Wie in Aufgabe a kann man auch hier die binomische Formel anwenden:

$\ldots = [2\sqrt{2} - 1) + \sqrt{3}][(2\sqrt{2} - 1) - \sqrt{3}] = (2\sqrt{2} - 1)^2 - (\sqrt{3})^2$

$= 8 - 4\sqrt{2} + 1 - 3 = 6 - 4\sqrt{2}$

30. a) $(5\sqrt{8} - 3\sqrt{20} + 4\sqrt{5} - 3\sqrt{18} + 2\sqrt{72}) \cdot 3\sqrt{10} =$

$= (5 \cdot 2\sqrt{2} - 3 \cdot 2 \cdot \sqrt{5} + 4\sqrt{5} - 3 \cdot 3\sqrt{2} + 2 \cdot 6 \cdot \sqrt{2}) \cdot 3\sqrt{10}$

$= (13\sqrt{2} - 2\sqrt{5}) \cdot 3 \cdot \sqrt{2 \cdot 5} = 39 \cdot 2 \cdot \sqrt{5} - 6 \cdot 5 \cdot \sqrt{2} = 78\sqrt{5} - 30\sqrt{2}$

b) $(3\sqrt{54} - \sqrt{343} + 10)(\sqrt{84} + \sqrt{300}) =$

$= (3 \cdot 3 \cdot \sqrt{6} - \sqrt{7 \cdot 49} + 10)(\sqrt{4 \cdot 21} + 10\sqrt{3})$

$= (9 \cdot \sqrt{2 \cdot 3} - 7\sqrt{7} + 10) \cdot (2 \cdot \sqrt{3 \cdot 7} + 10\sqrt{3})$

$= 18 \cdot 3 \cdot \sqrt{2 \cdot 7} + 90 \cdot 3 \cdot \sqrt{2} - 14 \cdot 7\sqrt{3} - 70\sqrt{21} + 20\sqrt{21} + 100\sqrt{3}$

$= 54\sqrt{14} + 270\sqrt{2} - 98\sqrt{3} - 50\sqrt{21} + 100\sqrt{3}$

$= 54\sqrt{14} + 270\sqrt{2} + 2\sqrt{3} - 50\sqrt{21}$

31. a) $-\sqrt{m} + 2a\sqrt{m} + 2 - 2\sqrt{m} + a\sqrt{m} =$

$= \sqrt{m}(-1 + 2a - 2 + a) + 2 = (3a - 3)\sqrt{m} + 2 = 3(a - 1)\sqrt{m} + 2$

b) $15\sqrt{x} - 18\sqrt{xy} + 3\sqrt{x} = 18\sqrt{x} - 18\sqrt{x}\sqrt{y} = 18\sqrt{x}(1 - \sqrt{y})$

c) $\frac{1}{4}\sqrt{1 - x^2} + 1 - \sqrt{(1 + x)(1 - x)} = \frac{1}{4}\sqrt{1 - x^2} + 1 - \sqrt{1 - x^2} =$

$= 1 + \sqrt{1 - x^2}\left(\frac{1}{4} - 1\right) = 1 - \frac{3}{4}\sqrt{1 - x^2}$

d) $\sqrt{48a} + 6\sqrt{27a^2} - 5\sqrt{75a} + 4\sqrt{3a} - 7\sqrt{12a^2} =$

$= \sqrt{16 \cdot 3a} + 6 \cdot \sqrt{9a^2 \cdot 3} - 5 \cdot \sqrt{25 \cdot 3a} + 4\sqrt{3a} - 7\sqrt{4a^2 \cdot 3}$

$= 4\sqrt{3a} + 18a\sqrt{3} - 25\sqrt{3a} + 4\sqrt{3a} - 14a\sqrt{3}$

$= \sqrt{3}(18a - 14a) + \sqrt{3a}(4 - 25 + 4) = 4a\sqrt{3} - 17\sqrt{3a}$

e) $(\sqrt{x+1}+\sqrt{x-1})(\sqrt{x+1}-\sqrt{x-1})=$

$=(\sqrt{x+1})^2-(\sqrt{x-1})^2 = x+1-(x-1) = x+1-x+1=2$

$\mathbb{D}_{max}$? Bedingung:

$x+1 \geq 0 \quad \wedge \quad x-1 \geq 0$

$x \geq -1 \quad \wedge \quad x \geq 1$

$\mathbb{L} = [1; \infty[$; $\mathbb{D}_{max} = [1; \infty[$

f) $(a\sqrt{b}-c\sqrt{d})(a\sqrt{b}+c\sqrt{d}) = (a\sqrt{b})^2-(c\sqrt{d})^2$

$= a^2b - c^2d$

32. a) $\overline{OA}+\overline{AB}+\overline{BC}+\overline{CO} = 3+\sqrt{2}+3+4\sqrt{2} = 6+5\sqrt{2}$

(Vergleiche Seite 6, Aufgabe 5)

b) $\overline{OD} = \overline{OC}-\overline{CD} = \overline{OC}-\overline{BC} = 4\sqrt{2}-3$

$\overline{DE} = \overline{OE}-\overline{OD} = \overline{OA}-\overline{OD} = 3-(4\sqrt{2}-3) = 6-4\sqrt{2}$

c) ΔOAX ist gleichschenklig-rechtwinklig (halbes Quadrat)

$$\overline{OA} = \overline{AX}\cdot\sqrt{2} \Rightarrow \overline{AX} = \frac{\overline{OA}}{\sqrt{2}} = \frac{3}{\sqrt{2}}$$

Der Flächeninhalt des Trapezes OABC ist

$$\frac{1}{2}(\overline{OC}+\overline{AB})\cdot\overline{AX} = \frac{1}{2}(4\sqrt{2}+\sqrt{2})\cdot\frac{3}{\sqrt{2}} = \frac{1}{2}\cdot 5\sqrt{2}\cdot\frac{3}{\sqrt{2}} = \frac{15}{2}$$

oder:

$$\frac{1}{2}\cdot 4^2 - \frac{1}{2}\cdot 1^2 = 8-\frac{1}{2} = 7\frac{1}{2}$$

33. a)

5.92	√	±	+	12.9	×	0.39	√	+	17.5	√
=	9.7762543									

14.08	√	–	(	13	√	–	1	)	√	+
(	66	×	0.078	)	√	=	4.4070810			

34. a) Nach 5- bzw. 10maligem Durchlaufen der Tastenfolge

$$\boxed{2}\ \boxed{\sqrt{\ }}\ \underbrace{}\overbrace{\boxed{+}\ \boxed{2}\ \boxed{=}\ \boxed{\sqrt{\ }}}$$

erhält man 1,9993976 bzw. 1,9999996. Das Ergebnis nähert sich dem Wert 2.

b) $\boxed{6}\ \boxed{\sqrt{\ }}\ \underbrace{\boxed{+}\ \boxed{6}\ \boxed{=}\ \boxed{\sqrt{\ }}}\ \underbrace{\dots\ }\ \dots$ Ergebnis $\rightarrow 3$

c) z. B. für c = 30 Ergebnis $\rightarrow 6$

$$a = \frac{1}{2}(1 + \sqrt{1 + 4 \cdot 30}) = \frac{1 + 11}{2} = 6$$

für c = 11

nach 3maligem Durchlaufen Ergebnis: 3,8529160

nach 6maligem Durchlaufen Ergebnis: 3,8540994

35. a) $\dfrac{21}{4\sqrt{7}} = \dfrac{21 \cdot \sqrt{7}}{4 \cdot \sqrt{7} \cdot \sqrt{7}} = \dfrac{21 \cdot \sqrt{7}}{4 \cdot 7} = \dfrac{3\sqrt{7}}{4}$

b) $\dfrac{\sqrt{5} + \sqrt{3}}{\sqrt{5} \cdot \sqrt{3}} = \dfrac{(\sqrt{5} + \sqrt{3}) \cdot \sqrt{15}}{\sqrt{15} \cdot \sqrt{15}} = \dfrac{\sqrt{75} + \sqrt{45}}{15} = \dfrac{5\sqrt{3} + 3\sqrt{5}}{15}$

c) $\dfrac{2\sqrt{18} - \sqrt{108}}{3\sqrt{8} \cdot \sqrt{12}} = \dfrac{2\sqrt{9 \cdot 2} - \sqrt{36 \cdot 3}}{3 \cdot 2\sqrt{2} \cdot 2 \cdot \sqrt{3}} = \dfrac{6\sqrt{2} - 6\sqrt{3}}{12 \cdot \sqrt{6}} = \dfrac{6(\sqrt{2} - \sqrt{3})}{12 \cdot \sqrt{6}} =$

$= \dfrac{(\sqrt{2} - \sqrt{3}) \cdot \sqrt{6}}{2 \cdot \sqrt{6} \cdot \sqrt{6}} = \dfrac{\sqrt{12} - \sqrt{18}}{12} = \dfrac{2\sqrt{3} - 3\sqrt{2}}{12}$

d) $\dfrac{52 + 65x}{\sqrt{13}} = \dfrac{(52 + 65x)\sqrt{13}}{\sqrt{13} \cdot \sqrt{13}} = \dfrac{13(4 + 5x) \cdot \sqrt{13}}{13} = (4 + 5x)\sqrt{13}$

oder:

$\ldots = \dfrac{13(4 + 5x)}{\sqrt{13}} = \dfrac{\sqrt{13} \cdot \sqrt{13}(4 + 5x)}{\sqrt{13}} = \sqrt{13} \cdot (4 + 5x)$

e) $\dfrac{2x}{\sqrt{14ax}} = \dfrac{2x \cdot \sqrt{14ax}}{14ax} = \dfrac{\sqrt{14ax}}{7a}$

f) $\frac{36\,m-30}{\sqrt{5-6\,m}}=\frac{6(6\,m-5)\cdot\sqrt{5-6\,m}}{\sqrt{5-6\,m}\cdot\sqrt{5-6\,m}}=\frac{6(6m-5)\sqrt{5-6\,m}}{5-6\,m}$

$=\frac{6\cdot(-1)(5-6\,m)\cdot\sqrt{5-6\,m}}{5-6\,m}=-6\sqrt{5-6\,m}$

g) $\frac{\sqrt{\frac{12x}{5}}}{\sqrt{\frac{2}{3}}}=\sqrt{\frac{\frac{12x}{5}}{\frac{2}{3}}}=\sqrt{\frac{12x\cdot 3}{5\cdot 2}}=\sqrt{\frac{6\cdot 3x}{5}}=\sqrt{\frac{2\cdot 3\cdot 3\cdot 5x}{25}}=\frac{3}{5}\sqrt{10x}$

oder:

$\ldots=\frac{\sqrt{\frac{12x\cdot 2}{5\cdot 3}}}{\sqrt{\frac{2}{3}}\cdot\sqrt{\frac{2}{3}}}=\frac{3}{2}\sqrt{\frac{4\cdot 2x}{5}}=\frac{3\cdot 2\sqrt{2x}\cdot\sqrt{5}}{2\cdot 5}=\frac{3}{5}\sqrt{10x}$

h) $\frac{4-k}{\sqrt{32-2k^2}}=$

Bedingung:
$32-2k^2>0 \Leftrightarrow 2k^2<32 \Leftrightarrow k^2<16 \Leftrightarrow |k|<4 \Leftrightarrow -4<k<4$

$=\frac{(4-k)\cdot\sqrt{32-2k^2}}{\sqrt{32-2k^2}\cdot\sqrt{32-2k^2}}=\frac{(4-k)\sqrt{32-2k^2}}{32-2k^2}=\frac{(4-k)\sqrt{32-2k^2}}{2(16-k^2)}$

$=\frac{(4-k)\sqrt{32-2k^2}}{2(4-k)(4+k)}=\frac{\sqrt{32-2k^2}}{2(4+k)}$

36. a) $\frac{\sqrt{21}-1}{3\sqrt{7}+7\sqrt{3}}=\frac{(\sqrt{21}-1)(3\sqrt{7}-7\sqrt{3})}{(3\sqrt{7}+7\sqrt{3})(3\sqrt{7}-7\sqrt{3})}=$

$=\frac{3\sqrt{7\cdot 7\cdot 3}-7\sqrt{3\cdot 7\cdot 3}-3\sqrt{7}+7\sqrt{3}}{(3\sqrt{7})^2-(7\sqrt{3})^2}=\frac{21\sqrt{3}-21\sqrt{7}-3\sqrt{7}+7\sqrt{3}}{63-147}$

$=\frac{28\sqrt{3}-24\sqrt{7}}{-84}=\frac{-4(6\sqrt{7}-7\sqrt{3})}{-84}=\frac{6\sqrt{7}-7\sqrt{3}}{21}$

b) $\frac{9-5\sqrt{3}}{7-3\sqrt{3}}=\frac{(9-5\sqrt{3})(7+3\sqrt{3})}{(7-3\sqrt{3})(7+3\sqrt{3})}=\frac{63+27\sqrt{3}-35\sqrt{3}-45}{49-27}=$

$=\frac{18-8\sqrt{3}}{22}=\frac{2(9-4\sqrt{3})}{22}=\frac{9-4\sqrt{3}}{11}$

c) $\frac{14}{5\sqrt{2}-8}=\frac{14\,(5\sqrt{2}+8)}{(5\sqrt{2}-8)(5\sqrt{2}+8)}=\frac{14\,(5\sqrt{2}+8)}{50-64}=\frac{14\,(5\sqrt{2}+8)}{-14}=$

$=-(5\sqrt{2}+8)$

d) $\frac{\sqrt{63}}{4-\sqrt{16-\sqrt{7}}}=\frac{\sqrt{63}\,(4+\sqrt{16-\sqrt{7}})}{(4-\sqrt{16-\sqrt{7}})(4+\sqrt{16-\sqrt{7}})}=$

$=\frac{\sqrt{63}\,(4+\sqrt{16-\sqrt{7}})}{4^2-(\sqrt{16-\sqrt{7}})^2}=\frac{\sqrt{63}\,(4+\sqrt{16-\sqrt{7}})}{16-(16-\sqrt{7})}=\frac{3\sqrt{7}\,(4+\sqrt{16-\sqrt{7}})}{\sqrt{7}}$

$=3\,(4+\sqrt{16-\sqrt{7}})$

e) $\sqrt{\frac{3}{\sqrt{3}+3}}=\sqrt{\frac{3\,(\sqrt{3}-3)}{(\sqrt{3}+3)(\sqrt{3}-3)}}=\sqrt{\frac{3\,(\sqrt{3}-3)}{3-9}}=\sqrt{\frac{3\,(\sqrt{3}-3)}{-6}}=$

$=\sqrt{\frac{\sqrt{3}-3}{-2}}=\sqrt{\frac{3-\sqrt{3}}{2}}=\frac{\sqrt{3-\sqrt{3}}\cdot\sqrt{2}}{\sqrt{2}\cdot\sqrt{2}}=\frac{\sqrt{2(3-\sqrt{3})}}{2}$

f) $\frac{28}{(3+\sqrt{2})+\sqrt{7}}=\frac{28\cdot[(3+\sqrt{2})-\sqrt{7}]}{[(3+\sqrt{2})+\sqrt{7}]\cdot[(3+\sqrt{2})-\sqrt{7}]}=$

$=\frac{28(3+\sqrt{2}-\sqrt{7})}{(3+\sqrt{2})^2-7}=\frac{28(3+\sqrt{2}-\sqrt{7})}{9+6\sqrt{2}+2-7}=\frac{28(3+\sqrt{2}-\sqrt{7})}{4+6\sqrt{2}}$

$=\frac{28(3+\sqrt{2}-\sqrt{7})(4-6\sqrt{2})}{(4+6\sqrt{2})(4-6\sqrt{2})}=\frac{28(3+\sqrt{2}-\sqrt{7})\cdot 2(2-3\sqrt{2})}{16-72}$

$=\frac{28\cdot 2\cdot(3+\sqrt{2}-\sqrt{7})(2-3\sqrt{2})}{-56}=(3+\sqrt{2}-\sqrt{7})(3\sqrt{2}-2)$

g) $\frac{\sqrt{\sqrt{3}+\sqrt{2}}}{\sqrt{\sqrt{3}-\sqrt{2}}}=\sqrt{\frac{(\sqrt{3}+\sqrt{2})(\sqrt{3}+\sqrt{2})}{(\sqrt{3}-\sqrt{2})(\sqrt{3}+\sqrt{2})}}=\frac{\sqrt{(\sqrt{3}+\sqrt{2})^2}}{\sqrt{3-2}}=\sqrt{3}+\sqrt{2}$

h) $\sqrt{\frac{18\sqrt{29}-29\sqrt{6}}{3\sqrt{6}-\sqrt{29}}}=\sqrt{\frac{(18\sqrt{29}-29\sqrt{6})(3\sqrt{6}+\sqrt{29})}{(3\sqrt{6}-\sqrt{29})(3\sqrt{6}+\sqrt{29})}}=$

$=\sqrt{\frac{54\sqrt{29\cdot 6}+18\cdot 29-87\cdot 6-29\sqrt{29\cdot 6}}{54-29}}=\sqrt{\frac{25\sqrt{29\cdot 6}}{25}}=\sqrt{\sqrt{174}}$

i) $\frac{2-\sqrt{2}+\sqrt{10}}{1-\sqrt{2}-\sqrt{5}}=\frac{(2-\sqrt{2}+\sqrt{10})\cdot(1-\sqrt{2}+\sqrt{5})}{((1-\sqrt{2})-\sqrt{5})((1-\sqrt{2})+\sqrt{5})}=$

$=\frac{2-2\sqrt{2}+2\sqrt{5}-\sqrt{2}+2-\sqrt{10}+\sqrt{10}-\sqrt{20}+\sqrt{50}}{(1-\sqrt{2})^2-5}$

$=\frac{4-3\sqrt{2}+2\sqrt{5}-2\sqrt{5}+5\sqrt{2}}{1-2\sqrt{2}+2-5}=\frac{4+2\sqrt{2}}{-2-2\sqrt{2}}=\frac{2(2+\sqrt{2})}{-2(1+\sqrt{2})}$

$=-\frac{(2+\sqrt{2})\cdot(1-\sqrt{2})}{(1+\sqrt{2})\cdot(1-\sqrt{2})}=-\frac{2-2\sqrt{2}+\sqrt{2}-2}{1-2}=-\frac{-\sqrt{2}}{-1}=-\sqrt{2}$

37. a) $\frac{1+a}{\sqrt{a^2-1}}=$

Bedingung:
$a^2>1 \Leftrightarrow |a|>1$

$=\frac{(1+a)\sqrt{a^2-1}}{\sqrt{a^2-1}\cdot\sqrt{a^2-1}}=\frac{(1+a)\sqrt{a^2-1}}{a^2-1}=\frac{(a+1)\sqrt{a^2-1}}{(a+1)(a-1)}=\frac{\sqrt{a^2-1}}{a-1}$

b) $\frac{\sqrt{x}-\sqrt{y}}{\sqrt{x}+\sqrt{y}}=\frac{(\sqrt{x}-\sqrt{y})^2}{(\sqrt{x}+\sqrt{y})(\sqrt{x}-\sqrt{y})}=\frac{x-2\sqrt{xy}+y}{x-y}$;

$x\geq 0 \wedge y>0$ oder $x>0 \wedge y\geq 0$

c) $\frac{16x^2-25y}{\sqrt{4x+5\sqrt{y}}}=$

Bedingung: $y \geq 0 \wedge 4x + 5\sqrt{y} > 0 \quad x > -\frac{5}{4}\sqrt{y}$

$$= \frac{(4x - 5\sqrt{y})(4x + 5\sqrt{y}) \cdot \sqrt{4x + 5\sqrt{y}}}{\sqrt{4x + 5\sqrt{y}} \cdot \sqrt{4x + 5\sqrt{y}}}$$

$$= \frac{(4x - 5\sqrt{y})(4x + 5\sqrt{y})\sqrt{4x + 5\sqrt{y}}}{4x + 5\sqrt{y}} = (4x - 5\sqrt{y})\sqrt{4x + 5\sqrt{y}}$$

d) $$\sqrt{\frac{a + \sqrt{a^2 - 1}}{a - \sqrt{a^2 - 1}}} = \sqrt{\frac{(a + \sqrt{a^2 - 1})^2}{(a - \sqrt{a^2 - 1})(a + \sqrt{a^2 - 1})}} = \frac{a + \sqrt{a^2 - 1}}{\sqrt{a^2 - (a^2 - 1)}}$$

$$= \frac{a + \sqrt{a^2 - 1}}{\sqrt{a^2 - a^2 + 1}} = a + \sqrt{a^2 - 1}$$

Wir betrachten den gegebenen Term.
Bedingung für die innere Wurzel:
$a^2 - 1 \geq 0 \Leftrightarrow a^2 \geq 1 \Leftrightarrow (a \geq 1 \vee a \leq -1)$

1. Fall:

$a \geq 1 \quad \Rightarrow$ Zähler ≥ 0, denn $a + \sqrt{a^2 - 1} \geq 1$ $\quad \wedge \quad$ Nenner > 0, denn $a - \sqrt{a^2 - 1} > a - \sqrt{a^2} = 0$

2. Fall:

$a \leq -1 \quad \Rightarrow$ Zähler ≤ 0, denn $a + \sqrt{a^2 - 1} \leq a + \sqrt{a^2} = a + |a| = 0$ $\quad \wedge \quad$ Nenner < 0, denn $a - \sqrt{a^2 - 1} \leq a \leq -1$

Für die äußere Wurzel ist also in beiden Fällen der Radikand ≥ 0.

Ergebnis:
Definitionsmenge $\mathbb{D} = \{a / a \geq 1 \vee a \leq -1\}$; d. h. $a \in\,]-\infty; -1] \cup [1; \infty[$.

e) $$(\sqrt{b^2 - 1} \cdot \sqrt{b + 1}) : \sqrt{b - 1} = \frac{\sqrt{b + 1} \cdot \sqrt{b - 1} \cdot \sqrt{b + 1}}{\sqrt{b - 1}} = b + 1$$

Wegen $\sqrt{b - 1}$ als Divisor muß $b > 1$ sein. Dann sind auch die beiden anderen Wurzeln definiert.

f) *Bedingung:* a > 0, b > 0

$$\frac{\sqrt{2\sqrt{a}+\sqrt{b}}}{\sqrt{6\sqrt{ab}+3\sqrt{ab}}}=\frac{\sqrt{2\sqrt{a}+\sqrt{b}}}{\sqrt{9\sqrt{ab}}}=\frac{\sqrt{2\sqrt{a}+\sqrt{b}}}{3\sqrt{\sqrt{ab}}\cdot\sqrt{\sqrt{ab}}}=$$

$$=\frac{\sqrt{(2\sqrt{a}+\sqrt{b})\cdot\sqrt{a}\cdot\sqrt{b}}}{3\sqrt{ab}}=\frac{\sqrt{(2a\sqrt{b}+b\sqrt{a})}}{3\sqrt{ab}}=\frac{\sqrt{(2a\sqrt{b}+b\sqrt{a})\cdot ab}}{3ab}$$

g) *Bedingung:* a ≠ 0

$$\frac{a^3\sqrt{6}}{\sqrt{18a^2}}+\left(\frac{a}{2}\sqrt{3}\right)^2=\frac{a^3\sqrt{6}}{3\cdot\sqrt{2}\,|a|}+\frac{3}{4}a^2=$$

$$=\frac{a}{|a|}\,\frac{a^2\cdot\sqrt{3}\cdot\sqrt{2}}{3\cdot\sqrt{2}}+\frac{3}{4}a^2=\begin{cases}a^2\left(\frac{\sqrt{3}}{3}+\frac{3}{4}\right), & \text{falls } a>0\\ a^2\left(-\frac{\sqrt{3}}{3}+\frac{3}{4}\right), & \text{falls } a<0\end{cases}$$

$$=\begin{cases}\frac{a^2(4\sqrt{3}+9)}{12}, & \text{falls } a>0\\ \frac{a^2(9-4\sqrt{3})}{12}, & \text{falls } a<0\end{cases}$$

38. $$\left(\frac{2x\sqrt{y}-y\sqrt{x}}{\sqrt{xy}}-\frac{x-y}{\sqrt{x}+\sqrt{y}}\right)\cdot(\sqrt{x}-\sqrt{y})=$$

$$=\left(\frac{\sqrt{xy}\,(2\sqrt{x}-\sqrt{y})}{\sqrt{xy}}-\frac{x-y}{\sqrt{x}+\sqrt{y}}\right)\cdot(\sqrt{x}-\sqrt{y})$$

$$=\left(2\sqrt{x}-\sqrt{y}-\frac{(x-y)(\sqrt{x}-\sqrt{y})}{x-y}\right)\cdot(\sqrt{x}-\sqrt{y})$$

$$=(2\sqrt{x}-\sqrt{y}-(\sqrt{x}-\sqrt{y}))\cdot(\sqrt{x}-\sqrt{y})$$

$$=(2\sqrt{x}-\sqrt{y}-\sqrt{x}+\sqrt{y})\cdot(\sqrt{x}-\sqrt{y})=\sqrt{x}\,(\sqrt{x}-\sqrt{y})=x-\sqrt{xy}$$

39. a) $$\frac{6+2\sqrt{5}}{\sqrt{5}}-6\cdot\sqrt{\frac{1}{5}}+\frac{\sqrt{80}}{\sqrt{5}-1}=\frac{6\sqrt{5}+10-6\sqrt{5}}{5}+\frac{4\sqrt{5}(\sqrt{5}+1)}{(\sqrt{5}-1)(\sqrt{5}+1)}=$$

$$=2+\frac{4\sqrt{5}(\sqrt{5}+1)}{4}=2+5+\sqrt{5}=7+\sqrt{5}$$

b) $\left(\frac{2}{3}\sqrt{15}+\sqrt{6}\right)(6\sqrt{7{,}5}-2\sqrt{27})-\frac{52}{\sqrt{5}+3\sqrt{2}}=$

$=4\sqrt{15}\cdot\sqrt{7{,}5}-\frac{4}{3}\sqrt{3\cdot 5}\cdot 3\cdot\sqrt{3}+6\sqrt{45}-2\sqrt{2\cdot 3}\cdot 3\sqrt{3}-\frac{52(\sqrt{5}-3\sqrt{2})}{5-18}$

$=4\cdot 7{,}5\cdot\sqrt{2}-12\sqrt{5}+18\sqrt{5}-18\sqrt{2}+\frac{52(\sqrt{5}-3\sqrt{2})}{13}$

$=30\sqrt{2}+6\sqrt{5}-18\sqrt{2}+4\sqrt{5}-12\sqrt{2}$

$=\sqrt{2}(30-18-12)+\sqrt{5}(6+4)=10\sqrt{5}$

c) $\frac{3\sqrt{5}+5\sqrt{3}}{5\sqrt{2}-2\sqrt{5}}+\frac{5\sqrt{2}-2\sqrt{5}}{3\sqrt{5}+5\sqrt{3}}=$

$=\frac{(3\sqrt{5}+5\sqrt{3})(5\sqrt{2}+2\sqrt{5})}{(5\sqrt{2})^2-(2\sqrt{5})^2}+\frac{(5\sqrt{2}-2\sqrt{5})(3\sqrt{5}-5\sqrt{3})}{(3\sqrt{5})^2-(5\sqrt{3})^2}$

$=\frac{15\sqrt{10}+30+25\sqrt{6}+10\sqrt{15}}{50-20}+\frac{15\sqrt{10}-25\sqrt{6}-30+10\sqrt{15}}{45-75}$

$=\frac{1}{30}(15\sqrt{10}+30+25\sqrt{6}+10\sqrt{15}-15\sqrt{10}+25\sqrt{6}+30-10\sqrt{15})$

$=\frac{1}{30}(60+50\sqrt{6})=2+\frac{5}{3}\sqrt{6}$

d) $\frac{\sqrt{a}-\sqrt{b}}{\sqrt{a}+\sqrt{b}}+\frac{1}{\sqrt{a-b}}=\frac{(\sqrt{a}-\sqrt{b})^2}{a-b}+\frac{\sqrt{a-b}}{a-b}=\frac{(\sqrt{a}-\sqrt{b})^2+\sqrt{a-b}}{a-b}$

e) $\frac{2}{\sqrt{7}-\sqrt{5}}-5\cdot\sqrt{\frac{1}{5}}-\frac{7-3\sqrt{7}}{\sqrt{7}}=\frac{2(\sqrt{7}+\sqrt{5})}{7-5}-\frac{5}{\sqrt{5}}-\frac{(7-3\sqrt{7})\sqrt{7}}{7}=$

$=\frac{2(\sqrt{7}+\sqrt{5})}{2}-\sqrt{5}-\frac{7\sqrt{7}-21}{7}=\sqrt{7}+\sqrt{5}-\sqrt{5}-\sqrt{7}+3=3$

40. a) $(2+\sqrt{3})\sqrt{2-\sqrt{3}}=\sqrt{(2+\sqrt{3})^2(2-\sqrt{3})}=\sqrt{(2+\sqrt{3})(2+\sqrt{3})(2-\sqrt{3})}$

$=\sqrt{(2+\sqrt{3})\cdot(4-3)}=\sqrt{2+\sqrt{3}}$

b) Der Faktor vor der Wurzel ist negativ, weil $3 > \sqrt{5} = 2,\ldots$

$$(\sqrt{5}-3)\sqrt{\frac{1}{2}(5-\sqrt{5})} = (-1)(3-\sqrt{5})\sqrt{\frac{1}{2}(5-\sqrt{5})} =$$

$$= (-1)\sqrt{\frac{1}{2}(3-\sqrt{5})^2(5-\sqrt{5})} = -\sqrt{\frac{1}{2}(9-6\sqrt{5}+5)(5-\sqrt{5})}$$

$$= -\sqrt{\frac{1}{2}(14-6\sqrt{5})(5-\sqrt{5})} = -\sqrt{\frac{1}{2}\cdot 2(7-3\sqrt{5})(5-\sqrt{5})}$$

$$= -\sqrt{35-7\sqrt{5}-15\sqrt{5}+15} = -\sqrt{50-22\sqrt{5}} \approx -0{,}898$$

c) Der Faktor vor der Wurzel ist negativ.

$$(\sqrt{2}-\sqrt{3})\sqrt{3} = -(\sqrt{3}-\sqrt{2})\sqrt{3} = -\sqrt{(\sqrt{3}-\sqrt{2})^2\cdot 3}$$

$$= -\sqrt{(3-2\sqrt{6}+2)\cdot 3} = -\sqrt{(5-2\sqrt{6})\cdot 3}$$

Der Wert des gegebenen Terms ergibt sich natürlich einfacher aus $\left(\sqrt{2}-\sqrt{3}\right)\sqrt{3} = \sqrt{6}-3 \approx -0{,}5505$.

d) $$(2\sqrt{2}-1)\sqrt{9+4\sqrt{2}} = \sqrt{(2\sqrt{2}-1)^2\cdot(9+4\sqrt{2})} =$$

$$= \sqrt{(8-4\sqrt{2}+1)(9+4\sqrt{2})} = \sqrt{(9-4\sqrt{2})(9+4\sqrt{2})}$$

$$= \sqrt{81-32} = \sqrt{49} = 7$$

e) $$(1-\sqrt{5})\sqrt{10+2\sqrt{5}} = -(\sqrt{5}-1)\sqrt{10+2\sqrt{5}} = -\sqrt{(\sqrt{5}-1)^2(10+2\sqrt{5})} =$$

Der Faktor vor der Wurzel ist negativ

$$= -\sqrt{(5-2\sqrt{5}+1)\cdot 2(5+\sqrt{5})} = -\sqrt{(6-2\sqrt{5})\cdot 2(5+\sqrt{5})}$$

$$= -\sqrt{2\cdot 2\cdot(3-\sqrt{5})(5+\sqrt{5})} = -2\cdot\sqrt{15+3\sqrt{5}-5\sqrt{5}-5}$$

$$= -2\sqrt{10-2\sqrt{5}}$$

41. a) $$\sqrt{7}-\sqrt{2} = \sqrt{(\sqrt{7}-\sqrt{2})^2} = \sqrt{7-2\sqrt{14}+2} = \sqrt{9-2\sqrt{14}}$$

b) $$\sqrt{6}-1 = \sqrt{(\sqrt{6}-1)^2} = \sqrt{6-2\sqrt{6}+1} = \sqrt{7-2\sqrt{6}}$$

42. a) $\frac{a^3}{b^2}\sqrt{\frac{b^2}{a}} = \sqrt{\left(\frac{a^3}{b^2}\right)^2 \cdot \frac{b^2}{a}} = \sqrt{\frac{a^6 \cdot b^2}{b^4 \cdot a}} = \sqrt{\frac{a^5}{b^2}}$

b) $a < 0; b < 0$

$$\frac{6a^2}{b}\sqrt{\frac{b}{12a^3}} = -\frac{6a^2}{|b|}\sqrt{\frac{b}{12a^3}} = -\sqrt{\frac{36a^4 \cdot b}{|b|^2 \cdot 12a^3}}$$

$$= -\sqrt{\frac{3ab}{b^2}} = -\sqrt{\frac{3a}{b}}$$

c) $0 < x < y$

$$(x-y)\sqrt{\frac{x+y}{2(y-x)}} = -(y-x)\sqrt{\frac{x+y}{2(y-x)}} = -\sqrt{\frac{(y-x)^2(x+y)}{2(y-x)}}$$

$$= -\sqrt{\frac{(y-x)(y+x)}{2}} = -\sqrt{\frac{y^2-x^2}{2}}$$

43. [40] [–] [6] [×] [3] [√] [=] [÷] [3] [=] [√] [3.1415333]

[STO] [C] [π] [÷] [RCL] [=] 1.0000189 ≈ 1,000019

π ist nur um 0,019 ‰ größer als $\sqrt{\frac{40-6\sqrt{3}}{3}}$.

44. x sei die Kantenlänge des Würfels. Die Summe der Kantenlängen ist 12x.

$x^3 = 12 \cdot x \quad | : x > 0 \qquad \Leftrightarrow x^2 = 12 \qquad \Rightarrow x = \sqrt{12} = 2\sqrt{3}$

Kantenlänge = $2\sqrt{3}$ cm . Volumen = $(2\sqrt{3})^3\text{cm}^3 = 24\sqrt{3}\ \text{cm}^3$

45. a) $(5\sqrt{2} - 6\sqrt{3} - 3\sqrt{8} + 4\sqrt{12}) \cdot 2\sqrt{6} =$

$= 10\sqrt{2 \cdot 2 \cdot 3} - 12\sqrt{3 \cdot 2 \cdot 3} - 6\sqrt{2^3 \cdot 2 \cdot 3} + 8\sqrt{2^2 \cdot 3 \cdot 2 \cdot 3}$

$= 20\sqrt{3} - 36\sqrt{2} - 24\sqrt{3} + 48\sqrt{2} = 12\sqrt{2} - 4\sqrt{3}$

b) $(2\sqrt{45}-\sqrt{10})(3\sqrt{12}+\sqrt{6})=$
$=6\sqrt{9\cdot5\cdot4\cdot3}+2\sqrt{9\cdot5\cdot6}-3\sqrt{2\cdot5\cdot4\cdot3}-\sqrt{2\cdot5\cdot2\cdot3}$
$=36\sqrt{15}+6\sqrt{30}-6\sqrt{30}-2\sqrt{15}=34\sqrt{15}$

c) $\left(4\sqrt{242}-\frac{3}{2}\sqrt{968}+\sqrt{243}\right)\cdot\frac{\sqrt{2}}{11}=$
$=\left(4\sqrt{2\cdot121}-\frac{3}{2}\sqrt{4\cdot2\cdot121}+\sqrt{9\cdot27}\right)\cdot\frac{\sqrt{2}}{11}$
$=(44\cdot\sqrt{2}-33\sqrt{2}+3\cdot3\cdot\sqrt{3})\cdot\frac{\sqrt{2}}{11}=(11\sqrt{2}+9\sqrt{3})\cdot\frac{\sqrt{2}}{11}$
$=2+\frac{9}{11}\sqrt{6}$

d) $(\sqrt{80}+2\sqrt{5}-\sqrt{20}+\sqrt{125}):\sqrt{5}=(4\sqrt{5}+2\sqrt{5}-2\sqrt{5}+5\sqrt{5}):\sqrt{5}$
$=9\sqrt{5}:\sqrt{5}=9$

e) $\frac{0{,}25-\sqrt{0{,}25}}{0{,}25+\sqrt{0{,}25}}:\sqrt{0{,}25}=\frac{0{,}25-0{,}5}{0{,}25+0{,}5}:0{,}5=\frac{-0{,}25}{0{,}75}:0{,}5=\frac{-1}{3}:\frac{1}{2}=-\frac{2}{3}$

f) $\frac{1}{\sqrt{5}}\left[\left(\frac{1+\sqrt{5}}{2}\right)^2-\frac{1}{4}(1-\sqrt{5})^2\right]=\frac{1}{\sqrt{5}}\left[\frac{1+2\sqrt{5}+5}{4}-\frac{1-2\sqrt{5}+5}{4}\right]=$
$=\frac{1}{\sqrt{5}}\left[\frac{6+2\sqrt{5}-(6-2\sqrt{5})}{4}\right]=\frac{1}{\sqrt{5}}\cdot\frac{4\sqrt{5}}{4}=1$

46. a) $\sqrt{\frac{1}{3}}:\sqrt{3}=(1+\sqrt{2}):x \;\Leftrightarrow\; \frac{1}{\sqrt{3}}\cdot x=\sqrt{3}(1+\sqrt{2})$
$\Leftrightarrow\; x=3(1+\sqrt{2})$

b) $(\sqrt{5}-2):x=1:(\sqrt{5}+2) \;\Leftrightarrow\; x\cdot1=(\sqrt{5}-2)(\sqrt{5}+2)$
$\Leftrightarrow\; x=(\sqrt{5})^2-2^2 \;\Leftrightarrow\; x=5-4$
$\Leftrightarrow\; x=1$

c) $\sqrt{10} : \sqrt{3} = \sqrt{2} : (x-1) \Leftrightarrow (x-1) \cdot \sqrt{10} = \sqrt{6}$

$\Leftrightarrow x - 1 = \sqrt{\frac{6}{10}} \quad \Leftrightarrow x = 1 + \sqrt{0{,}6}$

d) $3 : \sqrt{5} = (2\sqrt{x} + 1) : \sqrt{2} \quad \Leftrightarrow \quad (2\sqrt{x} + 1) \cdot \sqrt{5} = 3 \cdot \sqrt{2}$

$\Leftrightarrow 2\sqrt{x} + 1 = \frac{3 \cdot \sqrt{2}}{\sqrt{5}} \quad \Leftrightarrow \quad 2\sqrt{x} = \frac{3\sqrt{2} - \sqrt{5}}{\sqrt{5}}$

$\Leftrightarrow x = \left(\frac{3\sqrt{2} - \sqrt{5}}{2\sqrt{5}}\right)^2 \quad \Leftrightarrow \quad x = \frac{18 - 6\sqrt{10} + 5}{4 \cdot 5} \quad \Leftrightarrow \quad x = \frac{23 - 6 \cdot \sqrt{10}}{20}$

47. a) $(\sqrt{r} + \sqrt{r-s})(\sqrt{r} - \sqrt{r-s}) = (\sqrt{r})^2 - (\sqrt{r-s})^2 =$

$= r - (r - s) = r - r + s = s$

b) $(2x + \sqrt{a})^2 - (2\sqrt{a} - 3x)^2 - (15x\sqrt{a} - 5x^2 - 4a) =$

$= 4x^2 + 4x\sqrt{a} + a - (4a - 12x\sqrt{a} + 9x^2) - 15x\sqrt{a} + 5x^2 + 4a$

$= 4x^2 + 4x\sqrt{a} + a - 4a + 12x\sqrt{a} - 9x^2 - 15x\sqrt{a} + 5x^2 + 4a$

$= 4x^2 - 9x^2 + 5x^2 + x\sqrt{a}(4 + 12 - 15) + a = x\sqrt{a} + a$

c) $\sqrt{p^2 + \frac{1}{p^2} + 2} = \sqrt{p^2 + 2 + \left(\frac{1}{p}\right)^2} = \sqrt{\left(p + \frac{1}{p}\right)^2} = \left| p + \frac{1}{p} \right|$

d) $\sqrt{\frac{a^2 - a}{a^4 - a^3}} - \left(2\sqrt{a} - \frac{1}{\sqrt{a}}\right)^2 = \sqrt{\frac{a(a-1)}{a^3(a-1)}} - \left(4a - 4 + \frac{1}{a}\right) =$

$= \underset{a>0}{\sqrt{\frac{1}{a^2}}} - 4a + 4 - \frac{1}{a} = \frac{1}{a} - 4a + 4 - \frac{1}{a} = 4(1-a)$

e) $\sqrt{x^2 + 6|x| + 9} = \sqrt{|x|^2 + 6|x| + 9} = \sqrt{(|x| + 3)^2} = ||x| + 3| = |x| + 3$

Beachte: $|x|^2 = x^2$

48. a) [8.8] [÷] [0.66] [−] [3,6] [÷] [6,3] [=] [√] [3.572]

b) [6.6] [√] [−] [8.6] [÷] [(] [2] [√] [−] [1] [)]
[÷] [(] [4.1] [−] [6] [√] [)] [÷] [3] [√] [=]
[−4.694]

↑ ! (unter der Taste [÷] vor [3])

c) [17.3] [÷] [10.2] [=] [√] [÷] [(] [18] [÷] [307.2] [√]
[−] [(] [11.03] [÷] [7.81] [)] [√] [)] [=] [−8.068]

d) [35.8] [÷] [12.01] [=] [√] [÷] [(] [2] [×] [(] [2]
[+] [5] [√] [)] [√] [−] [5] [x] [2] [√] [)]
[=] [−0.584]

oder (ohne Verwendung einer Klammertaste):

[2] [+] [5] [√] [=] [√] [×] [2] [−] [5] [×]
[2] [√] [=] [STO] [C] [35.8] [÷] [12,01] [=] [√] [÷]
[RCL] [=] [−0.584]

49. a) $\frac{a\sqrt{12}}{2\sqrt{a}}+\sqrt{48a}-\sqrt{5a}\cdot\sqrt{15}=\frac{\sqrt{a}\sqrt{a}\cdot 2\sqrt{3}}{2\sqrt{a}}+4\sqrt{3a}-\sqrt{5a\cdot 3\cdot 5}$

$=\sqrt{3a}+4\sqrt{3a}-5\sqrt{3a}=\sqrt{3a}(1+4-5)=0$

b) $\sqrt{\frac{a^3+6a^2+9a}{2a^3+12a^2+18a}}=\sqrt{\frac{a(a^2+6a+9)}{2a(a^2+6a+9)}}=\sqrt{\frac{1}{2}}=\frac{1}{\sqrt{2}}=\frac{\sqrt{2}}{2}$

c) $\sqrt{\frac{a^2-b^2}{2}}\cdot\sqrt{\frac{8a+8b}{a-b}}=\sqrt{\frac{(a+b)(a-b)\cdot 8(a+b)}{2(a-b)}}=\sqrt{4(a+b)^2}\underset{0<b<a}{=}2(a+b)$

d) $\dfrac{\sqrt{16a^2-b^2}-\sqrt{16ab^2-4b^3}}{\sqrt{4a}-b}=\dfrac{\sqrt{(4a+b)(4a-b)}-\sqrt{4b^2(4a-b)}}{\sqrt{4a-b)}}=$

$=\dfrac{\sqrt{4a+b}\cdot\sqrt{4a-b}}{\sqrt{4a-b}}-\dfrac{2|b|\sqrt{4a-b}}{\sqrt{4a-b}}=\sqrt{4a+b}-2|b|=\underset{0<b<4a}{\sqrt{4a+b}-2b}$

50. a) $\dfrac{3-x}{\sqrt{2x^2}-18}=\dfrac{(3-x)\cdot(\sqrt{2x^2}+18)}{(\sqrt{2x^2}-18)(\sqrt{2x^2}+18)}$

$=\dfrac{(3-x)(\sqrt{2x^2}+18)}{(\sqrt{2x^2})^2-18^2}=\dfrac{(3-x)(\sqrt{2x^2}+18)}{2x^2-324}$

Bedingung:

$\sqrt{2x^2}\neq 18 \Leftrightarrow 2x^2\neq 324$

$\Leftrightarrow x^2\neq 162 \Leftrightarrow |x|\neq\sqrt{2\cdot 81}$

$\Leftrightarrow |x|\neq 9\sqrt{2}$

$\mathbb{D}=\mathbb{R}\setminus\{-9\sqrt{2},\ 9\sqrt{2}\}$

b) $\dfrac{3-x}{\sqrt{2x^2-18}}=\dfrac{(3-x)(\sqrt{2x^2-18})}{(\sqrt{2x^2-18})^2}$

$=\dfrac{(3-x)(\sqrt{2x^2-18})}{2x^2-18}=\dfrac{(3-x)(\sqrt{2x^2-18})}{2(x^2-9)}$

$=\dfrac{-(x-3)\cdot\sqrt{2x^2-18}}{2(x-3)(x+3)}=-\dfrac{\sqrt{2x^2-18}}{2(x+3)}$

Bedingung:

$2x^2>18$

$\Leftrightarrow x^2>9$

$\Leftrightarrow |x|>3$

$\mathbb{D}=\,]-\infty;-3\,[\,\cup\,]\,3;\infty\,[$

51. $\sqrt{\dfrac{(4-z^2)\,122{,}5}{10(a^2+4)z^5}}=(*)$

Für a gibt es keine Einschränkung, weil $a^2+4\geq 0$ (sogar ≥ 4). Der Radikand ist ≥ 0, wenn

entweder			**oder**		
	$4-z^2\geq 0$	$\wedge\ z>0$		$4-z^2\leq 0$	$\wedge\ z<0$
$\Leftrightarrow$	$z^2\leq 4$	$\wedge\ z>0$	$\Leftrightarrow$	$z^2\geq 4$	$\wedge\ z<0$
$\Leftrightarrow$	$\lvert z\rvert\leq 2$	$\wedge\ z>0$	$\Leftrightarrow$	$\lvert z\rvert\geq 2$	$\wedge\ z<0$
$\Leftrightarrow$	$0<z\leq 2$		$\Leftrightarrow$	$z\leq -2$	

$\mathbb{D}=\,]-\infty;-2]\cup\,]\,0;2]$ bezüglich z

$(*)=\sqrt{\dfrac{12{,}25(4-z^2)}{z^4\cdot z(a^2+4)}}=\dfrac{3{,}5}{z^2}\sqrt{\dfrac{4-z^2}{z(a^2+4)}}$

52. a) Beide Seiten der Gleichung sind positiv. Somit ist das Quadrieren eine äquivalente Umformung.

$$\sqrt{4+2\sqrt{3}}-\sqrt{4-2\sqrt{3}}=2 \Leftrightarrow (\sqrt{4+2\sqrt{3}}-\sqrt{4-2\sqrt{3}})^2=2^2$$

$$\Leftrightarrow 4+2\sqrt{3}-2\sqrt{(4+2\sqrt{3})(4-2\sqrt{3})}+4-2\sqrt{3}=4$$

$$\Leftrightarrow 8-2\sqrt{16-12}=4 \quad \Leftrightarrow \quad 8-2\sqrt{4}=4 \quad \Leftrightarrow \quad 8-2\cdot 2=4$$

b) Beide Seiten der Gleichung sind positiv. Die Gleichung ist richtig, wenn (nach Def. der Quadratwurzel) das Quadrat der rechten Seite gleich dem Radikanden links ist.

Beh.: $\sqrt{16-6\sqrt{7}}=3-\sqrt{7}$

Bew.: $(3-\sqrt{7})^2=9-6\sqrt{7}+(\sqrt{7})^2=9-6\sqrt{7}+7=16-6\sqrt{7}$

c) Beh.: $\sqrt{15+\sqrt{60}+\sqrt{84}+\sqrt{140}}=\sqrt{3}+\sqrt{5}+\sqrt{7}$

Siehe Vorbemerkung in b.

Wir wenden die trinomische Formel an:

$(a+b)+c^2=a^2+b^2+c^2+2ab+2ac+2bc$

$(\sqrt{3}+\sqrt{5}+\sqrt{7})^2=3+5+7+2\sqrt{15}+2\sqrt{21}+2\sqrt{35}$

$=15+\sqrt{60}+\sqrt{84}+\sqrt{140}=$ Radikand der linken Seite.

53. a) li. S. $=\sqrt{2\frac{2}{3}}=\sqrt{\frac{8}{3}}=\frac{\sqrt{8}}{\sqrt{3}}=\frac{2\sqrt{2}}{\sqrt{3}}=2\cdot\sqrt{\frac{2}{3}}=$ r. S.

li. S. $=\sqrt{3\frac{3}{8}}=\sqrt{\frac{27}{8}}=\frac{\sqrt{27}}{\sqrt{8}}=\frac{3\sqrt{3}}{\sqrt{8}}=3\cdot\sqrt{\frac{3}{8}}=$ r. S.

b) $\sqrt{4+\frac{4}{x}}=4\sqrt{\frac{4}{x}}$; beide Seiten pos., $\Leftrightarrow\ 4+\frac{4}{x}=16\cdot\frac{4}{x}$

$\Leftrightarrow 4x+4=64 \Leftrightarrow 4x=60 \Leftrightarrow x=15$

$\sqrt{4\frac{4}{15}}=4\sqrt{\frac{4}{15}}$

c) $\sqrt{n+\frac{n}{x}} = n\sqrt{\frac{n}{x}}$; $n \in \mathbb{N} \setminus \{1\}$

$\Leftrightarrow n+\frac{n}{x} = n^2 \cdot \frac{n}{x} \Leftrightarrow nx + n = n^3 \;|: n \neq 0 \quad x + 1 = n^2 \Leftrightarrow x = n^2 - 1$

54. a) $x^2 = 576$

1. Lösungsweg:

$\Leftrightarrow \quad x^2 - 576 = 0$

Wir wenden die binomische Formel $a^2 - b^2 = (a + b)(a - b)$ an:

$\Leftrightarrow \quad (x + 24) \cdot (x - 24) = 0$

$\Leftrightarrow \quad x = -24 \quad \vee \quad x = 24$

$L = \{24; -24\}$

2. Lösungsweg:

$\Leftrightarrow \quad |x| = 24$

$\Leftrightarrow \quad x = -24 \quad \vee \quad x = 24$

$L = \{24; -24\}$

b) $x^2 - 12{,}25 = 0$

$\Leftrightarrow \quad (x - 3{,}5) \cdot (x + 3{,}5) = 0$

$\Leftrightarrow \quad x = 3{,}5 \quad \vee \quad x = -3{,}5$

$L = \{3{,}5; -3{,}5\}$

c) $1{,}69x^2 = 27{,}04 \qquad |: 1{,}69$

$\Leftrightarrow \quad x^2 = \frac{27{,}04}{1{,}69}$

$\Leftrightarrow \quad x^2 = 16$

$\Leftrightarrow \quad |x| = 4$

$\Leftrightarrow \quad x = 4 \quad \vee \quad x = -4$

$L = \{4; -4\}$

d) $7{,}9x^2 + 561{,}69 = 0$

$\Leftrightarrow \quad 7{,}9x^2 = -561{,}69$

Da ein Quadrat niemals negativ ist, gilt

$L = \{\ \}$

55. a)

$$\frac{x^2}{50} = \frac{1}{8} \qquad |\cdot 50$$

$$\Leftrightarrow \quad x^2 = \frac{50}{8}$$

$$\Leftrightarrow \quad x^2 = \frac{25}{4}$$

$$\Leftrightarrow \quad |x| = \sqrt{\frac{25}{4}}$$

$$\Leftrightarrow \quad |x| = \frac{5}{2}$$

$$\Leftrightarrow \quad x = 2\frac{1}{2} \quad \vee \quad x = -2\frac{1}{2}$$

$$L = \left\{2\frac{1}{2}; -2\frac{1}{2}\right\}$$

b)

$$\frac{2{,}25\,x^2}{3} - \frac{3}{4} = 0$$

$$\Leftrightarrow \quad \frac{2{,}25\,x^2}{3} = \frac{3}{4}$$

$$\Leftrightarrow \quad x^2 = \frac{3 \cdot 3}{4 \cdot 2{,}25}$$

$$\Leftrightarrow \quad x^2 = 1$$

$$\Leftrightarrow \quad |x| = 1$$

$$\Leftrightarrow \quad x = 1 \quad \vee \quad x = -1$$

$$L = \{1; -1\}$$

c) $4x^2 - \frac{2}{5} = 25{,}2$

$\Leftrightarrow \quad 4x^2 = 25{,}2 + 0{,}4$

$\Leftrightarrow \quad 4x^2 = 25{,}6$

$\Leftrightarrow \quad x^2 = \frac{25{,}6}{4}$

$\Leftrightarrow \quad x^2 = 6{,}4$

$\Leftrightarrow \quad x^2 = \frac{64}{10}$

$\Leftrightarrow \quad |x| = \frac{8}{\sqrt{10}}$

Wir machen den Nenner rational:

$\Leftrightarrow \quad |x| = \frac{8\sqrt{10}}{\sqrt{10}\sqrt{10}} = \frac{8}{10}\sqrt{10} = \frac{4}{5}\sqrt{10}$

$\Leftrightarrow \quad x = \frac{4}{5}\sqrt{10} \quad \vee \quad x = -\frac{4}{5}\sqrt{10}$

$L = \left\{\frac{4}{5}\sqrt{10}; -\frac{4}{5}\sqrt{10}\right\}$

d) $\frac{7}{23}x^2 = 0$

$\Leftrightarrow \quad x = 0$

$L = \{\,0\}$

56. a) $\sqrt{20}\,x^2 + 4\sqrt{5} = \sqrt{125}$

$\Leftrightarrow \quad \sqrt{20}\,x^2 = 5\sqrt{5} - 4\sqrt{5}$

$\Leftrightarrow \quad \sqrt{20}\,x^2 = \sqrt{5}$

$\Leftrightarrow \quad x^2 = \dfrac{\sqrt{5}}{2\sqrt{5}}$

$\Leftrightarrow \quad x^2 = \dfrac{1}{2}$

$\Leftrightarrow \quad |x| = \dfrac{1}{\sqrt{2}} = \dfrac{\sqrt{2}}{\sqrt{2}\sqrt{2}} = \dfrac{\sqrt{2}}{2}$

$\Leftrightarrow \quad x = \dfrac{1}{2}\sqrt{2} \quad \vee \quad x = -\dfrac{1}{2}\sqrt{2}$

$L = \left\{\dfrac{1}{2}\sqrt{2}; -\dfrac{1}{2}\sqrt{2}\right\}$

b) $\dfrac{x^2}{\sqrt{6}} = \sqrt{18}$

$\Leftrightarrow \quad x^2 = \sqrt{18 \cdot 6}$

$\Leftrightarrow \quad x^2 = 6\sqrt{3}$

$\Leftrightarrow \quad |x| = \sqrt{6\sqrt{3}}$

$\Leftrightarrow \quad x = \sqrt{6\sqrt{3}} \quad \vee \quad x = -\sqrt{6\sqrt{3}}$

$L = \left\{\sqrt{6\sqrt{3}}; -\sqrt{6\sqrt{3}}\right\}$

57. Wir multiplizieren aus.

a) $(3x + 2) \cdot (4x - 5) = 290 - 7x$

$\Leftrightarrow \quad 12x^2 + 8x - 15x - 10 = 290 - 7x$

$\Leftrightarrow \quad 12x^2 - 7x = 300 - 7x$

$\Leftrightarrow \quad 12x^2 = 300$

$\Leftrightarrow \quad x^2 = 25$

$\Leftrightarrow \quad |x| = 5$

$\Leftrightarrow \quad x = 5 \quad \vee \quad x = -5$

$L = \{5; -5\}$

b) $(x-2)^2+4x=85$

$\Leftrightarrow\ x^2-4x+4+4x=85$

$\Leftrightarrow\ x^2=81$

$\Leftrightarrow\ |x|=9$

$\Leftrightarrow\ x=9 \quad \vee \quad x=-9$

$L=\{9;-9\}$

c) $(2x+2\sqrt{2})\cdot(x-\sqrt{2})=0$

1. Lösungsweg: Wir multiplizieren aus.

$\Leftrightarrow\ 2x^2+2\sqrt{2}\,x-2x\cdot\sqrt{2}-4=0$

$\Leftrightarrow\ 2x^2=4$

$\Leftrightarrow\ x^2=2$

$\Leftrightarrow\ |x|=\sqrt{2}$

$\Leftrightarrow\ x=\sqrt{2} \quad \vee \quad x=-\sqrt{2}$

$L=\left\{\sqrt{2};-\sqrt{2}\right\}$

2. Lösungsweg: Einer der beiden Faktoren muß null sein.

$\Leftrightarrow\ 2x+2\sqrt{2}=0 \quad \vee \quad x-\sqrt{2}=0$

$\Leftrightarrow\ 2x=-2\sqrt{2} \qquad \Leftrightarrow\ x=\sqrt{2}$

$\Leftrightarrow\ x=-\sqrt{2}$

$L=\left\{\sqrt{2};-\sqrt{2}\right\}$

58. a) $\frac{1}{12}x^2-5x=0$

$\Leftrightarrow\ x\cdot\left(\frac{1}{12}x-5\right)=0$

$\Leftrightarrow\ x=0 \quad \vee \quad \frac{1}{12}x-5=0$

$\Leftrightarrow\ x=60$

$L=\{0;60\}$

b) $0{,}24x^2 = 1{,}68x$

Wir bringen die Terme auf eine Seite und klammern x aus.

$\Leftrightarrow \quad 0{,}24x^2 - 1{,}68x = 0$

$\Leftrightarrow \quad x \cdot (0{,}24x - 1{,}68) = 0$

$\Leftrightarrow \quad x = 0 \quad \vee \quad 0{,}24x - 1{,}68 = 0$

$\Leftrightarrow \quad x = \frac{1{,}68}{0{,}24}$

$\Leftrightarrow \quad x = 7$

$L = \{0; 7\}$

c) $\sqrt{27}x^2 + \sqrt{3}x = 0$

$\Leftrightarrow \quad x \cdot (3\sqrt{3}x + \sqrt{3}) = 0$

$\Leftrightarrow \quad x = 0 \quad \vee \quad 3\sqrt{3}x + \sqrt{3} = 0$

$\Leftrightarrow \quad x = -\frac{1}{3}$

$L = \left\{0; -\frac{1}{3}\right\}$

d) $0{,}56x^2 - 0{,}32x = 4{,}72x$

$\Leftrightarrow \quad 0{,}56x^2 - 5{,}04x = 0$

$\Leftrightarrow \quad x \cdot (0{,}56x - 5{,}04) = 0$

$\Leftrightarrow \quad x = 0 \quad \vee \quad 0{,}56x - 5{,}04 = 0$

$\Leftrightarrow \quad x = 9$

$L = \{0; 9\}$

59. Für h = 0 gilt:

$0 = -5t^2 + 200t$

$\Leftrightarrow \quad 0 = t \cdot (-5t + 200)$

$\Leftrightarrow \quad t = 0 \vee \quad -5t + 200 = 0$

$\Leftrightarrow \quad -5t = -200$

$\Leftrightarrow \quad t = 40$

$L = \{0; 40\}$

Die Zeit t = 0(s) ist der Startzeitpunkt, zur Zeit t = 40(s) landet die Rakete wieder.

60. Wir multiplizieren aus.

a) $(2x + 7) \cdot (2x - 7) = 7 \cdot (x - 7)$

$\Leftrightarrow \quad 4x^2 - 49 = 7x - 49$

$\Leftrightarrow \quad 4x^2 - 7x = 0$

$\Leftrightarrow \quad x \cdot (4x - 7) = 0$

$\Leftrightarrow \quad x = 0 \quad \vee \quad 4x - 7 = 0$

$\Leftrightarrow \quad x = 1\frac{3}{4}$

$L = \left\{0; 1\frac{3}{4}\right\}$

b) $(\sqrt{5}x - 3) \cdot (\sqrt{5}x + 2) + 6 = 0$

$\Leftrightarrow \quad 5x^2 - 3\sqrt{5}x + 2\sqrt{5}x - 6 + 6 = 0$

$\Leftrightarrow \quad 5x^2 - \sqrt{5}x = 0$

$\Leftrightarrow \quad x \cdot (5x - \sqrt{5}) = 0$

$\Leftrightarrow \quad x = 0 \quad \vee \quad 5x - \sqrt{5} = 0$

$\Leftrightarrow \quad x = \frac{\sqrt{5}}{5}$

$L = \left\{0; \frac{\sqrt{5}}{5}\right\}$

c) $(\sqrt{3}x + 2)^2 = 4$

$\Leftrightarrow \quad 3x^2 + 4\sqrt{3}x + 4 = 4$

$\Leftrightarrow \quad x \cdot (3x + 4\sqrt{3}) = 0$

$\Leftrightarrow \quad x = 0 \quad \vee \quad 3x + 4\sqrt{3} = 0$

$\Leftrightarrow \quad x = -\frac{4\sqrt{3}}{3}$

$L = \left\{0; -\frac{4\sqrt{3}}{3}\right\}$

d) $(2x + 7) \cdot (5x - 10) = (7 - x) \cdot (2x - 10)$

$\Leftrightarrow\ 10x^2 - 20x + 35x - 70 = 14x - 70 - 2x^2 + 10x$

$\Leftrightarrow\ 12x^2 + 15x = 24x$

$\Leftrightarrow\ 12x^2 - 9x = 0$

$\Leftrightarrow\ x \cdot (12x - 9) = 0$

$\Leftrightarrow\ x = 0 \quad \vee \quad 12x - 9 = 0$

$\Leftrightarrow\ x = \frac{3}{4}$

$L = \left\{0; \frac{3}{4}\right\}$

61. a) $x^2 + 4x - 21 = 0$

$\Leftrightarrow\ x^2 + 2 \cdot 2 \cdot x + 2^2 - 4 - 21 = 0$

$\Leftrightarrow\ (x + 2)^2 = 25$

$\Leftrightarrow\ |x + 2| = 5$

$\Leftrightarrow\ x + 2 = 5 \quad \vee \quad -x - 2 = 5$

$\Leftrightarrow\ x = 3 \quad \vee \quad x = -7$

$L = \{-7; 3\}$

b) $x^2 + 8x + 12 = 0$

$\Leftrightarrow\ x^2 + 2 \cdot 4 \cdot x + 4^2 - 16 + 12 = 0$

$\Leftrightarrow\ (x + 4)^2 = 4$

$\Leftrightarrow\ |x + 4| = 2$

$\Leftrightarrow\ x + 4 = 2 \quad \vee \quad -x - 4 = 2$

$\Leftrightarrow\ x = -2 \quad \vee \quad x = -6$

$L = \{-6; -2\}$

c) $x^2 + 2{,}5x - 1{,}5 = 0$

$\Leftrightarrow\ x^2 + 2 \cdot 1{,}25 \cdot x + 1{,}25^2 - 1{,}5625 - 1{,}5 = 0$

$\Leftrightarrow\ (x + 1{,}25)^2 = 3{,}0625$

$\Leftrightarrow\ |x + 1{,}25| = 1{,}75$

$\Leftrightarrow\ x + 1{,}25 = 1{,}75 \quad \vee \quad -x - 1{,}25 = 1{,}75$

$\Leftrightarrow\ x = 1{,}75 - 1{,}25 \quad \vee \quad x = 1{,}75 + 1{,}25$

$\Leftrightarrow\ x = 1{,}75 - 1{,}25 \quad \vee \quad -x = 1{,}75 + 1{,}25$

$\Leftrightarrow\ x = 0{,}5 \quad \vee \quad x = -3$

$L = \{-3; 0{,}5\}$

d) $$x^2 - \frac{5}{4}x - \frac{3}{8} = 0$$

$$\Leftrightarrow \quad x^2 + 2 \cdot \frac{5}{8} \cdot x + \left(\frac{5}{8}\right)^2 - \frac{25}{64} - \frac{24}{64} = 0$$

$$\Leftrightarrow \quad \left(x - \frac{5}{8}\right)^2 = \frac{49}{64}$$

$$\Leftrightarrow \quad \left|x - \frac{5}{8}\right| = \frac{7}{8}$$

$$\Leftrightarrow \quad x - \frac{5}{8} = \frac{7}{8} \quad \vee \quad -x + \frac{5}{8} = \frac{7}{8}$$

$$\Leftrightarrow \quad x = \frac{7}{8} + \frac{5}{8} \quad \vee \quad -x = \frac{7}{8} - \frac{5}{8}$$

$$\Leftrightarrow \quad x = \frac{12}{8} \quad \vee \quad x = -\frac{2}{8}$$

$$\Leftrightarrow \quad x = 1\frac{1}{2} \quad \vee \quad x = -\frac{1}{4}$$

$$L = \left\{-\frac{1}{4}; 1\frac{1}{2}\right\}$$

e) $x^2 - \sqrt{5}x - 1 = 0$

$$\Leftrightarrow \quad x^2 - 2 \cdot \frac{\sqrt{5}}{2} \cdot x + \left(\frac{\sqrt{5}}{2}^2\right) - \frac{5}{4} - 1 = 0$$

$$\Leftrightarrow \quad \left(x - \frac{\sqrt{5}}{2}\right)^2 = \frac{9}{4}$$

$$\Leftrightarrow \quad \left|x - \frac{\sqrt{5}}{2}\right| = \frac{3}{2}$$

$$\Leftrightarrow \quad x-\frac{\sqrt{5}}{2}=\frac{3}{2} \quad \vee \quad -x+\frac{\sqrt{5}}{2}=\frac{3}{2}$$

$$\Leftrightarrow \quad x=\frac{\sqrt{5}+3}{2} \quad \vee \quad x=\frac{\sqrt{5}-3}{2}$$

$$L=\left\{\frac{\sqrt{5}+3}{2};\frac{\sqrt{5}-3}{2}\right\}$$

f) $$3x^2+5x+8\frac{5}{6}=0 \qquad |:3$$

$$\Leftrightarrow \quad x^2+\frac{5}{3}x+2\frac{17}{18}=0$$

$$\Leftrightarrow \quad x^2+2\cdot\frac{5}{6}\cdot x+\left(\frac{5}{6}\right)^2-\frac{25}{36}+2\frac{17}{18}=0$$

$$\Leftrightarrow \quad \left(x+\frac{5}{6}\right)^2=-2\frac{1}{4}$$

$$L=\{\ \}$$

g) $$2x^2+\sqrt{3}x-2=0 \qquad |:2$$

$$\Leftrightarrow \quad x^2+\frac{\sqrt{3}}{2}x-1=0$$

$$\Leftrightarrow \quad x^2+2\cdot\frac{\sqrt{3}}{4}\cdot x+\left(\frac{\sqrt{3}}{4}\right)^2-\frac{3}{16}-1=0$$

$$\Leftrightarrow \quad \left|x+\frac{\sqrt{3}}{4}\right|=\frac{\sqrt{19}}{4}$$

$$\Leftrightarrow \quad x+\frac{\sqrt{3}}{4}=\frac{\sqrt{19}}{4} \quad \vee \quad -x-\frac{\sqrt{3}}{4}=\frac{\sqrt{19}}{4}$$

$$\Leftrightarrow \quad x=\frac{\sqrt{19}-\sqrt{3}}{4} \quad \vee \quad x=\frac{-\sqrt{19}-\sqrt{3}}{4}$$

$$L=\left\{\frac{\sqrt{19}-\sqrt{3}}{4};\ \frac{-\sqrt{19}-\sqrt{3}}{4}\right\}$$

62. a) $x^2 + 2x - 24 = 0$

Wir ordnen zu: a = 1; b = 2; c = –24, berechnen die Diskriminante D

$D = b^2 - 4ac$

$D = 4 + 96 = 100 > 0$

und erhalten zwei Lösungen:

$$x = \frac{-b + \sqrt{D}}{2a} \quad \vee \quad x = \frac{-b - \sqrt{D}}{2a}$$

$$\Leftrightarrow \quad x = \frac{-2 + \sqrt{100}}{2} \quad \vee \quad x = \frac{-2 - \sqrt{100}}{2}$$

$$\Leftrightarrow \quad x = \frac{-2 + 10}{2} \quad \vee \quad x = \frac{-2 - 10}{2}$$

$$\Leftrightarrow \quad x = 4 \quad \vee \quad x = -6$$

$$L = \{-6; 4\}$$

b) $x^2 + 1{,}6x - 0{,}8 = 0$

Wir ordnen zu: a = 1; b = 1,6; c = –0,8; berechnen die Diskriminante D

$D = b^2 - 4ac$

$D = 2{,}56 + 3{,}2 = 5{,}76 > 0$

und erhalten zwei Lösungen

$$x = \frac{-b + \sqrt{D}}{2a} \quad \vee \quad x = \frac{-b - \sqrt{D}}{2a}$$

$$\Leftrightarrow \quad x = \frac{-1{,}6 + \sqrt{5{,}76}}{2} \quad \vee \quad x = \frac{-1{,}6 - \sqrt{5{,}76}}{2}$$

$$\Leftrightarrow \quad x = \frac{-1{,}6 + 2{,}4}{2} \quad \vee \quad x = \frac{-1{,}6 - 2{,}4}{2}$$

$$\Leftrightarrow \quad x = 0{,}4 \quad \vee \quad x = -2$$

$$L = \{-2; 0{,}4\}$$

c) $$x^2 + 6\frac{2}{3}x = 7\frac{2}{3}$$

$$\Leftrightarrow \quad x^2 + 6\frac{2}{3}x - 7\frac{2}{3} = 0$$

Wir stellen die Grundform her, ordnen zu:

$a = 1; b = 6\frac{2}{3}; c = -7\frac{2}{3};$ berechnen die Diskriminante D

$$D = b^2 - 4ac$$

$$D = \left(6\frac{2}{3}\right)^2 - 4 \cdot 1 \cdot \left(-7\frac{2}{3}\right)$$

$$= \left(\frac{20}{3}\right)^2 + 4 \cdot \frac{23}{3}$$

$$= \frac{400}{9} + \frac{92}{3} = 44\frac{4}{9} + 30\frac{2}{3}$$

$$= 44\frac{4}{9} + 30\frac{6}{9} = 75\frac{1}{9} > 0$$

und erhalten zwei Lösungen:

$$x = \frac{-b + \sqrt{D}}{2a} \quad \vee \quad x = \frac{-b - \sqrt{D}}{2a}$$

$$\Leftrightarrow \quad x = \frac{-6\frac{2}{3} + \sqrt{\frac{676}{9}}}{2} \quad \vee \quad x = \frac{-6\frac{2}{3} - \sqrt{\frac{676}{9}}}{2}$$

$$\Leftrightarrow \quad x = \frac{-6\frac{2}{3} + 8\frac{2}{3}}{2} \quad \vee \quad x = \frac{-6\frac{2}{3} - 8\frac{2}{3}}{2}$$

$$\Leftrightarrow \quad x = \frac{2}{2} \quad \vee \quad x = \frac{-15\frac{1}{3}}{2}$$

$$\Leftrightarrow \quad x = 1 \quad \vee \quad x = -7\frac{2}{3}$$

$$L = \left\{1; -7\frac{2}{3}\right\}$$

d) $\frac{2}{5}x^2 + \frac{1}{2}x + 7 = 0$

Wir ordnen zu: $a = \frac{2}{5}; b = \frac{1}{2}; c = 7$ und berechnen die Diskriminante D:

$D = b^2 - 4ac$

$D = \left(\frac{1}{2}\right)^2 - 4 \cdot \frac{2}{5} \cdot 7 = \frac{1}{4} - 11\frac{1}{5} < 0$

und erhalten keine relle Zahl als Lösung:
$L = \{\ \}$

e) $x^2 = 7\frac{1}{4}x + 6$

$\Leftrightarrow \quad x^2 - 7\frac{1}{4}x - 6 = 0$

Wir ordnen zu: $a = 1; b = -7\frac{1}{4}; c = -6$

$D = b^2 - 4ac$

$D = 52\frac{9}{16} + 24 = 76\frac{9}{16} > 0$

und erhalten zwei Lösungen:

$$x = \frac{-b + \sqrt{D}}{2a} \quad \vee \quad x = \frac{-b - \sqrt{D}}{2a}$$

$$\Leftrightarrow \quad x = \frac{7\frac{1}{4} + \sqrt{\frac{1225}{16}}}{2} \quad \vee \quad x = \frac{7\frac{1}{4} - \sqrt{\frac{1225}{16}}}{2}$$

$$\Leftrightarrow \quad x = \frac{7\frac{1}{4} + 8\frac{3}{4}}{2} \quad \vee \quad x = \frac{7\frac{1}{4} - 8\frac{3}{4}}{2}$$

$$\Leftrightarrow \quad x = \frac{16}{2} \quad \vee \quad x = \frac{-1\frac{1}{2}}{2}$$

$$\Leftrightarrow \quad x = 8 \quad \vee \quad x = -\frac{3}{4}$$

$$L = \left\{8; -\frac{3}{4}\right\}$$

f) $\sqrt{3}x^2 + 2x - \sqrt{3} = 0$

Wir ordnen zu: $a = \sqrt{3}$; $b = 2$; $c = -\sqrt{3}$ und berechnen die Diskriminante D:

$D = b^2 - 4ac$

$D = 4 + 4\sqrt{3} \cdot \sqrt{3} = 4 + 12 = 16 > 0$

und erhalten zwei Lösungen:

$$x = \frac{-b + \sqrt{D}}{2a} \quad \vee \quad x = \frac{-b - \sqrt{D}}{2a}$$

$$\Leftrightarrow \quad x = \frac{-2 + 4}{2\sqrt{3}} \quad \vee \quad x = \frac{-2 - 4}{2\sqrt{3}}$$

$$\Leftrightarrow \quad x = \frac{2}{2\sqrt{3}} \quad \vee \quad x = \frac{-6}{2\sqrt{3}}$$

$$\Leftrightarrow \quad x = \frac{1}{\sqrt{3}} \quad \vee \quad x = \frac{-3}{\sqrt{3}}$$

$$\Leftrightarrow \quad x = \frac{\sqrt{3}}{\sqrt{3} \cdot \sqrt{3}} \quad \vee \quad x = \frac{-3 \cdot \sqrt{3}}{\sqrt{3} \cdot \sqrt{3}}$$

$$\Leftrightarrow \quad x = \frac{\sqrt{3}}{3} \quad \vee \quad x = -\sqrt{3}$$

$$L = \left\{-\sqrt{3}; \frac{1}{3}\sqrt{3}\right\}$$

g) $11x^2 + 2x = 8x^2 + 9x - 2$

$\Leftrightarrow \quad 3x^2 - 7x + 2 = 0$

Wir ordnen zu: a = 3; b = –7; c = 2 und berechnen die Diskriminante D:

$D = b^2 - 4ac$

$D = 49 - 24 = 25 > 0$

und erhalten zwei Lösungen:

$$x = \frac{-b + \sqrt{D}}{2a} \quad \vee \quad x = \frac{-b - \sqrt{D}}{2a}$$

$$\Leftrightarrow \quad x = \frac{7 + \sqrt{25}}{2 \cdot 3} \quad \vee \quad x = \frac{7 - \sqrt{25}}{2 \cdot 3}$$

$$\Leftrightarrow \quad x = \frac{7 + 5}{6} \quad \vee \quad x = \frac{7 - 5}{6}$$

$$\Leftrightarrow \quad x = \frac{12}{6} \quad \vee \quad x = \frac{2}{6}$$

$$\Leftrightarrow \quad x = 2 \quad \vee \quad x = \frac{1}{3}$$

$$L = \left\{2; \frac{1}{3}\right\}$$

h) $(3x + 5)^2 - x(6x - 3) = 29x + 15$

Unter Verwendung der binomischen Formel $(a + b)^2 = a^2 + 2ab + b^2$ und durch Ausmultiplizieren erreichen wir die Grundform der Gleichung:

$9x^2 + 30x + 25 - 6x^2 + 3x = 29x + 15$

$3x^2 + 4x + 10 = 0$

Wir ordnen zu: a = 3; b = 4; c = 10, berechnen die Diskriminante D

$D = b^2 - 4ac$

$D = 16 - 120 < 0$

und erhalten keine reelle Zahl als Lösung:

$L = \{\ \}$

i) $(x + 2)^2 + (x - 1)^2 = -2(x - 1)(x + 1)$

Wir verwenden die binomischen Formeln

$(a + b)^2 = a^2 + 2ab + b^2$

$(a - b)^2 = a^2 - 2ab + b^2$

sowie

$(a + b)(a - b) = a^2 - b^2$:

$(x^2 + 4x + 4) + (x^2 - 2x + 1) = -2(x^2 - 1)$

$\Leftrightarrow \quad 2x^2 + 2x + 5 = -2x^2 + 2$

Wir ordnen zu: a = 4; b = 2; c = 3. Berechnen die Diskriminante D

$D = b^2 - 4ac$

$D = 2^2 - 4 \cdot 4 \cdot 3$

$= 4 - 48$

$= -44 < 0$

und erhalten keine reelle Lösung.

$L = \{\ \}$

63. a) $x^2 - 127{,}9x + 1\,343 = 0$

Wir ordnen zu: a = 1; b = 127,9; c = 1 343 und berechnen die Diskriminante D:

$D = b^2 - 4ac$

$D = 127{,}9^2 - 4 \cdot 1 \cdot 1\,343$

$= 10\,986{,}41 > 0$

Wir folgern daraus, daß die Gleichung zwei Lösungzahlen hat.

Am Taschenrechner geben wir die Zahl [127,9] ein, quadrieren mit [x^2], subtrahieren [4] [·] [1] [·] [1343] und erhalten mit [=] das Ergebnis 10 986,41. Mit der Taste [STO] bzw. [min] wird das Ergebnis im Taschenrechner gespeichert.

$$x = \frac{-b + \sqrt{D}}{2a} \quad \vee \quad x = \frac{-b - \sqrt{D}}{2a}$$

$$\Leftrightarrow \quad x = \frac{127{,}9 + \sqrt{10\,986{,}41}}{2} \quad \vee \quad x = \frac{127{,}9 - \sqrt{10\,986{,}41}}{2}$$

$$\Leftrightarrow \quad x = 116{,}36 \qquad x = 11{,}54$$

Zur Berechnung $\sqrt{D}$ verwenden wir die Taste $\boxed{\sqrt{}}$. Das Ergebnis runden wir auf 2 D. Bei einigen Taschenrechnern kann man mit der Einstellung $\boxed{\text{Fix, 2}}$ auch sofort das richtige gerundete Ergebnis erhalten.
L = {11,54; 116,36}

b) $\sqrt{2}x^2 - (2 - 2\sqrt{2})x + \frac{3}{\sqrt{2}} - 2 = 0$

Wir ordnen zu: $a = \sqrt{2}$; $b = -(2 - 2\sqrt{2})$; $c = \frac{3}{\sqrt{2}} - 2$ und berechnen die Diskriminante D mit dem Taschenrechner:

$$D = b^2 - 4ac$$
$$= (2 - 2\sqrt{2})^2 - 4 \cdot \sqrt{2} \cdot \left(\frac{3}{\sqrt{2}} - 2\right)$$
$$= -1{,}5 \cdot 10^{-11}$$

Dieses Ergebnis kann von Taschenrechner zu Taschenrechner unterschiedlich ausfallen (z. B. auch $-4{,}3 \cdot 10^{-10}$), was an der Rechengenauigkeit des Taschenrechners liegt.

Das exakte Ergebnis ist:

$$= 4 - 8\sqrt{2} + 8 - 12 + 8\sqrt{2}$$
$$= 0$$

Wir erhalten also eine Lösung.

$$x = -\frac{b}{2a}$$
$$x = \frac{2 - 2\sqrt{2}}{2 \cdot \sqrt{2}}$$
$$x = -0{,}29$$
$$L = \{-0{,}29\}$$

c) $1\,607x^2 + 2\,011x - 7\,516 = 0$

Wir ordnen zu: $a = 1\,607$; $b = 2\,011$; $c = -\,7\,516$ und berechnen die Diskriminante D:

$$D = b^2 - 4ac$$
$$D = 2\,011^2 - 4 \cdot 1\,607\,(-7\,516)$$
$$= 52\,356\,969 > 0$$

und erhalten zwei Lösungen:

$$x = \frac{-b + \sqrt{D}}{2a} \quad \vee \quad x = \frac{-b - \sqrt{D}}{2a}$$

$$x = \frac{-2\,011 + \sqrt{52\,356\,969}}{2 \cdot 1607} \quad \vee \quad x = \frac{-2\,011 - \sqrt{52\,356\,969}}{2 \cdot 1607}$$

$$x = 1{,}63 \quad \vee \quad x = -2{,}88$$

$L = \{1{,}63; -2{,}88\}$

d) $1{,}23 \cdot 10^4\, x^2 - 2{,}17 \cdot 10^5 x = 1$

$\Leftrightarrow\ 1{,}23 \cdot 10^4\, x^2 - 2{,}17 \cdot 10^5 x - 1 = 0$

Wir ordnen zu: $a = 1{,}23 \cdot 10^4$; $b = -2{,}17 \cdot 10^5$; $c = -1$ und berechnen mit dem Taschenrechner die Diskriminante D:

Bei der Eingabe der Zahl $1{,}23 \cdot 10^4$ gehen wir wie folgt vor:
Wir geben [1.23] ein, verwenden die Taste [EE] oder [EXP] (es erscheinen rechts oben in der Anzeige zwei kleine Nullen: [1.23⁰⁰]).
Dann geben wir die Zahl 4 ein. Die Anzeige lautet nun: [1.23⁰⁴], und bedeutet $1{,}23 \cdot 10^4$.

$D = (2{,}17 \cdot 10^5)^2 - 4 \cdot 1{,}23 \cdot 10^4 \cdot (-1)$
$\quad = 4{,}71 \cdot 10^{10} > 0$

Wir erhalten also zwei Lösungen.

Das Ergebnis wurde hier auf 2 Dezimale gerundet. Wenn dein Taschenrechner über die Einstellung [SCI, 3] verfügt, zeigt der Taschenrechner bei dieser Einstellung das Ergebnis $4{,}71 \cdot 10^{10}$ an.
Wir speichern diesen Wert mit [STO] bzw. [min] ab.

$$x = \frac{-b + \sqrt{D}}{2a} \quad \vee \quad x = \frac{-b - \sqrt{D}}{2a}$$

$$\Leftrightarrow \quad x = \frac{2{,}17 \cdot 10^5 + \sqrt{4{,}71 \cdot 10^{10}}}{2 \cdot 1{,}23 \cdot 10^4} \quad \vee \quad x = \frac{2{,}17 \cdot 10^5 - \sqrt{4{,}71 \cdot 10^{10}}}{2 \cdot 1{,}23 \cdot 10^4}$$

$$\Leftrightarrow \quad x = 17{,}64 \quad \vee \quad x = -4{,}61 \cdot 10^{-6}$$

$L = \{17{,}64; -4{,}61 \cdot 10^{-6}\}.$

64. $2(x-2)^2-4 = 4\sqrt{2}\ (x-2)$

$\Leftrightarrow \quad 2\cdot(x^2-4x+4)-4 = 4\sqrt{2}\cdot x-8\sqrt{2}$

$\Leftrightarrow \quad 2x^2-8x+8-4 = 4\sqrt{2}\cdot x-8\sqrt{2}$

$\Leftrightarrow \quad 2x^2-(8+4\sqrt{2})x+4+8\sqrt{2}=0$

Wir erkennen: $a = 2$; $b = -(8+4\sqrt{2})$; $c = 4+8\sqrt{2}$ und berechnen die Diskriminante D:

$D = b^2-4ac$

$D = (8+4\sqrt{2})^2-4\cdot 2\cdot(4+8\sqrt{2})$

$= 64+64\sqrt{2}+32-32-64\sqrt{2}$

$= 64\ (>0)$

und erhalten zwei Lösungszahlen:

$$x = \frac{-b+\sqrt{D}}{2a} \quad \vee \quad x = \frac{-b-\sqrt{D}}{2a}$$

$$\Leftrightarrow \quad x = \frac{8+4\sqrt{2}+\sqrt{64}}{2\cdot 2} \quad \vee \quad x = \frac{8+4\sqrt{2}-\sqrt{64}}{2\cdot 2}$$

$$\Leftrightarrow \quad x = \frac{16+4\sqrt{2}}{4} \quad \vee \quad x = \frac{4\sqrt{2}}{4}$$

$$\Leftrightarrow \quad x = \frac{4(4+\sqrt{2})}{4} \quad \vee \quad x = \sqrt{2}$$

$$\Leftrightarrow \quad x = 4+\sqrt{2}$$

$L = \{\sqrt{2}; 4+\sqrt{2}\}$

Probe für $4+\sqrt{2}$:

$2(4+\sqrt{2}-2)^2-4 = 4\sqrt{2}(4+\sqrt{2}-2)$ (w)

$\Leftrightarrow \quad 2\cdot(2+\sqrt{2})^2-4 = 4\sqrt{2}(2+\sqrt{2})$ (w)

$\Leftrightarrow \quad 8+8\sqrt{2}+4-4 = 8\sqrt{2}+8$ (w)

65. a) $x^2 + 4x + \lambda = 0$

Wir bestimmen die Diskriminante in Abhängigkeit von λ.
Mit $a = 1$; $b = 4$; $c = \lambda$ wird:

$D = b^2 - 4ac$
$D = 4^2 - 4 \cdot 1 \cdot \lambda$
$D = 16 - 4\lambda$
$D = 4(4 - \lambda)$

1. Fall: $D > 0$
$\Leftrightarrow \quad 4(4 - \lambda) > 0 \Leftrightarrow 4 - \lambda > 0 \Leftrightarrow \lambda < 4$

Für $\lambda < 4$ erhalten wir zwei Lösungen:

$$x = \frac{-b + \sqrt{D}}{2a} \quad \vee \quad x = \frac{-b - \sqrt{D}}{2a}$$

$$\Leftrightarrow \quad x = \frac{-4 + \sqrt{4(4 - \lambda)}}{2} \quad \vee \quad x = \frac{-4 - \sqrt{4(4 - \lambda)}}{2}$$

$$\Leftrightarrow \quad x = \frac{-4 + 2\sqrt{4 - \lambda}}{2} \quad \vee \quad x = \frac{-4 - 2\sqrt{4 - \lambda}}{2}$$

$$\Leftrightarrow \quad x = \frac{2(-2 + \sqrt{4 - \lambda})}{2} \quad \vee \quad x = \frac{2(-2 - \sqrt{4 - \lambda})}{2}$$

$$\Leftrightarrow \quad x = -2 + \sqrt{4 - \lambda} \quad \vee \quad x = -2 - \sqrt{4 - \lambda}$$

$L = \{-2 + \sqrt{4 - \lambda}; -2 - \sqrt{4 - \lambda}\}$

2. Fall: $D = 0$
$\Leftrightarrow \quad 4(4 - \lambda) = 0 \Leftrightarrow \lambda = 4$

Für $\lambda = 4$ erhalten wir eine Lösung.
In die Gleichung wird für $\lambda = 4$ gesetzt:

$$\begin{aligned} & x^2 + 4x + 4 = 0 \\ \Leftrightarrow \quad & (x + 2)^2 = 0 \\ \Leftrightarrow \quad & x + 2 = 0 \\ \Leftrightarrow \quad & x = -2 \end{aligned}$$

$L = \{-2\}$

3. Fall: $D < 0$
$\Leftrightarrow \quad 4 - \lambda < 0 \Leftrightarrow \lambda > 4$
Für $\lambda > 4$ erhalten wir keine reelle Lösung.

b) $10x^2 - \lambda^2 x - 2\lambda^4 = 0$

Wir ordnen zu: $a = 10$; $b = -\lambda^2$; $c = -2\lambda^4$ und berechnen die Diskriminante D in Abhängigkeit von λ:

$$D = b^2 - 4ac$$

$$\begin{aligned} D &= (-\lambda^2)^2 - 4 \cdot 10 \cdot (-2\lambda^4) \\ &= \lambda^4 + 80\lambda^4 \\ &= 81\lambda^4 \end{aligned}$$

1. Fall: $D = 0 \Leftrightarrow \lambda = 0$

Für $\lambda = 0$ erhalten wir eine Lösung.

Für $\lambda = 0$ wird aus der Gleichung:

$$\begin{aligned} & 10x^2 = 0 \\ \Leftrightarrow\quad & x^2 = 0 \\ \Leftrightarrow\quad & x = 0 \end{aligned}$$

$$L = \{0\}$$

2. Fall: $D > 0 \Leftrightarrow \lambda \neq 0$

Für $\lambda \neq 0$ erhalten wir zwei Lösungen.

$$x = \frac{-b + \sqrt{D}}{2a} \quad \vee \quad x = \frac{-b - \sqrt{D}}{2a}$$

$$x = \frac{\lambda^2 + \sqrt{81\lambda^4}}{20} \quad \vee \quad x = \frac{\lambda^2 - \sqrt{81\lambda^4}}{20}$$

$$x = \frac{\lambda^2 + 9\lambda^2}{20} \quad \vee \quad x = \frac{\lambda^2 - 9\lambda^2}{20}$$

$$x = \frac{10\lambda^2}{20} \quad \vee \quad x = \frac{-8\lambda^2}{20}$$

$$x = \frac{1}{2}\lambda^2 \quad \vee \quad x = -\frac{2}{5}\lambda^2$$

$$L = \left\{\frac{1}{2}\lambda^2; -\frac{2}{5}\lambda^2\right\}$$

c) $\lambda x^2 - \lambda^3 x + x - \lambda^2 = 0 \qquad (\lambda \neq 0)$

Wir bringen die Gleichung auf Normalform: $a = \lambda$; $b = (1 - \lambda^3)$; $c = -\lambda^2$

$\lambda x^2 + (1 - \lambda^3) \cdot x - \lambda^2 = 0$

$$D = b^2 - 4ac$$

$$\begin{aligned} D &= (1 - \lambda^3)^2 - 4 \cdot \lambda \cdot (-\lambda^2) \\ &= 1 - 2\lambda^3 + \lambda^6 + 4\lambda^3 \\ &= 1 + 2\lambda^3 + \lambda^6 \\ &= (1 + \lambda^3)^2 \end{aligned}$$

1. Fall: $D = 0$

$(1 + \lambda^3)^2 = 0 \Leftrightarrow 1 + \lambda^3 = 0 \Leftrightarrow \lambda = -1$

Wir erhalten für $\lambda = -1$ genau eine Lösung:

$$\begin{aligned} & -1 \cdot x^2 + 2x - (-1)^2 = 0 \\ \Leftrightarrow\ & -x^2 + 2x - 1 = 0 \\ \Leftrightarrow\ & x^2 - 2x + 1 = 0 \\ \Leftrightarrow\ & (x - 1)^2 = 0 \\ \Leftrightarrow\ & x = 1 \qquad\qquad L = \{1\} \end{aligned}$$

2. Fall: $D > 0 \Leftrightarrow \lambda \neq -1$

Für $\lambda \neq -1$ erhalten wir zwei Lösungen:

$$\begin{aligned} & x = \frac{-b + \sqrt{D}}{2a} && \vee \quad x = \frac{-b - \sqrt{D}}{2a} \\ \Leftrightarrow\ & x = \frac{-(1 - \lambda^3) + \sqrt{(1 + \lambda^3)^2}}{2\lambda} && \vee \quad x = \frac{-(1 - \lambda^3) - \sqrt{(1 + \lambda^3)^2}}{2\lambda} \\ \Leftrightarrow\ & x = \frac{-1 + \lambda^3 + |1 + \lambda^3|}{2\lambda} && \vee \quad x = \frac{-1 + \lambda^3 - |1 + \lambda^3|}{2\lambda} \end{aligned}$$

Mit der Fallunterscheidung

$$|1 + \lambda^3| = \begin{cases} 1 + \lambda^3 & \text{für } \lambda \geq -1 \\ -1 - \lambda^3 & \text{für } \lambda < -1 \end{cases}$$

können wir betragsfrei schreiben. Es gilt:

$\lambda > -1$:

$$\begin{aligned} & x = \frac{-1 + \lambda^3 + 1 + \lambda^3}{2\lambda} && \vee \quad x = \frac{-1 + \lambda^3 - (1 + \lambda^3)}{2\lambda} \\ \Leftrightarrow\ & x = \frac{2\lambda^3}{2\lambda} && \vee \quad x = \frac{-2}{2\lambda} \\ \Leftrightarrow\ & x = \lambda^2 && \vee \quad x = -\frac{1}{\lambda} \end{aligned}$$

$$L = \left\{\lambda^2; -\frac{1}{\lambda}\right\}$$

$\lambda < -1$:

$$\Leftrightarrow \quad x = \frac{-1+\lambda^3-1-\lambda^3}{2\lambda} \quad \vee \quad x = \frac{-1+\lambda^3-(-1-\lambda^3)}{2\lambda}$$

$$\Leftrightarrow \quad x = \frac{-2}{2\lambda} \quad \vee \quad x = \frac{2\lambda^3}{2\lambda}$$

$$\Leftrightarrow \quad x = -\frac{1}{\lambda} \quad \vee \quad x = \lambda^2$$

$$L = \left\{-\frac{1}{\lambda}; \lambda^2\right\}$$

Wir erkennen, dass für $\lambda \neq -1$ gilt:

$$L = \left\{\lambda^2; -\frac{1}{\lambda}\right\}$$

66. a) $x^2 + \lambda x + 3 - \lambda = 0$

Wir ordnen zu: $a = 1$; $b = \lambda$; $c = 3 - \lambda$, bestimmen die Diskriminante D:

$D = b^2 - 4ac$

$D = \lambda^2 - 4 \cdot 1\,(3 - \lambda)$

$\;\;\; = \lambda^2 - 12 + 4\lambda = 0$

und setzen sie null:

$$\lambda^2 + 4\lambda - 12 = 0$$

$$\Leftrightarrow \quad (\lambda + 6)(\lambda - 2) = 0$$

$$\Leftrightarrow \quad \lambda + 6 = 0 \quad \vee \quad \lambda - 2 = 0$$

$$\Leftrightarrow \quad \lambda = -6 \quad \vee \quad \lambda = 2$$

Ergebnis: Die Gleichung hat für $\lambda = -6 \vee \lambda = 2$ genau eine Lösung.

b) $(1-\lambda)x^2 + 6x - 3 = 0$

Wir ordnen zu: $a = 1 - \lambda$; $b = 6$; $c = -3$ und berechnen die Diskriminante D:

$$D = b^2 - 4ac$$

$$\begin{aligned} D &= 36 - 4(1-\lambda) \cdot (-3) \\ &= 36 + 12\,(1-\lambda) \\ &= 36 + 12 - 12\lambda \\ &= 48 - 12\lambda = 0 \end{aligned}$$

$\Leftrightarrow \quad 12\lambda = 48$

$\Leftrightarrow \quad \lambda = 4$

Ergebnis: Die Gleichung hat für $\lambda = 4$ genau eine Lösung.

c) $2x^2 + (\lambda + 8)x + \lambda + 24 = 0$

Wir ordnen zu: $a = 2$; $b = \lambda + 8$; $c = \lambda + 24$

$$\begin{aligned} D &= (\lambda + 8)^2 - 4 \cdot 2 \cdot (\lambda + 24) \\ &= \lambda^2 + 16\lambda + 64 - 8(\lambda + 24) \\ &= \lambda^2 + 16\lambda + 64 - 8\lambda - 192 \\ &= \lambda^2 + 8\lambda - 128 = 0 \end{aligned}$$

$\Leftrightarrow \quad (\lambda + 16)\,(\lambda - 8) = 0$

$\Leftrightarrow \quad \lambda + 16 = 0 \quad \vee \quad \lambda - 8 = 0$

$\Leftrightarrow \quad \lambda = -16 \quad \vee \quad \lambda = 8$

Ergebnis: Diese Gleichung hat genau eine Lösung für $\lambda = -16 \vee \lambda = 8$.

67. $2x^2 - 6kx + 8 = 0$

a) $D = b^2 - 4ac$

Wir ordnen zu: $a = 2$; $b = -6k$; $c = 8$ und berechnen die Diskriminante D:

$$\begin{aligned} D &= 36k^2 - 4 \cdot 2 \cdot 8 \\ &= 36k^2 - 64 \end{aligned}$$

1. Fall: $D > 0$

$$36k^2 - 64 > 0$$
$$36k^2 > 64$$
$$k^2 > \frac{64}{36}$$
$$|k| > \frac{8}{6}$$
$$|k| > \frac{4}{3}$$

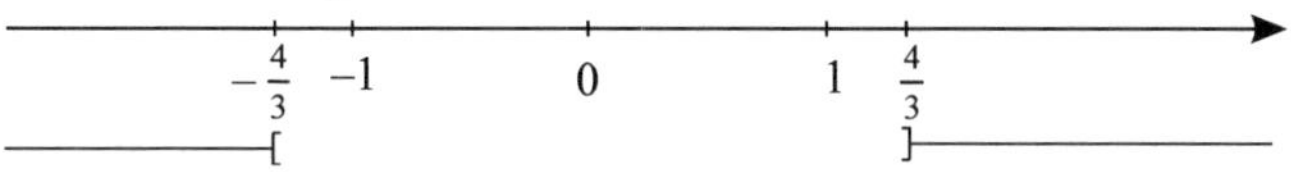

Bedeutet:

Für $k < -\frac{4}{3} \vee k > \frac{4}{3}$ erhalten wir zwei Lösungen.

$$x = \frac{-b + \sqrt{D}}{2a} \quad \vee \quad x = \frac{-b - \sqrt{D}}{2a}$$
$$\Leftrightarrow \quad x = -\frac{6k + \sqrt{36k^2 - 64}}{4} \quad \vee \quad x = -\frac{6k - \sqrt{36k^2 - 64}}{4}$$
$$\Leftrightarrow \quad x = \frac{6k + 2\sqrt{9k^2 - 16}}{4} \quad \vee \quad x = \frac{6k - 2\sqrt{9k^2 - 16}}{4}$$
$$\Leftrightarrow \quad x = \frac{3k + \sqrt{9k^2 - 16}}{2} \quad \vee \quad x = \frac{3k - \sqrt{9k^2 - 16}}{2}$$
$$L = \left\{ \frac{3k + \sqrt{9k^2 - 16}}{2} \quad \vee \quad x = \frac{3k - \sqrt{9k^2 - 16}}{2} \right\}$$

2. Fall: $D = 0 \quad \Leftrightarrow \quad k^2 = \frac{64}{36}$

$$\Leftrightarrow \quad k = \frac{4}{3} \quad \vee \quad k = -\frac{4}{3}$$

$\mathbf{k = \frac{4}{3}}$ in der Gleichung eingesetzt ergibt:

$$2x^2 - 8x + 8 = 0$$
$$\Leftrightarrow \quad 2(x^2 - 4x + 4) = 0$$
$$\Leftrightarrow \quad 2(x-2)^2 = 0$$
$$\Leftrightarrow \quad x = 2$$
$$L = \{2\}$$

$k = -\frac{4}{3}$ in der Gleichung eingesetzt führt zur Gleichung:

$$\begin{aligned} & 2x^2 + 8x + 8 = 0 \\ \Leftrightarrow\quad & 2(x+2)^2 = 0 \\ \Leftrightarrow\quad & x = -2 \end{aligned}$$

$L = \{-2\}$

3. Fall: $D < 0 \quad \Leftrightarrow \quad -\frac{4}{3} < k < \frac{4}{3}$

Für $k \in \left]-\frac{4}{3}; \frac{4}{3}\right[$ erhalten wir keine reelle Lösung.

$L = \{\ \}$.

b) Zwei zusammenfallende Lösungen erhalten wir für $D = 0$; vgl. 2. Fall.

68. $2x^2 + 4x + k - 2 = 0$

a) Für $k = -4$ heißt die Gleichung:

$$\begin{aligned} & 2x^2 + 4x - 4 - 2 = 0 \\ \Leftrightarrow\quad & 2x^2 + 4x - 6 = 0 \qquad |:2 \\ \Leftrightarrow\quad & x^2 + 2x - 3 = 0 \\ \Leftrightarrow\quad & (x+3)(x-1) = 0 \\ \Leftrightarrow\quad & x + 3 = 0 \quad \vee \quad x - 1 = 0 \\ \Leftrightarrow\quad & x = -3 \quad \vee \quad x = 1 \end{aligned}$$

$L = \{-3; 1\}$

Für $k = 2$ erhalten wir:

$$\begin{aligned} & 2x^2 + 4x + 2 - 2 = 0 \\ \Leftrightarrow\quad & 2x^2 + 4x = 0 \\ \Leftrightarrow\quad & 2x(x+2) = 0 \\ \Leftrightarrow\quad & 2x = 0 \quad \vee \quad x + 2 = 0 \\ \Leftrightarrow\quad & x = 0 \quad \vee \quad x = -2 \end{aligned}$$

$L = \{0; -2)$

b) Über die Anzahl der Lösungen entscheidet die Diskriminante
$D = b^2 - 4ac$.
Es gibt zwei Lösungen, wenn $D > 0$.
Der Gleichung $2x^2 + 4x + k - 2 = 0$ entnehmen wir:
$a = 2$; $b = 4$ und $c = k - 2$

$$\begin{aligned} D &= 4^2 - 4 \cdot 2 \cdot (k-2) \\ &= 16 - 8(k-2) \\ &= 16 - 8k + 16 \\ &= 32 - 8k \end{aligned}$$

$$\begin{aligned} & 32 - 8k > 0 \\ \Leftrightarrow \quad & 8(4-k) > 0 \\ \Leftrightarrow \quad & 4 - k > 0 \\ \Leftrightarrow \quad & k < 4 \end{aligned}$$

Für $k < 4$ gibt es zwei Lösungen.

Keine reelle Lösung erhalten wir für $D < 0$

$$\begin{aligned} & 32 - 8k < 0 \\ \Leftrightarrow \quad & k > 4 \end{aligned}$$

Für $k > 4$ gibt es keine reelle Lösung.

c) Die Gleichung hat die Lösungen

$$x = \frac{-b + \sqrt{D}}{2a} \quad \vee \quad x = \frac{-b - \sqrt{D}}{2a}$$

$$\Leftrightarrow \quad x = \frac{-4 + \sqrt{32 - 8k}}{4} \quad \vee \quad x = \frac{-4 - \sqrt{32 - 8k}}{4}$$

Wir bilden das Produkt der beiden Lösungen, wobei wir die binomische Formel $(a - b)(a + b) = a^2 - b^2$ verwenden:

$$\frac{-4+\sqrt{32-8k}}{4} \cdot \frac{-4-\sqrt{32-8k}}{4} =$$

$$= \frac{-(\sqrt{32-8k}-4)(\sqrt{32-8k}+4)}{16} =$$

$$= \frac{-(32-16-8k)}{16} = \frac{8k-16}{16} = \frac{8(k-2)}{16} = \frac{k-2}{2}$$

Dieser Wert soll „5“ sein. Also:

$$\frac{k-2}{2} = 5 \qquad |\cdot 2$$

$$\Leftrightarrow \quad k - 2 = 10$$

$$\Leftrightarrow \quad k = 12$$

Da $12 > 4$ folgt nach Teilaufgabe b, daß wir keinen Wert für k angeben können, für den das Produkt der Lösungen 5 ergibt.

Anmerkung:
Stellen wir die normierte Gleichung her, können wir die Aufgabe auch mit Hilfe des Satzes von Vieta lösen:

$$2x^2 + 4x + k - 2 = 0 \qquad |:2$$

$$\Leftrightarrow \quad x^2 + 2x + \frac{k-2}{2} = 0$$

Wir ordnen zu: $a = 1$; $b = 2$; $c = \frac{k-2}{2}$.

Bezeichnen wir die beiden Lösungen mit x_1 und x_2, so gilt:

$$x_1 \cdot x_2 = 5 = \frac{k-2}{2}$$

Also: $10 = k - 2$
$k = 12$ ...

d) Wir gehen von den beiden Lösungen

$$x = \frac{-b + \sqrt{D}}{2a} \quad \vee \quad x = \frac{-b - \sqrt{D}}{2a} \text{ aus.}$$

Dann gilt:

$$x = \frac{-4 + \sqrt{32 + 8k}}{4} = 1, \text{ also } -4 + \sqrt{32 - 8k} = 4$$

$$\Leftrightarrow \quad \sqrt{32 - 8k} = 8 \qquad \Rightarrow 32 - 8k = 64$$

$$\Leftrightarrow \quad 8k = -32$$

$$\Leftrightarrow \quad k = -4$$

Aus Teilaufgabe a wissen wir, daß zu $k = -4$ die Lösungsmenge $L = \{1; -3\}$ gehört.

Anmerkung:

Auch diese Teilaufgabe ist mit Hilfe des Satzes von Vieta (vgl. 3.6) lösbar:

Es gilt:

$x_1 \cdot x_2 = c,$ also $1 \cdot x_2 = \frac{k-2}{2}$

und

$-(x_1 + x_2) = b,$ also

$$\begin{aligned} & -(1 + x_2) = 2 \\ \Leftrightarrow\ & -1 - x_2 = 2 \\ \Leftrightarrow\ & x_2 = -3 \end{aligned}$$

Damit erhalten wir:

$$\begin{aligned} & 1 \cdot (-3) = \frac{k-2}{2} \\ \Leftrightarrow\ & -6 = k - 2 \\ \Leftrightarrow\ & k = -4 \end{aligned}$$

69. a) $x^2 - 2\lambda x + \mu x - 2\lambda\mu = 0$

Wir ordnen zu: $a = 1$; $b = \mu - 2\lambda$; $c = -2\lambda\mu$ und berechnen die Diskriminante D:

$$\begin{aligned} D &= b^2 - 4ac \\ D &= (\mu - 2\lambda)^2 - 4 \cdot 1 \cdot (-2\lambda\mu) \\ &= \mu^2 - 4\lambda\mu + 4\lambda^2 + 8\lambda\mu \\ &= \mu^2 + 4\lambda\mu + 4\lambda^2 \\ &= (\mu + 2\lambda)^2 \end{aligned}$$

1. Fall: $D > 0 \Leftrightarrow \mu + 2\lambda \neq 0$

$$x = \frac{-b + \sqrt{D}}{2a} \quad \vee \quad x = \frac{-b - \sqrt{D}}{2a}$$

$$\Leftrightarrow\ x = \frac{-(\mu - 2\lambda) + \sqrt{(\mu + 2\lambda)^2}}{2} \quad \vee \quad x = \frac{-(\mu - 2\lambda) - \sqrt{(\mu + 2\lambda)^2}}{2}$$

$$\Leftrightarrow\ x = \frac{-\mu + 2\lambda + |\mu + 2\lambda|}{2} \quad \vee \quad x = \frac{-\mu + 2\lambda - |\mu + 2\lambda|}{2}$$

Mit $|\mu + 2\lambda| = \begin{cases} \mu + 2\lambda & \text{für } \mu + 2\lambda \geq 0 \\ -\mu - 2\lambda & \text{für } \mu + 2\lambda < 0 \end{cases}$

können wir betragsfrei schreiben: ($\mu + 2\lambda = 0$ führt zu $D = 0$!)

$\mu + 2\lambda > 0$

$$x = \frac{-\mu + 2\lambda + \mu + 2\lambda}{2} \quad \vee \quad x = \frac{-\mu + 2\lambda - \mu - 2\lambda}{2}$$

$$\Leftrightarrow \quad x = \frac{4\lambda}{2} \quad \vee \quad x = \frac{-2\mu}{2}$$

$$\Leftrightarrow \quad x = 2\lambda \quad \vee \quad x = -\mu$$

$L = \{2\lambda; -\mu\}$ (für $\mu + 2\lambda > 0$)

$\mu + 2\lambda < 0$

$$x = \frac{-\mu + 2\lambda - \mu - 2\lambda}{2} \quad \vee \quad x = \frac{-\mu + 2\lambda + \mu + 2\lambda}{2}$$

$$\Leftrightarrow \quad x = -\mu \quad \vee \quad x = 2\lambda$$

Ergebnis: Für $\mu + 2\lambda \neq 0$ erhalten wir: $L = \{2\lambda, -\mu\}$.

2. Fall: $D = 0 \Leftrightarrow \mu + 2\lambda = 0 \Leftrightarrow \mu = -2\lambda$

Für $\mu = -2\lambda$ wird die Ausgangsgleichung zu:

$$x^2 - 2\lambda x - 2\lambda x - 2\lambda(-2\lambda) = 0$$

$$\Leftrightarrow \quad x^2 - 4\lambda x + 4\lambda^2 = 0$$

$$\Leftrightarrow \quad (x - 2\lambda)^2 = 0$$

$$\Leftrightarrow \quad x = 2\lambda$$

Ergebnis: Für $\mu = -2\lambda$ erhalten wir $L = \{2\lambda\}$

b) $x^2 - 2\lambda x + \lambda^2 - \mu^2 = 0$

Wir ordnen zu: $a = 1$; $b = -2\lambda$; $c = \lambda^2 - \mu^2$ und berechnen die Diskriminante D:

$$D = b^2 - 4ac$$

$$D = (-2\lambda)^2 - 4 \cdot 1 \cdot (\lambda^2 - \mu^2)$$

$$= 4\lambda^2 - 4\lambda^2 + 4\mu^2$$

$$= 4\mu^2$$

1. Fall: $D > 0 \Leftrightarrow 4\mu^2 > 0 \Leftrightarrow \mu \neq 0$

$$x = \frac{-b + \sqrt{D}}{2a} \quad \vee \quad x = \frac{-b - \sqrt{D}}{2a}$$

$$\Leftrightarrow \quad x = \frac{2\lambda + \sqrt{4\mu^2}}{2} \quad \vee \quad x = \frac{2\lambda - \sqrt{4\mu^2}}{2}$$

$$\Leftrightarrow \quad x = \frac{2\lambda + |2\mu|}{2} \quad \vee \quad x = \frac{2\lambda - |2\mu|}{2}$$

Für $\mu > \mathbf{0}$ können wir schreiben

$$x = \frac{2\lambda + 2\mu}{2} \quad \vee \quad x = \frac{2\lambda - 2\mu}{2}$$

$$\Leftrightarrow \quad x = \frac{2(\lambda + \mu)}{2} \quad \vee \quad x = \frac{2(\lambda - \mu)}{2}$$

$$\Leftrightarrow \quad x = \lambda + \mu \quad \vee \quad x = \lambda - \mu$$

Für $\mu < \mathbf{0}$ erhalten wir:

$$x = \frac{2\lambda - 2\mu}{2} \quad \vee \quad x = \frac{2\lambda + 2\mu}{2}$$

$$\Leftrightarrow \quad x = \lambda - \mu \quad \vee \quad x = \lambda + \mu$$

Ergebnis: Für $\mu \neq 0$ erhalten wir $L = \{\lambda + \mu, \lambda - \mu\}$.

2. Fall: $D = 0 \Leftrightarrow \mu = 0$

Für $\mu = 0$ lautet unsere Gleichung:

$$x^2 - 2\lambda x + \lambda^2 = 0$$

$$\Leftrightarrow \quad (x - \lambda)^2 = 0$$

$$\Leftrightarrow \quad x = \lambda$$

Ergebnis: Für $\mu = 0$ lautet die Lösungsmenge: $L = \{\lambda\}$

70. a) $c = x_1 \cdot x_2;\ c = 12 \cdot \frac{1}{4} \quad \Leftrightarrow \quad c = 3$

$b = -(x_1 + x_2) = -\left(12 + \frac{1}{4}\right) = -12\frac{1}{4}$

Ergebnis: $x^2 - 12\frac{1}{4}x + 3 = 0$

b) $c = x_1 \cdot x_2;\ c = (5 + \sqrt{20}) \cdot (5 - \sqrt{20}) \Leftrightarrow c = 25 - 20 \Leftrightarrow c = 5$

$b = -(x_1 + x_2) = -(5 + \sqrt{20} + 5 - \sqrt{20}) = -10$

Ergebnis: $x^2 - 10x + 5 = 0$

71. a) $c = x_1 \cdot x_2 \Leftrightarrow 4 = 2 \cdot x_2 \Leftrightarrow x_2 = 2$

$b = -(x_1 + x_2) = -(2 + 2) = -4$

Ergebnis: $x^2 - 4x + 4 = 0$ hat die Lösung $x = 2$

b) $b = -(x_1 + x_2)$; $\quad -11 = -(23 + x_1) \Leftrightarrow x_1 = -12$
$c = x_1 \cdot x_2$; $\quad c = 23 \cdot (-12) \Leftrightarrow x_2 = -276$
Ergebnis: $x^2 - 11x - 276 = 0$ hat die Lösungen $x = 23 \vee x = -12$

c) $b = -(x_1 + x_2)$; $\quad 4 = -(2 + \sqrt{2} + x_2) \Leftrightarrow x_2 = -6 - \sqrt{2}$
$c = x_1 \cdot x_2$; $\quad c = (2 + \sqrt{2})(-6 - \sqrt{2}) \Leftrightarrow$
$c = -12 - 6\sqrt{2} - 2\sqrt{2} - 2$
$\Leftrightarrow \quad c = -14 - 8\sqrt{2}$

Ergebnis:
$x^2 + 4 \cdot x - 14 - 8\sqrt{2} = 0$ hat die Lösungen $x = 2 + \sqrt{2} \vee x = -6 - \sqrt{2}$.

72. a) *1. Lösungsmethode:*
$c = x_1 \cdot x_2$; $\quad c = (-2) \cdot 1\frac{1}{3} \Leftrightarrow c = -\frac{2 \cdot 4}{3} \Leftrightarrow c = -\frac{8}{3} \Leftrightarrow c = -2\frac{2}{3}$
$b = -(x_1 + x_2)$; $\quad b = -\left(-2 + 1\frac{1}{3}\right) \Leftrightarrow b = -\left(-\frac{2}{3}\right) \Leftrightarrow b = \frac{2}{3}$
Ergebnis: $x_2 + \frac{2}{3}x - 2\frac{2}{3} = 0$

2. Lösungsmethode:
Eine normierte quadratische Gleichung mit den Lösungen $x = -2 \vee x = 1\frac{1}{3}$ setzt sich aus den Linearfaktoren $(x + 2)$ und $(x - 1\frac{1}{3})$ zusammen. Wir multiplizieren aus, fassen zusammen und erhalten das Ergebnis der ersten Methode.

$$(x + 2) \cdot \left(x - 1\frac{1}{3}\right) = 0$$
$$x^2 + 2x - 1\frac{1}{3}x - 2 \cdot 1\frac{1}{3} = 0$$
$$x^2 + \frac{2}{3}x - 2\frac{2}{3} = 0$$

b) Wir verwenden die zweite Lösungsmethode.
$$(x - \sqrt{2}) \cdot (x + 2\sqrt{3}) = 0$$
$$x^2 - \sqrt{2}x + 2\sqrt{3}x - 2\sqrt{2} \cdot \sqrt{3} = 0$$
$$x^2 + (2\sqrt{3} - \sqrt{2}) \cdot x - 2\sqrt{6} = 0$$

73. a)

$$
\begin{aligned}
& x^2 - x - 6 = 0 \\
\Leftrightarrow\ & (x+2)(x-3) = 0 \\
\Leftrightarrow\ & x+2 = 0 \quad \vee \quad x-3 = 0 \\
\Leftrightarrow\ & x = -2 \quad \vee \quad x = 3 \\
& L = \{-2; 3\}
\end{aligned}
$$

b)

$$
\begin{aligned}
& x^2 + 21x - 22 = 0 \\
\Leftrightarrow\ & (x+22)(x-1) = 0 \\
\Leftrightarrow\ & x+22 = 0 \quad \vee \quad x-1 = 0 \\
\Leftrightarrow\ & x = -22 \quad \vee \quad x = 1 \\
& L = \{22; 1\}
\end{aligned}
$$

c)

$$
\begin{aligned}
& x^2 - 9x + 18 = 0 \\
\Leftrightarrow\ & (x-3)(x-6) = 0 \\
\Leftrightarrow\ & x-3 = 0 \quad \vee \quad x-6 = 0 \\
\Leftrightarrow\ & x = 3 \quad \vee \quad x = 6 \\
& L = \{3; 6\}
\end{aligned}
$$

d)

$$
\begin{aligned}
& x^2 + 7x - 8 = 0 \\
\Leftrightarrow\ & (x+8)(x-1) = 0 \\
\Leftrightarrow\ & x+8 = 0 \quad \vee \quad x-1 = 0 \\
\Leftrightarrow\ & x = -8 \quad \vee \quad x = 1 \\
& L = \{-8; 1\}
\end{aligned}
$$

e)

$$
\begin{aligned}
& 2x^2 - 10x - 28 = 0 \qquad |:2 \\
& x^2 - 5x - 14 = 0 \\
\Leftrightarrow\ & (x-7)(x+2) = 0 \\
\Leftrightarrow\ & x-7 = 0 \quad \vee \quad x+2 = 0 \\
\Leftrightarrow\ & x = 7 \quad \vee \quad x = -2 \\
& L = \{7; -2\}
\end{aligned}
$$

Die faktorisierte Form lautet:
$2 \cdot (x-7)(x+2) = 0$

f) $3x^2 + 8x + 5 = 0 \qquad |:3$

$$x^2 + \frac{8}{3}x + \frac{5}{3} = 0$$

Dieser Gleichung können wir die Lösungen nicht so einfach entnehmen. Deswegen lösen wir zunächst mit Hilfe der Formel:

$$D = b^2 - 4ac$$

$$D = \left(\frac{8}{3}\right)^2 - 4 \cdot 1 \cdot \frac{5}{3}$$

$$= \frac{64}{9} - \frac{20}{3}$$

$$= \frac{64}{9} - \frac{60}{9} = \frac{4}{9}$$

Also:

$$x = \frac{-b + \sqrt{D}}{2a} \quad \vee \quad x = \frac{-b - \sqrt{D}}{2a}$$

$$\Leftrightarrow \quad x = \frac{-\frac{8}{3} + \sqrt{\frac{4}{9}}}{2} \quad \vee \quad x = \frac{-\frac{8}{3} - \sqrt{\frac{4}{9}}}{2}$$

$$\Leftrightarrow \quad x = \frac{-\frac{8}{3} + \frac{2}{3}}{2} \quad \vee \quad x = \frac{-\frac{8}{3} - \frac{2}{3}}{2}$$

$$\Leftrightarrow \quad x = \frac{-\frac{6}{3}}{2} \quad \vee \quad x = \frac{-\frac{10}{3}}{2}$$

$$\Leftrightarrow \quad x = -\frac{6}{6} \quad \vee \quad x = -\frac{10}{6}$$

$$\Leftrightarrow \quad x = -1 \quad \vee \quad x = -\frac{5}{3}$$

$$L = \left\{-1; -\frac{5}{3}\right\}$$

Die faktorisierte Form lautet:

$$3(x + 1) \cdot \left(x + \frac{5}{3}\right) = 0$$

g) $6x^2 + 4\sqrt{3} \cdot x + 6 = 0$

Wir wählen wieder den Lösungsweg der Aufgabe f und berechnen zunächst die Diskriminante D:

$$D = b^2 - 4ac$$

$$\begin{aligned} D &= (4\sqrt{3})^2 - 4 \cdot 6 \cdot 6 \\ &= 16 \cdot 3 - 144 \\ &= 48 - 144 < 0 \end{aligned}$$

Wir erhalten keine reelle Lösungszahl, also L = { }.

Die Gleichung ist somit nicht in Linearfaktoren zerlegbar.

h) $x^2 - \frac{1}{6}x - \frac{1}{6} = 0$

Probieren wir die einfachsten Möglichkeiten:

$$\left(-\frac{1}{2}\right) \cdot \frac{1}{3} = -\frac{1}{6} \qquad \text{oder} \qquad \frac{1}{2} \cdot \left(-\frac{1}{3}\right) = -\frac{1}{6}$$

$$-\left(\frac{1}{3} - \frac{1}{2}\right) = \qquad\qquad -\left(\frac{1}{2} - \frac{1}{3}\right) =$$

$$-\left(\frac{2}{6} - \frac{3}{6}\right) = \qquad\qquad -\left(\frac{3}{6} - \frac{2}{6}\right) =$$

$$-\left(-\frac{1}{6}\right) = \frac{1}{6} \qquad\qquad -\frac{1}{6}$$

Die zweite Möglichkeit liefert:

$\left(x + \frac{1}{3}\right)\left(x - \frac{1}{2}\right) = 0$ mit den Lösungen

$$x = -\frac{1}{3} \lor x = \frac{1}{2}$$

$$L = \left\{-\frac{1}{3}; \frac{1}{2}\right\}$$

74. a) $x - \frac{1}{x} = \frac{7}{12}$

Wir bestimmen $\mathbb{D}_{max}$:

$x = 0 \quad \Rightarrow \quad \mathbb{D}_{max} = \mathbb{R} \setminus \{0\}$

Der Hauptnenner lautet 12 · x, also

$$x - \frac{1}{x} = \frac{7}{12} \qquad | \cdot 12x$$

$$\Leftrightarrow \quad 12x^2 - \frac{12x}{x} = \frac{7 \cdot 12x}{12}$$

$$\Leftrightarrow \quad 12x^2 - 12 = 7x$$

$$\Leftrightarrow \quad 12x^2 - 7x - 12 = 0$$

Wir ordnen zu: a = 12; b = –7; c = –12, berechnen die Diskriminante D:

$D = b^2 - 4ac$

$D = (-7)^2 - 4 \cdot 12 \cdot (-12)$

$= 49 + 576$

$= 625$

und erhalten zwei Lösungen:

$$x = \frac{-b + \sqrt{D}}{2 \cdot a} \quad \vee \quad x = \frac{-b - \sqrt{D}}{2 \cdot a}$$

$$x = \frac{7 + \sqrt{625}}{2 \cdot 12} \quad \vee \quad x = \frac{7 - \sqrt{625}}{2 \cdot 12}$$

$$\Leftrightarrow \quad x = \frac{7 + 25}{24} \quad \vee \quad x = \frac{7 - 25}{24}$$

$$\Leftrightarrow \quad x = \frac{32}{24} \quad \vee \quad x = \frac{-18}{24}$$

$$\Leftrightarrow \quad x = 1\frac{1}{3} \quad \vee \quad x = -\frac{3}{4}$$

$$L = \left\{1\frac{1}{3}; -\frac{3}{4}\right\}$$

b) $x - \frac{10}{x} = 3$

$\mathbb{D}_{max} = \mathbb{R} \setminus \{0\}$; HN: = x

$$x - \frac{10}{x} = 3 \qquad | \cdot 3$$

$$\Leftrightarrow \quad x^2 - \frac{10 \cdot x}{x} = 3x$$

$$\Leftrightarrow \quad x^2 - 10 = 3 \cdot x$$

$$\Leftrightarrow \quad x^2 - 3x - 10 = 0$$

$$\Leftrightarrow \quad (x-5)(x+2) = 0$$

$$\Leftrightarrow \quad x - 5 = 0 \quad \vee \quad x + 2 = 0$$

$$\Leftrightarrow \quad x = 5 \quad \vee \quad x = -2$$

$L = \{5; -2\}$

c) $x - \frac{6}{x+1} = 4$

Wir bestimmen die maximale Definitionsmenge:

$x + 1 = 0 \quad \Leftrightarrow \quad x = -1$

Also: $\mathbb{D}_{max} = \mathbb{R} \setminus \{-1\}$

Der Hauptnenner lautet x + 1. Also:

$$x - \frac{6}{x+1} = 4 \qquad | \cdot x+1$$

$$\Leftrightarrow \quad x(x+1) - \frac{6 \cdot (x+1)}{x+1} = 4 \cdot (x+1)$$

$$\Leftrightarrow \quad x^2 + x - 6 = 4x + 4$$

$$\Leftrightarrow \quad x^2 + x - 6 - 4x - 4 = 0$$

$$\Leftrightarrow \quad x^2 - 3x - 10 = 0$$

$$\Leftrightarrow \quad (x-5) \cdot (x+2) = 0$$

$$\Leftrightarrow \quad x - 5 = 0 \quad \vee \quad x + 2 = 0$$

$$\Leftrightarrow \quad x = 5 \quad \vee \quad x = -2$$

$L = \{5; -2\}$

d) $9x - \frac{8}{x+1} = 62$

Wir haben wieder: $\mathbb{D}_{max} = \mathbb{R} \setminus \{-1\}$ und HN: x + 1. Also

$$9x - \frac{8}{x+1} = 62 \quad | \cdot(x+1)$$

$$\Leftrightarrow \quad 9x(x+1) - \frac{8(x+1)}{x+1} = 62(x+1)$$

$$\Leftrightarrow \quad 9x^2 + 9x - 8 = 62x + 62$$

$$\Leftrightarrow \quad 9x^2 + 9x - 62x - 8 - 62 = 0$$

$$\Leftrightarrow \quad 9x^2 - 53x - 70 = 0$$

Wir ordnen zu: a = 9; b = –53; c = –70, berechnen die Diskriminante D:

$D = b^2 - 4ac$

$D = (-53)^2 - 4 \cdot 9 \cdot (-70) = 2\,809 + 2\,520$

$= 5\,329 > 0$

und erhalten zwei relle Lösungen:

$$x = \frac{-b + \sqrt{D}}{2a} \quad \vee \quad x = \frac{-b - \sqrt{D}}{2a}$$

$$\Leftrightarrow \quad x = \frac{53 + \sqrt{5\,329}}{2 \cdot 9} \quad \vee \quad x = \frac{53 - \sqrt{5\,329}}{2 \cdot 9}$$

$$\Leftrightarrow \quad x = \frac{53 + 73}{18} \quad \vee \quad x = \frac{53 - 73}{18}$$

$$\Leftrightarrow \quad x = \frac{126}{18} \quad \vee \quad x = \frac{-20}{18}$$

$$\Leftrightarrow \quad x = 7 \quad \vee \quad x = -1\frac{1}{9}$$

$$L = \left\{7; -1\frac{1}{9}\right\}$$

e) $\frac{3}{x} - \frac{2}{x+1} = \frac{1}{2}$

Wir bestimmen die maximale Definitionsmenge:
Aus x = 0 und x + 1 = 0 ⇔ x = –1 folgt
$\mathbb{D}_{max} = \mathbb{R} \setminus \{0; -1\}$
Der Hauptnenner lautet: x · (x + 1) · 2

$$\frac{3}{x} - \frac{2}{x+1} = \frac{1}{2} \qquad |\cdot 2x(x+1)$$

$$\Leftrightarrow \quad \frac{3 \cdot 2 \cdot x \cdot (x+1)}{x} - \frac{2 \cdot 2 \cdot x(x+1)}{x+1} = \frac{2 \cdot x \cdot (x+1)}{2}$$

$$\Leftrightarrow \quad 6 \cdot (x+1) - 2 \cdot 2 \cdot x = x(x+1)$$

$$\Leftrightarrow \quad 6x + 6 - 4x = x^2 + x$$

$$\Leftrightarrow \quad 2x + 6 = x^2 + x$$

$$\Leftrightarrow \quad x^2 + x - 2x - 6 = 0$$

$$\Leftrightarrow \quad x^2 - x - 6 = 0$$

$$\Leftrightarrow \quad (x-3)(x+2) = 0$$

$$\Leftrightarrow \quad x - 3 = 0 \quad \vee \quad x + 2 = 0$$

$$\Leftrightarrow \quad x = 3 \quad \vee \quad x = -2$$

f) $\frac{2}{3x+1} + \frac{3}{2x-1} - \frac{4}{5} = 0$

Für die maximale Definitionsmenge erhalten wir mit

$$3x + 1 = 0 \quad \Leftrightarrow \quad 3x = -1 \quad \Leftrightarrow \quad x = -\frac{1}{3}$$

$$\wedge \quad 2x - 1 = 0 \quad \Leftrightarrow \quad 2x = 1 \quad \Leftrightarrow \quad x = \frac{1}{2}$$

$$\mathbb{D}_{max} = \mathbb{R} \setminus \left\{-\frac{1}{3}; \frac{1}{2}\right\}$$

Der Hauptnenner ist (3x + 1) (2x – 1) · 5.

Also:

$$\frac{2}{3x+1}+\frac{3}{2x-1}-\frac{4}{5}=0 \qquad |\cdot(3x+1)\cdot(2x-1)\cdot 5$$

$$\Leftrightarrow \quad \frac{2\cdot 5\cdot(3x+1)(2x-1)}{3x+1}+\frac{3\cdot 5\cdot(3x+1)(2x-1)}{2x-1}-$$

$$-\frac{4\cdot 5\cdot(3x+1)(2x-1)}{5}=0$$

$\Leftrightarrow \quad 10(2x-1)+15(3x+1)-4(3x+1)(2x-1)=0$

$\Leftrightarrow \quad 20x-10+45x+15-4(6x^2-3x+2x-1)=0$

$\Leftrightarrow \quad 65x+5-24x^2+4x+4=0$

$\Leftrightarrow \quad -24x^2+69x+9=0$

Wir ordnen zu: a = –24; b = 69; c = 9, berechnen die Diskriminante D:

$D = b^2-4ac$

$D = 69^2-4(-24)\cdot 9 = 4\,761+864 = 5\,625$

und erhalten zwei reelle Lösungen:

$$x=\frac{-b+\sqrt{D}}{2\cdot a} \quad \vee \quad x=\frac{-b-\sqrt{D}}{2\cdot a}$$

$$\Leftrightarrow \quad x=\frac{-69+\sqrt{5\,625}}{2\cdot(-24)} \quad \vee \quad x=\frac{-69-\sqrt{5\,625}}{2\cdot(-24)}$$

$$\Leftrightarrow \quad x=\frac{-69+75}{-48} \quad \vee \quad x=\frac{-69-75}{-48}$$

$$\Leftrightarrow \quad x=-\frac{6}{48} \quad \vee \quad x=\frac{-144}{-48}$$

$$\Leftrightarrow \quad x=-\frac{1}{8} \quad \vee \quad x=3$$

$$L=\left\{-\frac{1}{8};3\right\}$$

g) $\dfrac{3x^2 + 5x + 1}{x^2 + 2x + 3} = \dfrac{3}{2}$

Wir bestimmen die maximale Definitionsmenge:

$x^2 + 2x + 3 = 0$

$D = b^2 - 4ac$, mit $a = 1$, $b = 2$ und $c = 3$ gilt:

$D = 4 - 4 \cdot 1 \cdot 3 = 4 - 12 = -8 < 0$

Das bedeutet, daß der Nenner immer positiv ist.

Also: $\mathbb{D}_{max} = \mathbb{R}$.

Der Hauptnenner lautet: $(x^2 + 2x + 3) \cdot 2$

$$\frac{3x^2 + 5x + 1}{x^2 + 2x + 3} = \frac{3}{2} \qquad | \cdot 2(x^2 + 2x + 3)$$

$$\Leftrightarrow \quad \frac{(3x^2 + 5x + 1) \cdot 2 \cdot (x^2 + 2x + 3)}{x^2 + 2x + 3} = \frac{3 \cdot 2 \cdot (x^2 + 2x + 3)}{2}$$

$$\Leftrightarrow \quad 6x^2 + 10x + 2 = 3x^2 + 6x + 9$$

$$\Leftrightarrow \quad 3x^2 + 4x - 7 = 0$$

Wir ordnen zu: $a = 3$; $b = 4$; $c = -7$, berechnen die Diskriminante D:

$$D = b^2 - 4ac$$

$$D = 16 - 4 \cdot 3\,(-7)$$

$$= 16 + 84 = 100$$

und erhalten zwei reelle Lösungen:

$$x = \frac{-b + \sqrt{D}}{2 \cdot a} \quad \vee \quad x = \frac{-b - \sqrt{D}}{2a}$$

$$\Leftrightarrow \quad x = \frac{-4 + \sqrt{100}}{2 \cdot 3} \quad \vee \quad x = \frac{-4 - \sqrt{100}}{2 \cdot 3}$$

$$\Leftrightarrow \quad x = \frac{-4 + 10}{6} \quad \vee \quad x = \frac{-4 - 10}{6}$$

$$\Leftrightarrow \quad x = \frac{6}{6} \quad \vee \quad x = \frac{-14}{6}$$

$$\Leftrightarrow \quad x = 1 \quad \vee \quad x = -2\frac{1}{3}$$

$$L = \left\{1; -2\frac{1}{3}\right\}$$

h) $x = 1 + \frac{1}{x}$

Wir erkennen sofort: $\mathbb{D}_{max} = \mathbb{R} \setminus \{0\}$ und HN: x

$$x = 1 + \frac{1}{x} \qquad | \cdot x$$

$$\Leftrightarrow \quad x^2 = x + 1$$

$$\Leftrightarrow \quad x^2 - x - 1 = 0$$

Wir ordnen zu: a = 1; b = –1 und c = –1, berechnen die Diskriminante D:

$$D = b^2 - 4ac$$

$$D = (-1)^2 - 4 \cdot 1 \cdot (-1)$$

$$= 1 + 4 = 5$$

und erhalten zwei reelle Lösungen:

$$x = \frac{-b + \sqrt{D}}{2 \cdot a} \quad \vee \quad x = \frac{-b - \sqrt{D}}{2 \cdot a}$$

$$\Leftrightarrow \quad x = \frac{1 + \sqrt{5}}{2 \cdot 1} \quad \vee \quad x = \frac{1 - \sqrt{5}}{2 \cdot 1}$$

$$\Leftrightarrow \quad x = \frac{1 + \sqrt{5}}{2} \quad \vee \quad x = \frac{1 - \sqrt{5}}{2}$$

$$L = \left\{ \frac{1 + \sqrt{5}}{2}; \ \frac{1 - \sqrt{5}}{2} \right\}$$

i) $\frac{2x - 5}{2x + 5} - \frac{4}{4x^2 - 25} = 3 - \frac{2x + 5}{2x - 5}$

Wir bestimmen zunächst $\mathbb{D}_{max}$:

$$2x + 5 = 0 \quad \Leftrightarrow \quad 2x = -5 \quad \Leftrightarrow \quad x = -\frac{5}{2} \quad \Leftrightarrow \quad x = -2\frac{1}{2}$$

$$2x - 5 = 0 \quad \Leftrightarrow \quad 2x = 5 \quad \Leftrightarrow \quad x = \frac{5}{2} \quad \Leftrightarrow \quad x = 2\frac{1}{2}$$

$$4x^2 - 25 = 0 \quad \Leftrightarrow \quad (2x - 5)(2x + 5) = 0$$

$$\Leftrightarrow \quad x = 2\frac{1}{2} \quad \vee \quad x = -2\frac{1}{2}$$

Ergebnis: $\mathbb{D}_{max} = \mathbb{R} \setminus \left\{ -2\frac{1}{2}; \ 2\frac{1}{2} \right\}$

Als nächstes bestimmen wir den Hauptnenner:

$2x + 5 \quad = 2x + 5$
$4x^2 - 25 = (2x - 5) \cdot (2x + 5)$
$2x - 5 \quad = 2x - 5$

$HN = (2x + 5) \cdot (2x - 5)$
(Solltest du Probleme bei der Bestimmung des Hauptnenners haben, so findest du im Band „Mathematik Training, Algebra 8. Klasse“ Titel-Nr. 90012 Beispiele und Aufgaben zur weiteren Übung.)

$$\frac{2x-5}{2x+5} - \frac{4}{4x^2-25} = 3 - \frac{2x+5}{2x-5} \qquad |\cdot (2x+5)(2x-5)$$

$$\Leftrightarrow \quad (2x-5)^2 - 4 = 3(2x+5)(2x-5) - (2x+5)^2$$
$$\Leftrightarrow \quad 4x^2 - 20x + 25 - 4 = 3(4x^2 - 25) - (4x^2 + 20x + 25)$$
$$\Leftrightarrow \quad 4x^2 - 20x + 21 = 12x^2 - 75 - 4x^2 - 20x - 25$$
$$\Leftrightarrow \quad 4x^2 - 20x + 21 = 8x^2 - 20x - 100$$
$$\Leftrightarrow \quad 4x^2 - 121 = 0$$
$$\Leftrightarrow \quad (2x-11)(2x+11) = 0$$
$$\Leftrightarrow \quad 2x - 11 = 0 \quad \vee \quad 2x + 11 = 0$$
$$\Leftrightarrow \quad 2x = 11 \quad \vee \quad 2x = -11$$
$$\Leftrightarrow \quad x = \frac{11}{2} \quad \vee \quad x = -\frac{11}{2}$$
$$\Leftrightarrow \quad x = 5\frac{1}{2} \quad \vee \quad x = -5\frac{1}{2}$$

$$L = \left\{5\frac{1}{2}; -5\frac{1}{2}\right\}$$

75. a) $x^4 - 6x^2 - 55 = 0$
Wir setzen $z = x^2$; $z^2 = x^4$ und erhalten:
$z^2 - 6z - 55 = 0$
$\Leftrightarrow \quad (z + 5)(z - 11) = 0$
$\Leftrightarrow \quad z + 5 = 0 \quad \vee \quad z - 11 = 0$
$\Leftrightarrow \quad z = -5 \quad \vee \quad z = 11$
Wir machen unsere Substitution wieder rückgängig:
$x^2 = -5 \quad \vee \quad x^2 = 11$
Für die erste Gleichung $x^2 = -5$ erhalten wir $L_1 = \{ \}$.

Die zweite Gleichung bringt uns die Lösungen:

$$x^2 = 11$$
$$\Leftrightarrow \quad |x| = \sqrt{11}$$
$$\Leftrightarrow \quad x = \sqrt{11} \quad \vee \quad x = -\sqrt{11}$$
$$L_2 = \{\sqrt{11}; -\sqrt{11}\}$$

Ergebnis: $L = L_1 \cup L_2 = \{\sqrt{11}; -\sqrt{11}\}$

b) $(x^2 - 4)^2 + 8(x^2 - 4) - 9 = 0$

Wir wählen die Substitution $z := x^2 - 4$ und erhalten:

$$z^2 + 8z - 9 = 0$$
$$\Leftrightarrow \quad (z + 9)(z - 1) = 0$$
$$\Leftrightarrow \quad z + 9 = 0 \quad \vee \quad z - 1 = 0$$
$$\Leftrightarrow \quad z = -9 \quad \vee \quad z = 1$$

Setzen wir für z wieder $x^2 - 4$, so gilt:

$$x^2 - 4 = -9 \quad \vee \quad x^2 - 4 = 1$$
$$\Leftrightarrow \quad x^2 = -5 \quad \vee \quad x^2 = 5$$
$$\Leftrightarrow \quad |x| = \sqrt{5}$$
$$\Leftrightarrow \quad x = \sqrt{5} \quad \vee \quad x = -\sqrt{5}$$

$L_1 = \{\} \quad \vee \quad L_2\{\sqrt{5}; -\sqrt{5}\}$

Ergebnis: $L = L_1 \cup L_2 = \left\{\sqrt{5}; -\sqrt{5}\right\}$

c) Wir setzen $z := x^2$

$$x^4 + 41x^2 + 400 = 0$$
$$\Leftrightarrow \quad z^2 + 41z + 400 = 0$$
$$\Leftrightarrow \quad (z + 25)(z + 16) = 0$$
$$\Leftrightarrow \quad z + 25 = 0 \quad \vee \quad z + 16 = 0$$
$$\Leftrightarrow \quad z = -25 \quad \vee \quad z = -16$$
$$\Leftrightarrow \quad x^2 = -25 \quad \vee \quad x^2 = -16$$

$L_1 = \{ \ \} \qquad L_2 = \{ \ \}$

Ergebnis: $L = L_1 \cup L_2 = \{ \ \}$

d) Wir multiplizieren aus.

$(x^2 - 20)^2 = 11(3x^2 - 16)$

$\Leftrightarrow \quad x^4 - 40x^2 + 400 = 33x^2 - 176$

$\Leftrightarrow \quad x^4 - 33x^2 - 40x^2 + 400 + 176 = 0$

$\Leftrightarrow \quad x^4 - 73x^2 + 576 = 0$

Wir setzen $z := x^2$ und erhalten:

$\Leftrightarrow \quad z^2 - 73z + 576 = 0$

$\Leftrightarrow \quad (z - 9)(z - 64) = 0$

$\Leftrightarrow \quad z - 9 = 0 \quad \vee \quad z - 64 = 0$

$\Leftrightarrow \quad z = 9 \quad \vee \quad z = 64$

Wir machen die Substitution für z wieder rückgängig:

$\Leftrightarrow \quad x^2 = 9 \quad \vee \quad x^2 = 64$

$\Leftrightarrow \quad |x| = 3 \quad \vee \quad |x| = 8$

$\Leftrightarrow \quad x = 3 \vee x = -3 \quad \vee \quad x = 8 \vee x = -8$

$L_1 = \{3; -3\} \qquad L_2 = \{8; -8\}$

Ergebnis: $L = L_1 \cup L_2 = \{-8, -3, 3, 8\}$

e) $$0{,}5(x^2 - 0{,}25)^2 + \frac{3}{8} \cdot \left(x + \frac{1}{2}\right) \cdot \left(x - \frac{1}{2}\right) = -\frac{3}{16}$$

Es gilt $(x + \frac{1}{2}) \cdot (x - \frac{1}{2}) = x^2 - \frac{1}{4}$.

Somit bietet sich die Substitution an:

$$z := x^2 - \frac{1}{4} = x^2 - 0{,}25$$

Also:

$$\frac{1}{2} \cdot z^2 + \frac{3}{8} z = \frac{-3}{16}$$

$$\Leftrightarrow \quad \frac{1}{2} z^2 + \frac{3}{8} z + \frac{3}{16} = 0$$

Wir ordnen zu: $a = \frac{1}{2}$; $b = \frac{3}{8}$ und $c = \frac{3}{16}$, berechnen die Diskriminante D:

$$D = b^2 - 4ac$$

$$D = \left(\frac{3}{8}\right)^2 - 4 \cdot \frac{1}{2} \cdot \frac{3}{16} = \frac{9}{64} - \frac{6}{16} = \frac{9}{64} - \frac{24}{64} = -\frac{15}{64} < 0$$

und folgern daraus, daß die Gleichung $\frac{1}{2} z^2 + \frac{3}{8} z + \frac{3}{16} = 0$ und folglich auch die gegebene Gleichung keine reelle Lösungszahl hat.

Also: $L = \{\ \}$.

f) $x^6 - 7x^3 - 8 = 0$

Hier führt die Substitution $z := x^3$ zu

$z^2 - 7z - 8 = 0$

$\Leftrightarrow \quad (z - 8)(z + 1) = 0$

$\Leftrightarrow \quad z - 8 = 0 \quad \vee \quad x + 1 = 0$

$\Leftrightarrow \quad z = 8 \quad \vee \quad z = -1$

Wir machen die Substitution wieder rückgängig:

$\Leftrightarrow \quad x^3 = 8 \quad \vee \quad x^3 = -1$

$\Leftrightarrow \quad x = 2 \quad \vee \quad x = -1$

$L = \{2; -1\}$

76. a) $\dfrac{1}{x+2} + x + 2 = -2$

Für die maximale Definitionsmenge erhalten wir aus $x + 2 = 0 \Leftrightarrow x = -2$.

$\mathbb{D}_{max} = \mathbb{R} \setminus \{-2\}$

Wir verwenden nun die Substitution $z := x + 2$, wobei $x \neq -2 \Leftrightarrow z \neq 0$ gilt.

Wir erhalten dann die Gleichung:

$\dfrac{1}{z} + z = -2 \qquad | \cdot z$

$\Leftrightarrow \quad 1 + z^2 = -2z$

$\Leftrightarrow \quad z^2 + 2z + 1 = 0$

$\Leftrightarrow \quad (z + 1)^2 = 0$

$\Leftrightarrow \quad z = -1$

Nun müssen wir unsere Substitution wieder rückgängig machen:

$x + 2 = -1$

$\Leftrightarrow \quad x = -3$

Ergebnis: $L = \{-3\}$

b) $\left(\frac{1+x}{1-x}\right)^2 + \left(\frac{1+x}{1-x}\right) = 6$

Aus $1 - x = 0 \Leftrightarrow x = 1$ erhalten wir $\mathbb{D}_{max} = \mathbb{R} \setminus \{1\}$.

Als Substitution wählen wir:

$$z := \frac{1+x}{1-x}$$

Damit erhalten wir:

$$\begin{aligned} & z^2 + z = 6 \\ \Leftrightarrow\quad & z^2 + z - 6 = 0 \\ \Leftrightarrow\quad & (z+3)(z-2) = 0 \\ \Leftrightarrow\quad & x + 3 = 0 \quad \vee \quad z - 2 = 0 \\ \Leftrightarrow\quad & z = -3 \quad \vee \quad z = 2 \end{aligned}$$

Mit der verwendeten Substitution erhalten wir:

$$-3 = \frac{1+x}{1-x} \qquad \vee \qquad 2 = \frac{1+x}{1-x}$$

Wir multiplizieren jeweils auf beiden Seiten mit $1 - x$:

$$\begin{aligned} \Leftrightarrow\quad & -3(1-x) = 1 + x \quad \vee \quad 2(1-x) = 1 + x \\ \Leftrightarrow\quad & -3 + 3x = 1 + x \quad \vee \quad 2 - 2x = 1 + x \\ \Leftrightarrow\quad & 2x = 4 \quad \vee \quad 1 = 3x \\ \Leftrightarrow\quad & x = \frac{4}{2} \quad \vee \quad \frac{1}{3} = x \\ \Leftrightarrow\quad & x = 2 \quad \vee \quad x = \frac{1}{3} \end{aligned}$$

$$L = \left\{2; \frac{1}{3}\right\}$$

77. a) $x + \sqrt{x} = 30$

Zunächst haben wir $\mathbb{D}_{max}$ zu bestimmen:

$x \geq 0$ d. h.: $\mathbb{D}_{max} = \mathbb{R}_0^+$

Wir ordnen so um, daß der Term $\sqrt{x}$ isoliert an einer Seite steht und quadrieren:

$$\begin{aligned}
& x + \sqrt{x} = 30 \\
\Leftrightarrow\ & \sqrt{x} = 30 - x \qquad |^2 \\
& x = (30 - x)^2 \\
\Leftrightarrow\ & x = 900 - 60x + x^2 \\
\Leftrightarrow\ & x^2 - 61x + 900 = 0 \\
\Leftrightarrow\ & (x - 36)(x - 25) = 0 \\
\Leftrightarrow\ & x - 36 = 0 \quad \vee \quad x - 25 = 0 \\
\Leftrightarrow\ & x = 36 \quad \vee \quad x = 25
\end{aligned}$$

Wir entscheiden durch Probe, ob die erhaltenen Lösungen auch Lösungen der Wurzelgleichung sind.

Für $x = 36$ ($\in \mathbb{D}_{max}$) gilt:

$36 + \sqrt{36} = 36 + 6 = 42 \neq 30$ (f)

Für $x = 25$ ($\in \mathbb{D}_{max}$) gilt:

$25 + \sqrt{25} = 25 + 5 = 30$ (w)

Also: $L = \{25\}$.

b) $x - \sqrt{x + 4} = 8$

Der Ansatz $x + 4 \geq 0 \Leftrightarrow x \geq -4$ liefert uns: $\mathbb{D}_{max} = \{x \mid x \in \mathbb{R} \wedge x \geq -4\}$

Wir ordnen wieder und quadrieren.

$$\begin{aligned}
& x - \sqrt{x+4} = 8 \\
\Leftrightarrow\ & x - 8 = \sqrt{x+4} \qquad |^2 \\
& (x - 8)^2 = x + 4 \\
\Leftrightarrow\ & x^2 - 16x + 64 = x + 4 \\
\Leftrightarrow\ & x^2 - 17x + 60 = 0 \\
\Leftrightarrow\ & (x - 12)(x - 5) = 0 \\
\Leftrightarrow\ & x - 12 = 0 \quad \vee \quad x - 5 = 0 \\
\Leftrightarrow\ & x = 12 \quad \vee \quad x = 5
\end{aligned}$$

Probe:

Für x = 12($\in \mathbb{D}_{max}$) gilt:

$12 - \sqrt{12+4} = 12 - \sqrt{16} = 12 - 4 = 8$ (w)

Für x = 5($\in \mathbb{D}_{max}$) gilt:

$12 - \sqrt{5+4} = 12 - \sqrt{9} = 12 - 3 = 9 \neq 8$ (f)

Ergebnis: L = {12}.

c) $\sqrt{2x-1} + \sqrt{x-1} = \sqrt{5x}$

Die Gleichung ist definiert für

$$2x - 1 \geq 0 \quad \wedge \quad x - 1 \geq 0 \quad \wedge \quad 5x \geq 0$$

$$\Leftrightarrow \quad 2x \geq 1 \quad \wedge \quad x \geq 1 \quad \wedge \quad x \geq 0$$

$$\Leftrightarrow \quad x \geq \frac{1}{2} \quad \wedge \quad x \geq 1 \quad \wedge \quad x \geq 0$$

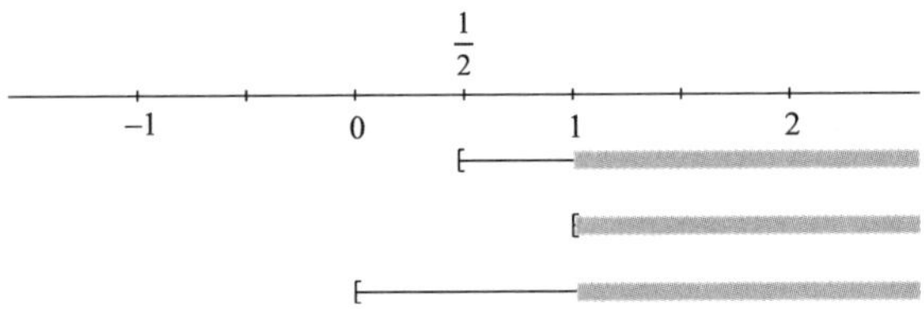

Also: $\mathbb{D}_{max} = [1; \infty]$

$$\sqrt{2x-1} + \sqrt{x-1} = \sqrt{5x}$$

$$\Leftrightarrow \quad \sqrt{2x-1} = \sqrt{5x} - \sqrt{x-1} \qquad |^2$$

$$(\sqrt{2x-1})^2 = (\sqrt{5x} - \sqrt{x-1})^2$$

$$\Leftrightarrow \quad 2x - 1 = 5x - 2 \cdot \sqrt{5x} \cdot \sqrt{x-1} + (x-1)$$

$$\Leftrightarrow \quad 2x - 1 = 5x + x - 1 - 2\sqrt{5x} \cdot \sqrt{x-1}$$

$$\Leftrightarrow \quad 2x - 1 = 6x - 1 - 2\sqrt{5x} \cdot \sqrt{x-1}$$

Wir isolieren den Term $2\sqrt{5x} \cdot \sqrt{x-1}$ und quadrieren noch einmal:

$$\Leftrightarrow \quad 2\sqrt{5x}\sqrt{x-1} = 4x \qquad |^2$$

$$4 \cdot 5x(x-1) = 16x^2$$

$$\Leftrightarrow \quad 20x^2 - 20x = 16x^2$$

$$\Leftrightarrow \quad 4x^2 - 20x = 0$$

$$\Leftrightarrow \quad 4x(x-5) = 0$$

$$\Leftrightarrow \quad 4x = 0 \quad \vee \quad x - 5 = 0$$

$$\Leftrightarrow \quad x = 0 \quad \vee \quad x = 5$$

Probe:
$x = 0 \notin \mathbb{D}_{max}$:
$x = 5 \in \mathbb{D}_{max}$:
linke Seite: $\sqrt{2 \cdot 5 - 1} + \sqrt{5 - 1} = \sqrt{10 - 1} + \sqrt{4} = \sqrt{9} + 2 = 3 + 2 = 5$
rechte Seite: $\sqrt{5 \cdot 5} = 5$

Ergebnis: $L = \{5\}$

d) $\sqrt{x} + \frac{1}{\sqrt{x}} = \frac{3}{\sqrt{2}}$

Für die maximale Definitionsmenge müssen wir $x > 0$ wählen, also:
$\mathbb{D}_{max} = \mathbb{R}^+$
Wir multiplizieren mit dem Hauptnenner.

$$\sqrt{x} + \frac{1}{\sqrt{x}} = \frac{3}{\sqrt{2}} \qquad | \cdot \sqrt{2} \cdot \sqrt{x}$$

$$\Leftrightarrow \quad \sqrt{x} \cdot \sqrt{2} \cdot \sqrt{x} + \frac{\sqrt{2} \cdot \sqrt{x}}{\sqrt{x}} = \frac{3 \cdot \sqrt{2} \cdot \sqrt{x}}{\sqrt{2}}$$

$$\Leftrightarrow \quad x \cdot \sqrt{2} + \sqrt{2} = 3 \cdot \sqrt{x} \qquad |^2$$

$$(x \cdot \sqrt{2} + \sqrt{2})^2 = (3\sqrt{x})^2$$

$$\Leftrightarrow \quad 2x^2 + 2x\sqrt{2} \cdot \sqrt{2} + 2 = 9x$$

$$\Leftrightarrow \quad 2x^2 + 4x + 2 = 9x$$

$$\Leftrightarrow \quad 2x^2 - 5x + 2 = 0$$

Wir ordnen zu $a = 2$; $b = -5$; $c = 2$ und berechnen die Diskriminante D:

$$\begin{aligned} D &= b^2 - 4ac \\ &= (-5)^2 - 4 \cdot 2 \cdot 2 \\ &= 25 - 16 \\ &= 9 \end{aligned}$$

und erhalten zwei reelle Lösungen:

$$x = \frac{-b + \sqrt{D}}{2a} \quad \vee \quad x = \frac{-b - \sqrt{D}}{2a}$$

$$\Leftrightarrow \quad x = \frac{5 + \sqrt{9}}{2 \cdot 2} \quad \vee \quad x = \frac{5 - \sqrt{9}}{2 \cdot 2}$$

$$\Leftrightarrow \quad x = \frac{5+3}{4} \quad \vee \quad x = \frac{5-3}{4}$$

$$\Leftrightarrow \quad x = \frac{8}{4} \quad \vee \quad x = \frac{2}{4}$$

$$\Leftrightarrow \quad x = 2 \quad \vee \quad x = \frac{1}{2}$$

Probe:

$x = 2 \in \mathbb{D}_{max}$:

$$\sqrt{2} + \frac{1}{\sqrt{2}} = \sqrt{2} + \frac{1 \cdot \sqrt{2}}{\sqrt{2} \cdot \sqrt{2}}$$

$$= \sqrt{2} + \frac{\sqrt{2}}{2} = \frac{2\sqrt{2}}{2} + \frac{\sqrt{2}}{2} = \frac{3\sqrt{2}}{2} = \frac{3}{\sqrt{2}} \quad \text{(w)}$$

$x = \frac{1}{2} \in \mathbb{D}_{max}$:

$$\sqrt{\frac{1}{2}} + \frac{1}{\sqrt{\frac{1}{2}}} = \frac{1}{\sqrt{2}} + \sqrt{\frac{1}{\frac{1}{2}}} = \frac{1 \cdot \sqrt{2}}{\sqrt{2} \cdot \sqrt{2}} + \sqrt{2} = \frac{\sqrt{2}}{2} + \sqrt{2} =$$

$$= \frac{3 \cdot \sqrt{2}}{2} = \frac{3}{\sqrt{2}} \quad \text{(w)}$$

Ergebnis: $L = \left\{2; \frac{1}{2}\right\}$

78. a) $\sqrt{\sqrt{x^2+2}} = x$

Die maximale Definitionsmenge können wir aus $x^2 + 2 \geq 0 \Leftrightarrow x^2 \geq -2$ zu $\mathbb{D}_{max} = \mathbb{R}$ bestimmen.

Wir quadrieren die Gleichung und erhalten:

$$\left(\sqrt{\sqrt{x^2+2}}\right)^2 = x^2$$

$$\sqrt{x^2+2} = x^2 \qquad |^2$$

$$x^2+2=(x^2)^2$$

$$x^2+2=x^4$$

$$x^4-x^2-2=0$$

Nun haben wir eine biquadratische Gleichung zu lösen:
Mit $z := x^2$ wird

$$z^2 - z - 2 = 0$$

$$\Leftrightarrow \quad (z-2)(z+1) = 0$$

$$\Leftrightarrow \quad z-2=0 \quad \vee \quad z+1=0$$

$$\Leftrightarrow \quad z=2 \quad \vee \quad z=-1$$

Setzen wir für z wieder x^2, erhalten wir:

$$x^2 = 2 \qquad \vee \quad x^2 = -1$$

$$|x| = \sqrt{2}$$

$$\Leftrightarrow \quad x = \sqrt{2} \quad \vee \quad x = -\sqrt{2}$$

Führen wir die Probe durch

$x = \sqrt{2}$ $\quad (\in \mathbb{D}_{max})$:

$$\sqrt{\sqrt{\sqrt{2}^2+2}} = \sqrt{\sqrt{2+2}} = \sqrt{\sqrt{4}} = \sqrt{2} = \sqrt{2} \qquad \text{(w)}$$

$x = -\sqrt{2}$ $\quad (\in \mathbb{D}_{max})$:

$$\sqrt{\sqrt{(-\sqrt{2})^2+2}} + \sqrt{\sqrt{2+2}} = \sqrt{\sqrt{4}} = \sqrt{2} \neq -\sqrt{2} \qquad \text{(f)}$$

Ergebnis: $L = \{\sqrt{2}\}$

b) $\sqrt{x + \sqrt{x}} = \sqrt{2}$

Für die maximale Definitonsmenge müssen wir $x \geq 0$ und $x + \sqrt{x} \geq 0$ erfüllen. Da für $x \geq 0$ auch $x + \sqrt{x} \geq 0$ (da $\sqrt{x} \geq 0$) gilt, ist $\mathbb{D}_{max} = \mathbb{R}_0^+$

$$\sqrt{x+\sqrt{x}} = \sqrt{2} \qquad |^2$$

$$x+\sqrt{x} = 2$$

Wir isolieren $\sqrt{x}$.

$\Leftrightarrow \quad \sqrt{x} = 2 - x \qquad |^2$

$\quad x = (2-x)^2$

$\Leftrightarrow \quad x = 4 - 4x + x^2$

$\Leftrightarrow \quad x^2 - 5x + 4 = 0$

$\Leftrightarrow \quad (x-4)(x-1) = 0$

$\Leftrightarrow \quad x - 4 = 0 \quad \vee \quad x - 1 = 0$

$\Leftrightarrow \quad x = 4 \quad \vee \quad x = 1$

Probe:

Für $x = 4$ ($\in \mathbb{D}_{max}$) erhalten wir:

$\sqrt{4+\sqrt{4}} = \sqrt{4+2} = \sqrt{6} \neq \sqrt{2}$ (f)

Für $x = 1$ ($\in \mathbb{D}_{max}$) gilt:

$\sqrt{1+\sqrt{1}} = \sqrt{1+1} = \sqrt{2} = \sqrt{2}$ (w)

Ergebnis: $L = \{1\}$

79. a) $x \cdot \sqrt{x^2 - 1} = 1 - x^2$

Wir bestimmen die maximale Definitionsmenge:

$x^2 - 1 \geq 0 \quad \Leftrightarrow \quad (x+1)(x-1) \geq 0$

$\Leftrightarrow \quad x + 1 \geq 0 \quad \wedge \quad x - 1 \geq 0$

$\vee \quad x + 1 \leq 0 \quad \wedge \quad x - 1 \leq 0$

$\Leftrightarrow \quad x \geq -1 \quad \wedge \quad x \geq 1$

$\vee \quad x \leq -1 \quad \wedge \quad x \leq 1$

Also: $\mathbb{D}_{max} =]-\infty; -1] \cup [1; \infty[$

Anmerkung: Zur Lösung quadratischer Ungleichungen kannst du auch im Kapitel 5 nachschlagen.

$$x \cdot \sqrt{x^2 - 1} = 1 - x^2 \qquad |^2$$
$$x^2(x^2 - 1) = (1 - x^2)^2$$
$$\Leftrightarrow \quad x^4 - x^2 = 1 - 2x^2 + x^4$$
$$\Leftrightarrow \quad x^2 - 1 = 0$$
$$\Leftrightarrow \quad (x-1)(x+1) = 0$$
$$\Leftrightarrow \quad x - 1 = 0 \quad \vee \quad x + 1 = 0$$
$$\Leftrightarrow \quad x = 1 \quad \vee \quad x = -1$$

Probe:

$x = 1 (\in \mathbb{D}_{max})$ liefert uns:

$1 \cdot \sqrt{1^2 - 1} = 1 \cdot \sqrt{0} = 0 = 1 - 1^2$ (w)

$x = -1 (\in \mathbb{D}_{max})$ ergibt:

$(-1) \cdot \sqrt{(-1)^2 - 1} = (-1) \cdot \sqrt{0} = 1 - (-1)^2 = 1 - 1 = 0$ (w)

Ergebnis: $L = \{1; -1\}$.

b) $\sqrt{6x + 4} \cdot \sqrt{2x - 11} = 3x - 6$

Für die Elemente der maximalen Definitionsmenge müssen wir

$$6x + 4 \geq 0 \quad \Leftrightarrow \quad 6x \geq -4 \quad \Leftrightarrow \quad x \geq -\frac{4}{6} \quad \Leftrightarrow \quad x \geq -\frac{2}{3}$$

und $2x - 11 \geq 0 \quad \Leftrightarrow \quad 2x \geq 11 \quad \Leftrightarrow \quad x \geq \frac{11}{2} \quad \Leftrightarrow \quad x \geq 5\frac{1}{2}$

berücksichtigen.

Also: $\mathbb{D}_{max} = \left[5\frac{1}{2}, \infty\right]$

$$\sqrt{6x+4} \cdot \sqrt{2x-11}) = 3x - 6 \quad |^2$$
$$\Rightarrow \quad (\sqrt{6x+4} \cdot \sqrt{2x-11})^2 = (3x-6)^2$$
$$\Rightarrow \quad (6x+4)(2x-11) = (3x-6)^2$$
$$\Leftrightarrow \quad 12x^2 - 66x + 8x - 44 = 9x^2 - 2 \cdot 3x \cdot 6 + 36$$
$$\Leftrightarrow \quad 3x^2 - 58x + 36x - 80 = 0$$
$$\Leftrightarrow \quad 3x^2 - 22x - 80 = 0$$

Wir verwenden die Lösungsformel: $a = 3$, $b = -22$, $c = -80$

$$D = b^2 - 4ac$$
$$D = (-22)^2 - 4 \cdot 3 \cdot (-80)$$
$$= 484 + 960$$
$$= 1\,444$$

$$x = \frac{-b+\sqrt{D}}{2a} \quad \vee \quad x = \frac{-b-\sqrt{D}}{2a}$$

$$\Leftrightarrow \quad x = \frac{+22+\sqrt{1\,444}}{2\cdot 3} \quad \vee \quad x = \frac{+22-\sqrt{1\,444}}{2\cdot 3}$$

$$\Leftrightarrow \quad x = \frac{22+38}{6} \quad \vee \quad x = \frac{22-38}{6}$$

$$\Leftrightarrow \quad x = \frac{60}{6} \quad \vee \quad x = \frac{-16}{6}$$

$$\Leftrightarrow \quad x = 10 \quad \vee \quad x = -2\frac{2}{3}$$

Für die 2. Lösung $x = -2\frac{2}{3}$ brauchen wir keine Probe durchzuführen, da $-2\frac{2}{3} \notin \mathbb{D}_{max}$.

Für x = 10 erhalten wir:

linke Seite: $\sqrt{6\cdot 10+4}\cdot\sqrt{2\cdot 10-11} = \sqrt{60+4}\cdot\sqrt{20-11}$
$= \sqrt{64}\cdot\sqrt{9} = 8\cdot 3 = 24$

rechte Seite: $3\cdot 10-6 = 30-6 = 24$

$\}$ $24 = 24$

Ergebnis: L = {10}

c) $\sqrt{x^2-2x+1}+\sqrt{x^2+4x+4} = 3$

Für die maximale Definitionsmenge müssen

$$x^2-2x+1 \geq 0 \quad \wedge \quad x^2+4x+4 \geq 0 \quad \text{gelten.}$$

$$\Leftrightarrow \quad (x-1)^2 \geq 0 \quad \wedge \quad (x+2)^2 \geq 0$$

Da beide Terme Quadrate sind gilt: $\mathbb{D}_{max} = \mathbb{R}$.

Bei dieser Gleichung können wir beide Wurzelterme durch Radizieren beseitigen:

$$\sqrt{(x-1)^2} + \sqrt{(x+2)^2} = 3$$

$$|x-1| + |x+2| = 3$$

Nun müssen wir unterscheiden:

$$|x-1| = \begin{cases} x-1 & \text{für } x \geq 1 \\ -x+1 & \text{für } x < 1 \end{cases} \quad \text{und}$$

$$|x+2| = \begin{cases} x+2 & \text{für } x \geq -2 \\ -x-2 & \text{für } x < -2 \end{cases}$$

Wir erhalten also folgende Terme:

Für	$]-\infty, -2[$	$[-2; 1[$	$[1; \infty[$
$\lvert x-1 \rvert$:	$-x+1$	$-x+1$	$x-1$
$\lvert x+2 \rvert$:	$-x-2$	$x+2$	$x+2$

1. Fall: $x \in]-\infty ; -2[$

$$\begin{aligned} & \lvert x-1 \rvert + \lvert x+2 \rvert = 3 \\ \Leftrightarrow\ & -x+1+(-x-2)=3 \\ \Leftrightarrow\ & -x+1-x-2=3 \\ \Leftrightarrow\ & -2x-1=3 \\ \Leftrightarrow\ & -2x=4 \\ \Leftrightarrow\ & x=-2 \quad (\notin]-\infty; -2[\,) \qquad \text{also: } L_1 = \{\ \} \end{aligned}$$

2. Fall: $x \in [-2; 1[$

$$\begin{aligned} & \lvert x-1 \rvert + \lvert x+2 \rvert = 3 \\ \Leftrightarrow\ & -x+1+x+2=3 \\ \Leftrightarrow\ & 3=3 \end{aligned}$$

Also: $L_2 = [-2; 1[$

3. Fall: $x \in]1; \infty[$

$$\begin{aligned} & \lvert x-1 \rvert + \lvert x+2 \rvert = 3 \\ \Leftrightarrow\ & x-1+x+2=3 \\ \Leftrightarrow\ & 2x+1=3 \\ \Leftrightarrow\ & 2x=2 \\ \Leftrightarrow\ & x=1 \quad \Rightarrow \quad L_3 = \{1\} \end{aligned}$$

Ergebnis: $L = L_1 \cup L_2 \cup L_3 = [-2; 1]$

d) $x+6+\sqrt{x^2-12x+36}=9$

$\Leftrightarrow \quad x+6+\sqrt{(x-6)^2}=9$

Wir erkennen wieder: $\mathbb{D} = \mathbb{R}$, da $(x-6)^2 \geq 0$ für alle $x \in \mathbb{R}$.

$\Leftrightarrow \quad x+6+\lvert x-6 \rvert = 9$

Für $\lvert x-6 \rvert$ gilt:

$$\lvert x-6 \rvert = \begin{cases} x-6 & \text{für } x \geq 6 \\ -x+6 & \text{für } x < 6 \end{cases}$$

Wir führen folgende Fallunterscheidung durch:

1. Fall: $x \geq 6$:

$$x + 6 + |x - 6| = 9$$
$$\Leftrightarrow \quad x + 6 + x - 6 = 9$$
$$2x = 9$$
$$x = 4\frac{1}{2} \quad (<6)$$

also: $L_1 = \{\ \}$

2. Fall: $x < 6$:

$$x + 6 + |x - 6| = 9$$
$$\Leftrightarrow \quad x + 6 + (-x + 6) = 9$$
$$\Leftrightarrow \quad x + 6 - x + 6 = 9$$
$$\Leftrightarrow \quad 12 = 9 \quad \text{(f)}$$

also: $L_2 = \{\ \}$

Ergebnis: $L = \{\ \}$.

80. $x + 4\sqrt{x} - 21 = 0$

$\mathbb{D}_{max} = \mathbb{R}_0^+$

Wir setzen: $z := \sqrt{x}$ und erhalten:

$$z^2 + 4 \cdot z - 21 = 0$$
$$\Leftrightarrow \quad (z + 7)(z - 3) = 0$$
$$\Leftrightarrow \quad z + 7 = 0 \quad \vee \quad z - 3 = 0$$
$$\Leftrightarrow \quad z = -7 \quad \vee \quad z = 3$$

Setzen wir für z wieder $\sqrt{x}$ ein, gilt:

$\sqrt{x} = -7 \quad \vee \quad \sqrt{x} = 3$

nicht erfüllbar,

da $\sqrt{x} \geq 0 \quad \Leftrightarrow \quad x = 9$

Probe:

$$9 + 4\sqrt{9} - 21 = 0 \quad \text{(w)}$$
$$\Leftrightarrow \quad 9 + 12 - 21 = 0 \quad \text{(w)}$$

Ergebnis: $L = \{9\}$

81. a) $\frac{1}{x}+\frac{1}{\sqrt{x}}=\frac{3}{4}$

Für die maximale Definitionsmenge gilt:

$x \neq 0 \quad \wedge \quad x > 0$

Also: $\mathbb{D}_{max} = \mathbb{R}^+$

Setzen wir für $\frac{1}{\sqrt{x}} =: z$; so ist $z^2 = \left(\frac{1}{\sqrt{x}}\right)^2 = \frac{1}{x}$.

Damit wird unsere Gleichung zu:

$$z^2 + z = \frac{3}{4}$$

$$\Leftrightarrow \quad z^2 + z - \frac{3}{4} = 0$$

$$\Leftrightarrow \quad \left(z+\frac{3}{2}\right)\cdot\left(z-\frac{1}{2}\right)=0$$

$$\Leftrightarrow \quad z = -\frac{3}{2} \vee z = \frac{1}{2}$$

Setzen wir für z wieder $\frac{1}{\sqrt{x}}$ ein, so erhalten wir:

$\frac{1}{\sqrt{x}} = -\frac{3}{2}$ $\quad \vee \quad$ $\frac{1}{\sqrt{x}} = \frac{1}{2}$

führt zu keiner Lösung, da $\frac{1}{\sqrt{x}}>0$

$\Leftrightarrow \sqrt{x} = 2$

$\Leftrightarrow x = 4$

Probe:

$$\frac{1}{4}+\frac{1}{\sqrt{4}}=\frac{3}{4} \quad (w)$$

$$\Leftrightarrow \quad \frac{1}{4}+\frac{1}{2}=\frac{3}{4} \quad (w)$$

Ergebnis: $L = \{4\}$

b) $\frac{2}{\sqrt{3x-5}} + 3\cdot\sqrt{3x-5} - 4 = \sqrt{3x-5}$

Da der Term $3x - 5$ unter der Wurzel und im Nenner auftritt, gilt:

$3x - 5 > 0 \Leftrightarrow 3x > 5 \Leftrightarrow x > \frac{5}{3} \Leftrightarrow x > 1\frac{2}{3}$.

Also: $\mathbb{D}_{max} = \left]1\frac{2}{3};\infty\right[$.

Wir wählen die Substitution z: = $\sqrt{3x-5}$ und erhalten:

$$\frac{2}{z} + 3 \cdot z - 4 = z$$

$$\Leftrightarrow \quad \frac{2}{z} + 2 \cdot z - 4 = 0 \qquad |\cdot z$$

$$\Leftrightarrow \quad 2 + 2z^2 - 4z = 0$$

$$\Leftrightarrow \quad 2z^2 - 4z + 2 = 0 \qquad |:2$$

$$\Leftrightarrow \quad z^2 - 2z + 1 = 0$$

$$\Leftrightarrow \quad (z-1)^2 = 0$$

$$\Leftrightarrow \quad z = 1$$

Damit ist

$$3x - 5 = 1$$

$$\Leftrightarrow \quad 3x = 6$$

$$\Leftrightarrow \quad x = 2$$

Ergebnis: L = {2}

Anmerkung: Da wir ausschließlich Äquivalenzumformungen durchgeführt haben, können wir auf die Probe verzichten.

c) $\dfrac{1}{\sqrt{2x-1}} + \dfrac{3}{2x-1} = \dfrac{5}{2+\sqrt{2x-1}}$

Wir bestimmen zunächst die maximale Definitionsmenge. Es muß gelten:

$2x - 1 > 0 \wedge 2x - 1 \neq 0 \wedge 2 + \sqrt{2x-1} \neq 0$

Da $\sqrt{2x-1} \geq 0$, sofern die Wurzel definiert ist, ist auch

$2 + \sqrt{2x-1} \geq 2 \neq 0$.

Für $2x - 1 > 0 \Leftrightarrow 2x > 1 \Leftrightarrow x > \frac{1}{2}$ ist auch $2x - 1 \neq 0$.

Also:

$\mathbb{D}_{max} = \left[\frac{1}{2};\infty\right]$

Wir setzen $z := \sqrt{2x-1}$; $z^2 = 2x - 1$ und können schreiben:

$$\frac{1}{z} + \frac{3}{z^2} = \frac{5}{2+z}$$

Wir multiplizieren mit dem Hauptnenner $z^2 \cdot (2 + z)$:

$$\frac{z^2(2+z)}{z} + \frac{3 \cdot z^2(2+z)}{z^2} = \frac{5 \cdot z^2(2+z)}{2+z}$$

$$\Leftrightarrow \quad z \cdot (2 + z) + 3(2 + z) = 5z^2$$

$$\Leftrightarrow \quad 2z + z^2 + 6 + 3z = 5z^2$$

$$\Leftrightarrow \quad 5z + z^2 + 6 = 5z^2$$

$$\Leftrightarrow \quad 4z^2 - 5z - 6 = 0$$

Wir ordnen zu: $a = 4$; $b = -5$; $c = -6$; berechnen die Diskriminante D

$D = b^2 - 4ac$

$D = (-5)^2 - 4 \cdot 4 \cdot (-6)$

$= 25 + 96$

$= 121$

und erhalten zwei reelle Lösungen:

$$z = \frac{-b+\sqrt{D}}{2a} \quad \vee \quad z = \frac{-b-\sqrt{D}}{2a}$$

$$\Leftrightarrow \quad z = \frac{5+\sqrt{121}}{2 \cdot 4} \quad \vee \quad z = \frac{5-\sqrt{121}}{2 \cdot 4}$$

$$\Leftrightarrow \quad z = \frac{5+11}{8} \quad \vee \quad z = \frac{5-11}{8}$$

$$\Leftrightarrow \quad z = \frac{16}{8} \quad \vee \quad z = \frac{-6}{8}$$

$$\Leftrightarrow \quad z = 2 \quad \vee \quad z = -\frac{3}{4}$$

Wir erinnern uns: $z = \sqrt{2x - 1}$ und können schreiben:

$\sqrt{2x - 1} = 2 \quad |^2 \quad \vee \quad \sqrt{2x - 1} = -\frac{3}{4}$ (nicht erfüllbar, da $\sqrt{2x-1} \geq 0$)

$$\Leftrightarrow \quad 2x - 1 = 4$$

$$\Leftrightarrow \quad 2x = 5$$

$$\Leftrightarrow \quad x = \frac{5}{2}$$

$$\Leftrightarrow \quad x = 2\frac{1}{2}$$

$\left(\sqrt{2 \cdot 2\frac{1}{2} - 1} = \sqrt{5 - 1} = \sqrt{4} = 2; \ (w)\right)$ *Ergebnis:* $L = \left\{2\frac{1}{2}\right\}$

82. a) $x^2 + x - 12 > 0$

$\Leftrightarrow (x + 4)(x - 3) > 0$

1. Lösungsmöglichkeit:

Das Produkt ist positiv, wenn beide Faktoren positiv oder beide Faktoren negativ sind:

$$x+4>0 \quad \wedge \quad x-3>0 \quad \vee \quad x+4<0 \quad \wedge \quad x-3<0$$

$$\Leftrightarrow \quad x>-4 \quad \wedge \quad x>3 \quad \vee \quad x<-4 \quad \wedge \quad x<3$$

$L_1 =]\,3, \infty\,[$ $\qquad$ $L_2 =]\,-\infty; -4\,[$

$L = L_1 \cup L_2 =]\,-\infty, -4\,[\cup]\,3, \infty\,[$

2. Lösungsmöglichkeit:

Die beiden Faktoren teilen die Grundmenge in die Intervalle.

Intervall	Aussage über $x + 4$	Aussage über $x - 3$	Aussage über $(x + 4)(x - 3)$
$]-\infty; -4[$	–	–	+
$]-4; 3[$	+	–	–
$]3; \infty[$	+	+	+

Wir können der Tabelle entnehmen:

$L =]\,-\infty; -4\,[\ \cup\ ]\,3; \infty\,[$

3. Lösungsmöglichkeit:

Wir benutzen die Methode der quadratischen Ergänzung.

$$x^2 + x - 12 > 0$$

$$\Leftrightarrow \quad x^2 + 1 \cdot x > 12$$

$$\Leftrightarrow \quad x^2 + 1 \cdot x + \left(\frac{1}{2}\right)^2 > 12 + \left(\frac{1}{2}\right)^2$$

$$\Leftrightarrow \quad \left(x + \frac{1}{2}\right)^2 > 12{,}25$$

$$\Leftrightarrow \quad \left|x + \frac{1}{2}\right| > 3{,}5$$

Mit $\left|x+\frac{1}{2}\right| = \begin{cases} x+\frac{1}{2} & \text{für} \quad x+\frac{1}{2}\geq 0 \\ -\left(x+\frac{1}{2}\right) & \text{für} \quad x+\frac{1}{2}<0 \end{cases}$

$$= \begin{cases} x+\frac{1}{2} & \text{für} \quad x\geq -\frac{1}{2} \\ -x-\frac{1}{2} & \text{für} \quad x<-\frac{1}{2} \end{cases}$$

können wir betragsfrei schreiben:

1. Fall: $x \geq -\frac{1}{2}$

$$x+\frac{1}{2} > 3{,}5 \quad \wedge \quad x \geq -\frac{1}{2}$$

$$\Leftrightarrow \qquad x > 3 \quad \wedge \quad x \geq -\frac{1}{2}$$

$L_1 = \,]\,3; \infty\,[$

2. Fall: $x \leq -\frac{1}{2}$

$$-x-\frac{1}{2} > 3{,}5$$

$\Leftrightarrow \quad -x > 4 \quad |\cdot(-1)$

Nicht vergessen: Ungleichheitszeichen umdrehen!

$\Leftrightarrow \quad x < -4$

$L_2 = [\,-\infty; -4\,[$

$L = L_1 \cup L_2 = \,]-\infty; -4\,[\;\cup\;]\,3; \infty\,[$

b) $\quad -2x^2 - 9x + 5 < 0 \quad |:(-2)$

$\Leftrightarrow \quad x^2 + 4{,}5x - 2{,}5 > 0$

$$\Leftrightarrow \quad (x+5)\cdot\left(x-\frac{1}{2}\right) > 0$$

$$\Leftrightarrow \quad x + 5 > 0 \quad \wedge \quad x - \frac{1}{2} > 0 \quad \vee \quad x + 5 < 0 \quad \wedge \quad x - \frac{1}{2} < 0$$

$$\Leftrightarrow \quad x > -5 \quad \wedge \quad x > \frac{1}{2} \quad \vee \quad x < -5 \quad \wedge \quad x < \frac{1}{2}$$

$$L_1 = \left]\frac{1}{2}; \infty\right[\qquad\qquad L_2 =]-\infty; -5[$$

$$L = L_1 \cup L_2 =]-\infty; -5[\;\cup \left]\frac{1}{2}; \infty\right[$$

c) $15x^2 + 8x - 16 \leq 0$

Eine Faktorisierung mit Hilfe des Satzes von Vieta ist augenscheinlich nicht möglich. Deswegen bestimmen wir zunächst die Lösung der quadratischen Gleichung mit der Lösungsformel

$15x^2 + 8x - 16 = 0$

Wir ordnen zu a = 15; b = 8; c = –16; berechnen die Diskriminante D:

$D = b^2 - 4ac$

$D = 8^2 - 4 \cdot 15 \cdot (-16)$

$ = 64 + 960 = 1\,024$

und erhalten zwei reelle Lösungen:

$$x = \frac{-6 + \sqrt{D}}{2a} \quad \vee \quad x = \frac{-b - \sqrt{D}}{2a}$$

$$\Leftrightarrow \quad x = \frac{-8 + \sqrt{1\,024}}{2 \cdot 15} \quad \vee \quad x = \frac{-8 - \sqrt{1\,024}}{2 \cdot 15}$$

$$\Leftrightarrow \quad x = \frac{-8 + 32}{30} \quad \vee \quad x = \frac{-8 - 32}{30}$$

$$\Leftrightarrow \quad x = \frac{24}{30} \quad \vee \quad x = -\frac{40}{30}$$

$$\Leftrightarrow \quad x = \frac{4}{5} \quad \vee \quad x = -1\frac{1}{3}$$

Damit können wir faktorisieren:

$$15x^2 + 8x - 16 \leq 0$$

$$\Leftrightarrow \quad 15\left(x - \frac{4}{5}\right)\left(x + 1\frac{1}{3}\right) \leq 0$$

Die Zahlengerade wird in folgende Intervalle zerlegt:

$\left]-\infty, -1\frac{1}{3}\right]$; $\left]-1\frac{1}{3}, \frac{4}{5}\right[$ und $\left]\frac{4}{5}, \infty\right[$

Intervall	Aussage über 15	Aussage über $x + 1\frac{1}{3}$	Aussage über $x - \frac{4}{5}$
$\left]-\infty, -1\frac{1}{3}\right[$	+	–	–
$\left]-1\frac{1}{3}, -1\frac{4}{5}\right[$	+	+	–
$\left]\frac{4}{5}; \infty\right[$	+	+	+

Intervall	Aussage über $15\left(x+1\frac{1}{3}\right)\left(x-\frac{4}{5}\right)$
$\left]-\infty, -1\frac{1}{3}\right[$	+
$\left]-1\frac{1}{3}, -1\frac{4}{5}\right[$	–
$\left]\frac{4}{5}; \infty\right[$	+

Als Lösungsmenge können wir $L = [-1\frac{1}{3}; \frac{4}{5}]$ ablesen.

d) $$\frac{1}{2}x^2 - 2x + \frac{\sqrt{3}}{2} + 2\sqrt{3} \geq 0$$

$$\Leftrightarrow \quad \frac{1}{2}\left(x^2 - 4x + \sqrt{3} + 4\sqrt{3}\right) \geq 0$$

Wir betrachten zunächst die quadratische Gleichung:

$x^2 - 4x + 5\sqrt{3} = 0$

Wir ordnen zu: $a = 1$; $b = -4$; $c = 5\sqrt{3}$ und berechnen die Diskriminante D:

$D = b^2 - 4ac$

$D = (-4)^2 - 4 \cdot 5\sqrt{3}$

$\quad = 16 - 20\sqrt{3} < 0$

Die zugehörige quadratische Gleichung hat also keine reelle Lösung. Setzen wir für $x = 0$ in die Ungleichung ein, so ergibt sich:

$$\frac{1}{2} \cdot 0^2 - 2 \cdot 0 + \frac{\sqrt{3}}{2} + 2\sqrt{3} = \frac{\sqrt{3}}{2} + 2\sqrt{3} \geq 0 \quad \text{(w)}$$

Da die angegebene Gleichung nicht null werden kann, kann sie auch keine negativen Werte annehmen.

Also: $\frac{1}{2}x^2 - 2x + \frac{\sqrt{3}}{2} + 2\sqrt{3} \geq 0$ bzw. sogar

$\frac{1}{2}x^2 - 2x + \frac{\sqrt{3}}{2} + 2\sqrt{3} > 0$ für alle $x \in G = \mathbb{R}$

Ergebnis: $L = \mathbb{R}$

e) $x^3 - 7x^2 + 20x < 0$

$\Leftrightarrow x(x^2 - 7x + 20) < 0$

Zur weiteren Faktorisierung haben wir $x^2 - 7x + 20 = 0$ zu lösen.

Wir ordnen zu: $a = 1$; $b = -7$; $c = 20$ und berechnen die Diskriminante D:

$D = b^2 - 4ac$

$D = 49 - 4 \cdot 20$

$\quad = 49 - 80 = -31 < 0$

Diese Gleichung hat keine reelle Lösung. Für $x = 0$ erhalten wir:

$0^2 - 7 \cdot 0 + 20 = +20 > 0$

Also: $x^2 - 7x + 20 > 0$ für alle $x \in \mathbb{R}$.

Somit entscheidet der Faktor x über das Vorzeichen des Produktes:

Für $x < 0$ gilt: $x(x^2 - 7x + 20) < 0$

und für $x > 0$ gilt: $x(x^2 - 7x + 20) > 0$

Also: $L = \,]-\infty; 0[$

83. $x^2 + tx + t = 0$ $\qquad t \in \mathbb{R}$

Diese Gleichung hat keine (reelle) Lösung, wenn gilt:

$D = t^2 - 4t > 0$

Wir bestimmen die Lösungemenge dieser Gleichung.

$$t^2 - 4t < 0$$
$$\Leftrightarrow \quad t(t-4) < 0$$

Ergebnis:

Für $t \in \,]\,0, 4\,[$ hat die angegebene Gleichung keine Lösung.

84. $(t + 2) \cdot x^2 + tx - t + 2 = 0$

Über die Anzahl der Lösungen gibt uns die Diskriminante D Auskunft:

$$\begin{aligned}
D &= t^2 - 4(t + 2)(-t + 2)\\
&= t^2 - 4(2 + t)(2 - t)\\
&= t^2 - 4(4 - t^2)\\
&= t^2 - 16 + 4t^2\\
&= 5t^2 - 16\\
&= 5 \cdot \left(t^2 - \frac{16}{5}\right)\\
&= 5 \cdot \left(t - \sqrt{\frac{16}{5}}\right)\left(t + \sqrt{\frac{16}{5}}\right)\\
&= 5 \cdot \left(t - \frac{4}{\sqrt{5}}\right)\left(t + \frac{4}{\sqrt{5}}\right)\\
&= 5 \cdot \left(t - \frac{4}{5}\sqrt{5}\right)\left(t + \frac{4}{5}\sqrt{5}\right)
\end{aligned}$$

Die Produktdarstellung teilt uns die Zahlengerade ein in die Intervalle

$\left]-\infty; -\frac{4}{5}\sqrt{5}\right[$, $\left]-\frac{4}{5}\sqrt{5}; \frac{4}{5}\sqrt{5}\right[$ und $\left]\frac{4}{5}\sqrt{5}; \infty\right[$.

Intervall	Aussage über 5	Aussage über $t-\frac{4}{5}\sqrt{5}$	Aussage über $t+\frac{4}{5}\sqrt{5}$
$\left]-\infty, -\frac{4}{5}\sqrt{5}\right[$	+	–	–
$\left]-\frac{4}{5}\sqrt{5}, \frac{4}{5}\sqrt{5}\right[$	+	–	+
$\left]\frac{4}{5}\sqrt{5}; \infty\right[$	+	+	+

Intervall	Aussage über $5\cdot\left(t-\frac{4}{5}\sqrt{5}\right)\left(t+\frac{4}{5}\sqrt{5}\right)$
$\left]-\infty, -\frac{4}{5}\sqrt{5}\right[$	+
$\left]-\frac{4}{5}\sqrt{5}, \frac{4}{5}\sqrt{5}\right[$	–
$\left]\frac{4}{5}\sqrt{5}; \infty\right[$	+

Der Tabelle können wir entnehmen: Zwei Lösungen gibt es für $D > 0$, also für

$$t \in \left]-\infty; -\frac{4}{5}\sqrt{5}\right[\cup \left]\frac{4}{5}\sqrt{5}, \infty\right[$$

Genau eine Lösung erhalten wir für $D = 0$, also für

$$t = \frac{4}{5}\sqrt{5} \lor t = -\frac{4}{5}\sqrt{5}$$

Keine Lösung haben wir für $D < 0$, also für

$$t \in \left]-\frac{4}{5}\sqrt{5}; \frac{4}{5}\sqrt{5}\right[$$

85. a) $\sqrt{x^2 + x - 2}$

Für die maximale Definitionsmenge müssen wir $x^2 + x - 2 \geq 0$ ansetzen.

$\Leftrightarrow \quad (x + 2)(x - 1) \geq 0$

$\Leftrightarrow \quad x + 2 \geq 0 \quad \wedge \quad x - 1 \geq 0 \quad \vee \quad x + 2 \leq 0 \quad \wedge \quad x - 1 \leq 0$

$\Leftrightarrow \quad x \geq -2 \quad \wedge \quad x \geq 1 \quad \vee \quad x \leq -2 \quad \wedge \quad x \leq 1$

$L_1 = [1; \infty[\qquad\qquad L_2 =]-\infty; -2]$

Ergebnis: $\mathbb{D}_{max} =]-\infty, -2] \cup [1, \infty[$

b) $\sqrt{4x^2 - 35x - 9}$

$4x^2 - 35x - 9 \geq 0$

Wir lösen zunächst die zugehörige quadratische Gleichung
$4x^2 - 35x - 9 = 0$ mit der Lösungsformel.

$a = 4; b = -35; c = -9$

$$\begin{aligned} D &= b^2 - 4ac \\ &= 35^2 - 4 \cdot 4 \cdot (-9) \\ &= 1\,225 + 144 \\ &= 1\,369 \end{aligned}$$

$$x = \frac{-b + \sqrt{D}}{2 \cdot a} \quad \vee \quad x = \frac{-b - \sqrt{D}}{2 \cdot a}$$

$$x = \frac{+35 + \sqrt{1369}}{2 \cdot 4} \quad \vee \quad x = \frac{35 - \sqrt{1369}}{2 \cdot 4}$$

$$x = \frac{35 + 37}{8} \quad \vee \quad x = \frac{35 - 37}{8}$$

$$x = \frac{72}{8} \quad \vee \quad x = \frac{-2}{8}$$

$$x = 9 \quad \vee \quad x = -\frac{1}{4}$$

Damit können wir faktorisieren:

$$4x^2 - 35x - 9 \geq 0$$

$$\Leftrightarrow \quad 4(x-9)\left(x+\frac{1}{4}\right) \geq 0$$

$$\Leftrightarrow \quad x-9 \geq 0 \;\wedge\; x+\frac{1}{4} \geq 0 \quad \vee \quad x-9 \leq 0 \;\wedge\; x+\frac{1}{4} \leq 0$$

$$\Leftrightarrow \quad x \geq 9 \;\wedge\; x \geq -\frac{1}{4} \quad \vee \quad x \leq 9 \;\wedge\; x \leq -\frac{1}{4}$$

$$L_1 = [\,9, \infty\,[\qquad\qquad L_2 = \left]-\infty, -\frac{1}{4}\right]$$

Ergebnis: $D = \left]-\infty; -\frac{1}{4}\right] \cup [\,9; \infty\,[$

86. a) $\sqrt{3x^2 - 7} = \sqrt{x^2 + 25}$

Wir bestimmen die maximale Definitionsmenge:

$$3x^2 - 7 \geq 0 \;\wedge\; x^2 + 25 \geq 0$$

$\Leftrightarrow \quad 3x^2 \geq 7 \;\wedge\; x^2 \geq -25$ diese Ungleichung ist für alle $x \in \mathbb{R}$ wahr.

$$\Leftrightarrow \quad x^2 \geq \frac{7}{3}$$

$$\Leftrightarrow \quad |x| \geq \sqrt{\frac{7}{3}}$$

$$\Leftrightarrow \quad |x| \geq \frac{\sqrt{7}\cdot\sqrt{3}}{\sqrt{3}\cdot\sqrt{3}}$$

$$\Leftrightarrow \quad |x| \geq \frac{\sqrt{21}}{3}$$

Also: $\mathbb{D}_{max} = \left]-\infty; -\frac{\sqrt{21}}{3}\right] \cup \left[\frac{\sqrt{21}}{3}; \infty\right[$

Nun quadrieren wir die Gleichung auf beiden Seiten:

$$\sqrt{3x^2 - 7} = \sqrt{x^2 + 25} \qquad |^2$$

$$\Rightarrow \quad 3x^2 - 7 = x^2 + 25$$

$$\Leftrightarrow \quad 2x^2 = 32$$

$$\Leftrightarrow \quad x^2 = 16$$

$$\Leftrightarrow \quad |x| = 4$$

$$\Leftrightarrow \quad x = 4 \quad \vee \quad x = -4$$

Anschließend führen wir die Proben durch:

Für $x = 4 \in \mathbb{D}_{max}$ gilt:

$$\left.\begin{array}{llll} \text{linke Seite:} & \sqrt{3 \cdot 4^2 - 7} & = \sqrt{48 - 7} & = \sqrt{41} \\ \text{rechte Seite:} & \sqrt{4^2 + 25} & = \sqrt{16 + 25} & = \sqrt{41} \end{array}\right\} \sqrt{41} = \sqrt{41}$$

Für $x = -4 \in \mathbb{D}_{max}$ gilt:

$$\left.\begin{array}{llll} \text{linke Seite:} & \sqrt{3(-4)^2 - 7} & = \sqrt{48 - 7} & = \sqrt{41} \\ \text{rechte Seite:} & \sqrt{(-4)^2 + 25} & = \sqrt{16 + 25} & = \sqrt{41} \end{array}\right\} \sqrt{41} = \sqrt{41}$$

Ergebnis: $L = \{-4; +4\}$

b) $\sqrt{x^2 + x - 2} = 2\sqrt{7}$

Aus Aufgabe 85 a entnehmen wir:

$$x^2 + x - 2 \geq 0$$

$$\Leftrightarrow \quad x \in \,]-\infty, -2] \cup [1; \infty[$$

$$\mathbb{D}_{max} = \,]-\infty, -2] \cup [1; \infty[$$

Wir quadrieren die Gleichung auf beiden Seiten:

$$\sqrt{x^2 + x - 2} = 2\sqrt{7} \qquad |^2$$

$$\Rightarrow \quad x^2 + x - 2 = 4 \cdot 7$$

$$\Leftrightarrow \quad x^2 + x - 2 = 28$$

$$\Leftrightarrow \quad x^2 + x - 30 = 0$$

$$\Leftrightarrow \quad (x + 6)(x - 5) = 0$$

$$\Leftrightarrow \quad x + 6 = 0 \quad \vee \quad x - 5 = 0$$

$$\Leftrightarrow \quad x = -6 \quad \vee \quad x = 5$$

Probe:

Für $x = -6 \in \mathbb{D}_{max}$:

$\sqrt{(-6)^2 + (-6) - 2} = \sqrt{36 - 6 - 2} = \sqrt{28} = \sqrt{4 \cdot 7} = 2\sqrt{7}$ (w)

Für $x = 5 \in \mathbb{D}_{max}$:

$\sqrt{5^2 + 5 - 2} = \sqrt{25 + 5 - 2} = \sqrt{28} = \sqrt{4 \cdot 7} = 2\sqrt{7}$ (w)

Ergebnis: $L = \{-6; 5\}$

87. a) $\frac{1}{\lambda - x} - \frac{1}{\lambda + x} = \frac{x^2 - 4}{\lambda^2 - x^2}$ $(\lambda \in \mathbb{R})$

Wir bestimmen die maximale Definitionsmenge:

$\lambda - x = 0 \quad \Leftrightarrow \quad x = \lambda$

$\lambda + x = 0 \quad \Leftrightarrow \quad x = -\lambda$

$\lambda^2 - x^2 = 0 \quad \Leftrightarrow \quad (\lambda - x)(\lambda + x) = 0 \Leftrightarrow x = \lambda \vee x = -\lambda$

Also: $\mathbb{D}_{max} = \mathbb{R} \setminus \{\lambda; -\lambda\}$

Als Hauptnenner können wir unseren Überlegungen zur Definitionsmenge entnehmen:

$HN = (\lambda - x)(\lambda + x)$.

Wir multiplizieren die Gleichung mit dem Hauptnenner:

$$\frac{(\lambda - x)(\lambda + x)}{\lambda - x} - \frac{(\lambda - x)(\lambda + x)}{\lambda + x} = \frac{(x^2 - 4)(\lambda - x)(\lambda + x)}{\lambda^2 - x^2}$$

$\Leftrightarrow \quad \lambda + x - (\lambda - x) = x^2 - 4$

$\Leftrightarrow \quad \lambda + x - \lambda + x = x^2 - 4$

$\Leftrightarrow \quad 2x = x^2 - 4$

$\Leftrightarrow \quad x^2 - 2x - 4 = 0$

Wir ordnen zu: $a = 1$; $b = -2$; $c = -4$ und berechnen die Diskriminante D:

$D = b^2 - 4ac$

$D = (-2)^2 - 4 \cdot 1 \cdot (-4)$

$= 4 + 16$

$= 20$

und erhalten zwei reelle Lösungen:

$$
\begin{aligned}
& x = \frac{-b+\sqrt{D}}{2a} && \vee \quad x = \frac{-b-\sqrt{D}}{2a} \\
\Leftrightarrow\quad & x = \frac{2+\sqrt{20}}{2\cdot 1} && \vee \quad x = \frac{2-\sqrt{20}}{2\cdot 1} \\
\Leftrightarrow\quad & x = \frac{2+2\sqrt{5}}{2} && \vee \quad x = \frac{2-2\sqrt{5}}{2} \\
\Leftrightarrow\quad & x = \frac{2(1+\sqrt{5})}{2} && \vee \quad x = \frac{2(1-\sqrt{5})}{2} \\
\Leftrightarrow\quad & x = 1+\sqrt{5} && \vee \quad x = 1-\sqrt{5} \\
& L = \left\{1+\sqrt{5}; 1-\sqrt{5}\right\}.
\end{aligned}
$$

b) $x - \frac{1}{x} = \frac{1}{\lambda} - \lambda \qquad \lambda \in \mathbb{R} \setminus \{0\}$

Wir erkennen sofort: $\mathbb{D}_{max} = \mathbb{R} \setminus \{0\}$;

$$
\begin{aligned}
& x - \frac{1}{x} = \frac{1}{\lambda} - \lambda \qquad |\cdot \lambda x \\
\Leftrightarrow\quad & x \cdot \lambda \cdot x - \frac{\lambda x}{x} = \frac{\lambda x}{\lambda} - \lambda \cdot \lambda \cdot x \\
\Leftrightarrow\quad & \lambda x^2 - \lambda = x - \lambda^2 x \\
\Leftrightarrow\quad & \lambda x^2 + \lambda^2 x - x - \lambda = 0 \\
\Leftrightarrow\quad & \lambda x^2 + (\lambda^2 - 1)\cdot x - \lambda = 0
\end{aligned}
$$

Wir können ablesen: $a = \lambda$; $b = \lambda^2 - 1$ und $c = -\lambda$

$$
\begin{aligned}
D &= (\lambda^2 - 1)^2 - 4 \cdot \lambda \cdot (-\lambda) \\
&= \lambda^4 - 2\lambda^2 + 1 + 4\lambda^2 \\
&= \lambda^4 + 2\lambda^2 + 1 \\
&= (\lambda^2 + 1)^2
\end{aligned}
$$

Damit ist $D > 0$ für alle $\lambda \in \mathbb{R} \setminus \{0\}$ und die Gleichung hat stets zwei Lösungen.

$$x = \frac{-b + \sqrt{D}}{2a} \quad \vee \quad x = \frac{-b - \sqrt{D}}{2 \cdot a}$$

$$\Leftrightarrow \quad x = \frac{-(\lambda^2 - 1) + \sqrt{(\lambda^2 + 1)^2}}{2 \cdot \lambda} \quad \vee \quad x = \frac{-(\lambda^2 - 1) - \sqrt{(\lambda^2 + 1)^2}}{2\lambda}$$

$$\Leftrightarrow \quad x = \frac{-\lambda^2 + 1 + |\lambda^2 + 1|}{2\lambda} \quad \vee \quad x = \frac{-\lambda^2 + 1 - |\lambda^2 + 1|}{2\lambda}$$

Da $\lambda^2 + 1 \geq 1 > 0$ können wir sofort betragsfrei schreiben:

$$x = \frac{-\lambda^2 + 1 + \lambda^2 + 1}{2\lambda} \quad \vee \quad x = \frac{-\lambda^2 + 1 - \lambda^2 - 1}{2\lambda}$$

$$x = \frac{2}{2\lambda} \quad \vee \quad x = \frac{-2\lambda^2}{2\lambda}$$

$$x = \frac{1}{\lambda} \quad \vee \quad x = -\lambda$$

$$L = \left\{\frac{1}{\lambda}; -\lambda\right\}$$

88. Wir nennen die gesuchte Zahl x.
Der 1. Faktor wird zu: $7 + x$,
der 2. Faktor lautet: $48 + x$.
Als Produktwert bekommen wir: $7 \cdot 48 + 56$

Also lautet die gesuchte Gleichung:

$$(7 + x)(48 + x) = 7 \cdot 48 + 56$$

$$\Leftrightarrow \quad 7 \cdot 48 + 7x + 48x + x^2 = 7 \cdot 48 + 56 \qquad | -7 \cdot 48$$

$$\Leftrightarrow \quad 55x + x^2 = 56$$

$$\Leftrightarrow \quad x^2 + 55x - 56 = 0$$

$$\Leftrightarrow \quad (x - 1)(x + 56) = 0$$

$$\Leftrightarrow \quad x - 1 = 0 \quad \vee \quad x + 56 = 0$$

$$\Leftrightarrow \quad x = 1 \quad \vee \quad x = -56$$

Die Lösung x = –56 ist unbrauchbar, da wir die Faktoren vermehren sollen.
Für x = 1 wird:

$$\left.\begin{array}{ll}\text{1. Faktor:} & 7+1=8 \\ \text{2. Faktor:} & 48+1=49\end{array}\right\} 8 \cdot 49 = 392 = 7 \cdot 48 + 56.$$

Ergebnis: Die gesuchte Zahl heißt 1.

89. Wir suchen eine Zahl $x \in \mathbb{Q}$. Wenn wir zu x den Wert $\frac{9}{20}$ addieren, so erhalten wir den Kehrwert von x:

$$x + \frac{9}{20} = \frac{1}{x}$$

Diese Gleichung ist für $x \in \mathbb{R} \setminus \{0\}$ definiert. Wir multiplizieren mit dem HN: = 20x und erhalten:

$$\begin{aligned} & x+\frac{9}{20}=\frac{1}{x} && \mid \cdot 20x \\ \Leftrightarrow\quad & 20x \cdot x+\frac{9 \cdot 20 \cdot x}{20}=\frac{1 \cdot 20x}{x} \\ \Leftrightarrow\quad & 20x^2+9x=20 \\ \Leftrightarrow\quad & 20x^2+9x=0 && \mid :20 \\ \Leftrightarrow\quad & x^2+\frac{9}{20}x-1=0 \end{aligned}$$

Wir lösen die Gleichung mit Hilfe der Formel:

$a = 1;\ b = \dfrac{9}{20}$ und $c = -1$

$D = b^2 - 4ac$

$$D = \left(\frac{9}{20}\right)^2 - 4 \cdot 1 \cdot (-1)$$

$$= \frac{81}{400} + 4 = 4\frac{81}{400}$$

$$x = \frac{-b + \sqrt{D}}{2 \cdot a} \quad \vee \quad x = \frac{-b - \sqrt{D}}{2 \cdot a}$$

$$\Leftrightarrow \quad x = \frac{-\frac{9}{20} + \sqrt{\frac{1681}{400}}}{2 \cdot 1} \quad \vee \quad x = \frac{-\frac{9}{20} - \sqrt{\frac{1681}{400}}}{2 \cdot 1}$$

$$\Leftrightarrow \quad x = \frac{-\frac{9}{20} + \frac{41}{20}}{2} \quad \vee \quad x = \frac{-\frac{9}{20} - \frac{41}{20}}{2}$$

$$\Leftrightarrow \quad x = \frac{1\frac{3}{5}}{2} \quad \vee \quad x = \frac{-\frac{5}{2}}{2}$$

$$\Leftrightarrow \quad x = \frac{4}{5} \quad \vee \quad x = -\frac{5}{4}$$

Probe:

$$x = \frac{4}{5}: \quad \frac{4}{5} + \frac{9}{20} = \frac{16}{20} + \frac{9}{20} = \frac{25}{20} = \frac{5}{4} = \frac{1}{\frac{4}{5}} \quad \text{(w)}$$

$$x = -\frac{5}{4}: \quad -\frac{5}{4} + \frac{9}{20} = -\frac{25}{20} + \frac{9}{20} = -\frac{4}{5} = \frac{1}{-\frac{5}{4}} \quad \text{(w)}$$

Ergebnis: Die gesuchte Zahl heißt $\frac{4}{5}$ oder $-\frac{5}{4}$.

90. Die erste natürliche Zahl nennen wir $x (x \in \mathbb{N})$. Dann lautet die zweite Zahl: $x + 9$. Bilden wir die Summe der Quadrate der beiden Zahlen:

$$x^2 + (x + 9)^2 = 1\,553$$
$$\Leftrightarrow \quad x^2 + x^2 + 18x + 81 = 1\,553$$
$$\Leftrightarrow \quad 2x^2 + 18x - 1\,472 = 0 \qquad |:2$$
$$\Leftrightarrow \quad x^2 + 9x - 736 = 0$$
$$\Leftrightarrow \quad (x + 32)(x - 23) = 0$$
$$\Leftrightarrow \quad x + 32 = 0 \quad \vee \quad x - 23 = 0$$
$$\Leftrightarrow \quad x = -32 \quad \vee \quad x = 23$$

Die Lösung $x = -32$ kommt nicht in Betracht, da $-32 \notin \mathbb{N}$. Für $x = 23$ lautet die zweite Zahl 32.

$23^2 + 32^2 = 529 + 1\,024 = 1\,553$ (w)

Ergebnis: Die gesuchte Zahl heißt 23.

91. Wir betrachten ein rechtwinkliges Dreieck ABC:
Aus dem Text entnehmen wir:
$b = 13{,}2$ m

$$\frac{c}{a} = \frac{13}{5}$$

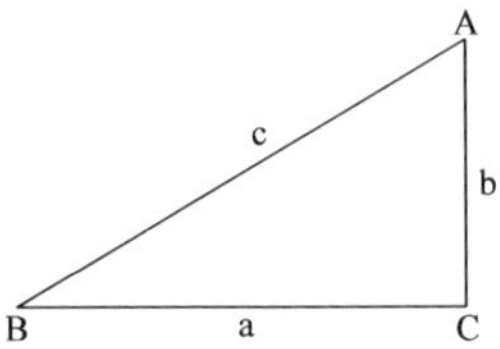

Zudem gilt im rechtwinkligem Dreieck:
$a^2 + b^2 = c^2$ (Pythagoras)
mit $c = \frac{13}{5} \cdot a$ erhalten wir:

$$a^2 + 13{,}2^2 = \left(\frac{13}{5} \cdot a\right)^2$$

$$\Leftrightarrow \quad a^2 + 174{,}24 = \frac{169}{25} a^2$$

$$\Leftrightarrow \quad 174{,}24 = \frac{169}{25} a^2 - a^2$$

$$\Leftrightarrow \quad 174{,}24 = \frac{169}{25} a^2 - \frac{25}{25} a^2$$

$$\Leftrightarrow \quad 174{,}24 = \frac{144}{25} a^2 \qquad \left| : \frac{144}{25} \right.$$

$$\Leftrightarrow \quad a^2 = \frac{174{,}24 \cdot 25}{144}$$

$$\Leftrightarrow \quad |a| = \frac{13{,}2 \cdot 5}{12}$$

$$\Leftrightarrow \quad |a| = 5{,}5$$

$$\Leftrightarrow \quad a = 5{,}5 \quad \vee \quad a = -5{,}5$$

Die Lösung $a = -5{,}5$ ist für eine Dreieckseite unbrauchbar.
Aus $5{,}5^2 + 13{,}2^2 = 204{,}49$; also: $c = \sqrt{204{,}49} \Leftrightarrow c = 14{,}3$ und $\frac{14{,}3}{5{,}5} = 2{,}6 = \frac{13}{5}$

erhalten wir das

Ergebnis: $a = 5{,}5$ m, $b = 13{,}2$ m und $c = 14{,}3$ m.

92. Wir betrachten ein Rechteck mit der Länge x und der Breite y:

Für den Umfang des Rechtecks gilt:

$U_R = 2(x + y) = 36 \text{ cm} \qquad (1)$

Die Fläche A_R erhalten wir aus

$A_R = x \cdot y = 80 \text{ cm}^2 \qquad (2)$

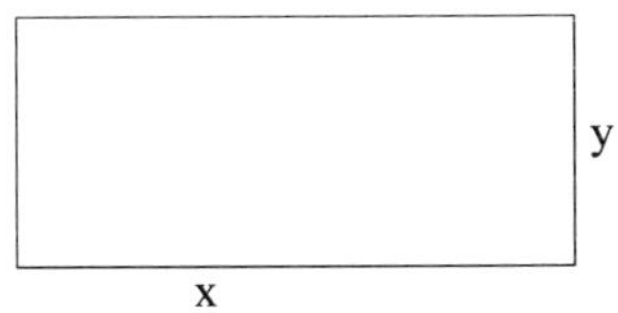

Wir lösen (1) nach x auf;

$$2(x + y) = 36 \text{ cm} \Leftrightarrow 2x + 2y = 36 \Leftrightarrow 2x = 36 \text{ cm} - 2y \qquad |:2$$

$$\Leftrightarrow \quad x = 18 \text{ cm} - y$$

und setzen in (2) ein:

$$A_R = x \cdot y = (18 \text{ cm} - y) \cdot y = 80 \text{ cm}^2$$

$$\Leftrightarrow \quad 18 \text{ cm} \cdot y - y^2 = 80 \text{ cm}^2$$

$$\Leftrightarrow \quad y^2 - 18 \text{ cm} \cdot y + 80 \text{ cm}^2 = 0$$

$$\Leftrightarrow \quad (y - 10 \text{ cm})(y - 8 \text{ cm}) = 0$$

$$\Leftrightarrow \quad y - 10 \text{ cm} = 0 \quad \vee \quad y - 8 \text{ cm} = 0$$

$$\Leftrightarrow \quad y = 10 \text{ cm} \quad \vee \quad y = 8 \text{ cm}$$

zu $y = 10$ cm berechnen wir $x = 18 \text{ cm} - 10 \text{ cm} = 8$ cm und

zu $y = 8$ cm wird $x = 18 \text{ cm} - 8 \text{ cm} = 10$ cm.

Ergebnis: Das Rechteck hat die Seitenlängen 10 cm bzw. 8 cm.

93. Für das Quadrat der Seitenlänge $s = 12$ cm berechnen wir eine Fläche A_Q von:

$A_Q = s^2 = (12 \text{ cm})^2 = 144 \text{ cm}^2$

Das dazu flächengleiche Rechteck habe die Länge x und die Breite y. Damit gilt:

$$2(x + y) = 60 \text{ cm und } x \cdot y = A_Q = 144 \text{ cm}^2$$

$$\Leftrightarrow \quad 2x + 2y = 60 \text{ cm}$$

$$\Leftrightarrow \quad 2x = 60\text{cm} - 2y$$

$$\Leftrightarrow \quad x = 30 \text{ cm} - y \quad \wedge \quad x \cdot y = 144 \text{ cm}^2$$

Damit können wir zusammensetzen:

$$(30 \text{ cm} - y) \cdot y = 144 \text{ cm}^2$$

$$\Leftrightarrow \quad 30 \text{ cm} \cdot y - y^2 = 144 \text{ cm}^2$$

$$\Leftrightarrow \quad y^2 - 30 \text{ cm } y + 144 \text{ cm}^2 = 0$$

Wenn wir die Flächenverwandlung durchführen können, muß die gewonnene quadratische Gleichung mindestens eine Lösung haben. Untersuchen wir also die Diskriminante:

$D = b^2 - 4ac$

$D = (-30\text{ cm})^2 - 4 \cdot 1 \cdot 144\text{ cm}^2$

$\quad = 900\text{ cm}^2 - 576\text{ cm}^2$

$\quad = 324\text{ cm}^2 > 0$

d. h. es sind eventuell zwei Lösungen möglich:

$$y = \frac{-b + \sqrt{D}}{2a} \quad \vee \quad y = \frac{-b - \sqrt{D}}{2a}$$

$$\Leftrightarrow \quad y = \frac{+30\text{ cm} + \sqrt{324\text{ cm}^2}}{2 \cdot 1} \quad \vee \quad y = \frac{+30 - \sqrt{324\text{ cm}^2}}{2 \cdot 1}$$

$$\Leftrightarrow \quad y = \frac{+30\text{ cm} + 18\text{ cm}}{2} \quad \vee \quad y = \frac{+30\text{ cm} - 18\text{ cm}}{2}$$

$$\Leftrightarrow \quad y = \frac{48}{2}\text{ cm} \quad \vee \quad y = \frac{12}{2}\text{ cm}$$

$$\Leftrightarrow \quad y = 24\text{ cm} \quad \vee \quad y = 6\text{ cm}$$

Für $y = 24\text{ cm}$ ist $x = 30\text{ cm} - 24\text{ cm} = 6\text{ cm}$ und

für $y = 6\text{ cm}$ ist $x = 30\text{ cm} - 6\text{ cm} = 24\text{ cm}$

Ergebnis:

Das Quadrat kann in ein Rechteck mit den Seiten 24 cm und 6 cm verwandelt werden.

94. Anhand einer Skizze verdeutlichen wir die Zusammenhänge der Aufgabe:

Gegebene Strecke: $\overline{AB} = m$

Verlängerung: $\overline{BC} = x$

Verlängerte Strecke: $\overline{AC} = m + x$

$$\frac{\text{Verlängerte Strecke}}{\text{gegebene Strecke}} = \frac{\text{gegebene Strecke}}{\text{Verlängerung}}$$

$$\frac{\overline{AC}}{\overline{AB}} = \frac{\overline{AB}}{\overline{BC}}$$

bzw. $\frac{m + x}{m} = \frac{m}{x}$ $\quad | \cdot mx$ mit $x \neq 0$

$\Leftrightarrow \quad (m + x) \cdot x = m \cdot m$

$\Leftrightarrow \quad mx + x^2 = m^2$

$\Leftrightarrow x^2 + mx - m^2 = 0$

Wir ordnen zu: $a = 1$; $b = m$; $c = -m^2$; berechnen die Diskriminante D:

$D = b^2 - 4ac$

$D = m^2 - 4 \cdot 1(-m^2)$

$\quad = m^2 + 4m^2$

$\quad = 5m^2$

und erhalten die Lösungen:

$$x = \frac{-b + \sqrt{D}}{2a} \quad \vee \quad x = \frac{-b - \sqrt{D}}{2a}$$

$$\Leftrightarrow \quad x = \frac{-m + \sqrt{5m^2}}{2 \cdot 1} \quad \vee \quad x = \frac{-m - \sqrt{5m^2}}{2 \cdot 1}$$

$$\Leftrightarrow \quad x = \frac{-m + m\sqrt{5}}{2} \quad \vee \quad x = \frac{-m - m\sqrt{5}}{2}$$

$$\Leftrightarrow \quad x = \frac{m}{2}(\sqrt{5} - 1) \quad \vee \quad x = \frac{m}{2}(-\sqrt{5} - 1)$$

Die zweite Lösung ist negativ und folglich als Streckenlänge ungeeignet.
Für die Verlängerung $x = \frac{m}{2}(\sqrt{5} - 1)$ gilt:

$$\frac{m + \frac{m}{2}(\sqrt{5} - 1)}{m} = \frac{m\left(1 + \frac{\sqrt{5}}{2} - \frac{1}{2}\right)}{m} = \frac{1}{2} + \frac{\sqrt{5}}{2}$$

und

$$\frac{m}{\frac{m}{2}(\sqrt{5} - 1)} = \frac{2}{\sqrt{5} - 1} = \frac{2(\sqrt{5} + 1)}{(\sqrt{5} - 1)(\sqrt{5} + 1)} = \frac{2\sqrt{5} + 2}{5 - 1} = \frac{2\sqrt{5} + 2}{4} = \frac{\sqrt{5}}{2} + \frac{1}{2}$$

und somit

$$\frac{m + \frac{m}{2}(\sqrt{5} - 1)}{m} = \frac{m}{\frac{m}{2}(\sqrt{5} - 1)}$$

Ergebnis: Die Verlängerung beträgt $\frac{m}{2}(\sqrt{5}-1)$.

95. Wir haben: $h_c = 36$ mm und $c = 78$ mm. Die Höhe h_c teilt die Hypotenuse in die Hypotenusenabschnitte p und q. Damit haben wir den Quotienten $\frac{p}{q}$ zu bestimmen.

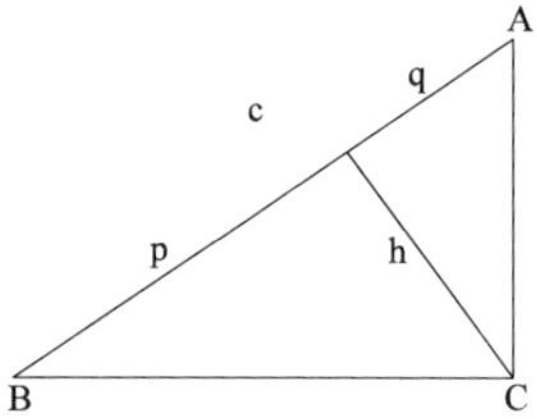

Wir verwenden:

(1) $h_c^2 = p \cdot q \Leftrightarrow p = \dfrac{h_c^2}{q}$ (Höhensatz)

(2) $c = p + q \Leftrightarrow p = c - q$

Setzen wir in (1) ein:

$$h_c^2 = (c - q) \cdot q$$
$$\Leftrightarrow \quad h_c^2 = cq - q^2$$
$$\Leftrightarrow \quad q^2 - cq + h_c^2 = 0$$

Wir haben eine quadratische Gleichung mit der Variablen q erhalten, sowie die Formvariablen c und h_c. Dabei können wir durch Vergleich mit der quadratischen Gleichung $ax^2 + bx + c = 0$ zuordnen: $a = 1$; $b = -c$ und $c = h_c^2$.

Also:

$D = b^2 - 4ac$

$D = (-c)^2 - 4 \cdot 1 \cdot h_c^2$

$ = c^2 - 4h_c^2$

Wir erkennen: Die Aufgabe ist nicht für beliebige c und h_c lösbar: Es muß gelten:

$c^2 - 4h_c^2 \geq 0$

$c^2 \geq 4h_c^2$

$c \geq 2 \cdot h_c$ $\qquad (c, h_c > 0)$

Auf die Beträge können wir verzichten, da c, h_c Strecklängen sind.

Für unsere Werte c = 78 mm und h_c = 36 mm ist mit 78 mm > 72 mm die Bedingung erfüllt.

$$\begin{aligned} D &= (78\text{ mm})^2 - 4 \cdot (36\text{ mm})^2 \\ &= 6\,084\text{ mm}^2 - 5\,184\text{ mm}^2 \\ &= 900\text{ mm}^2 \end{aligned}$$

Als Lösungen für q erhalten wir:

$$q = \frac{-b + \sqrt{D}}{2 \cdot a} \quad \vee \quad q = \frac{-b - \sqrt{D}}{2 \cdot a}$$

$$\Leftrightarrow \quad q = \frac{+78\text{ mm} + \sqrt{900\text{ mm}^2}}{2} \quad \vee \quad q = \frac{+78\text{ mm} - \sqrt{900\text{ mm}^2}}{2}$$

$$\Leftrightarrow \quad q = \frac{78\text{ mm} + 30\text{ mm}}{2} \quad \vee \quad q = \frac{78\text{ mm} - 30\text{ mm}}{2}$$

$$\Leftrightarrow \quad q = \frac{108\text{ mm}}{2} \quad \vee \quad q = \frac{48\text{ mm}}{2}$$

$$\Leftrightarrow \quad q = 54\text{ mm} \quad \vee \quad q = 24\text{ mm}$$

Für q = 54 mm können wir aus (2) berechnen:

p = 78 mm – 54 mm = 24 mm und

$$\frac{p}{q} = \frac{24\text{ mm}}{54\text{ mm}} = \frac{4}{9}$$

Für q = 24 mm wird entsprechend p = 54 mm und

$$\frac{p}{q} = \frac{54\text{ mm}}{24\text{ mm}} = \frac{9}{4} \qquad \text{(symmetrische Lösung)}$$

Ergebnis: Die Höhe h_c teilt die Hypotenuse im Verhältnis 4 : 9.

96. Den Aufgabentext und unserer Skizze entnehmen wir:

b(<a) = 12 cm und

p – q = 2 cm

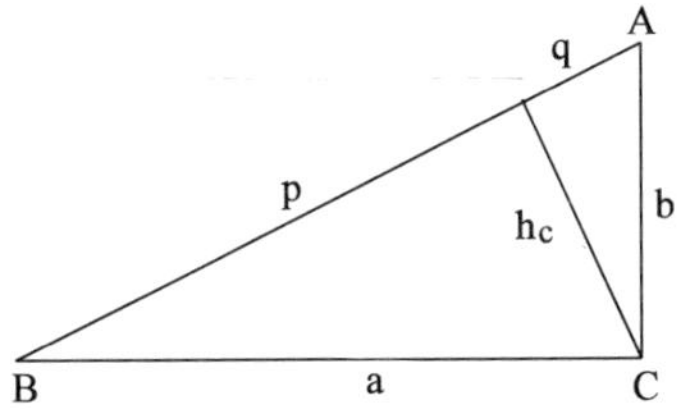

Wir setzen den Kathetensatz für die Kathete b an:

$b^2 = q \cdot c$

Mit c = p + q erhalten wir:

$b^2 = q(q + p)$

Setzen wir b = 12 cm und p = 2 cm + q, so gilt:

$$
\begin{aligned}
& & (12\ \text{cm})^2 &= q(q + 2\ \text{cm} + q) \\
&\Leftrightarrow & (12\ \text{cm})^2 &= q(2q + 2\ \text{cm}) \\
&\Leftrightarrow & (12\ \text{cm})^2 &= 2q^2 + 2q\ \text{cm} \\
&\Leftrightarrow & 2q^2 + 2q\ \text{cm} - 144\ \text{cm}^2 &= 0 \qquad |:2 \\
&\Leftrightarrow & q^2 + q\ \text{cm} - 72\ \text{cm}^2 &= 0 \\
&\Leftrightarrow & (q - 8\text{cm})\,(q + 9\ \text{cm}) &= 0 \\
&\Leftrightarrow & q - 8\ \text{cm} &= 0 \quad \vee \quad q + 9\ \text{cm} = 0 \\
&\Leftrightarrow & q &= 8\ \text{cm} \quad \vee \quad q = -9\ \text{cm}
\end{aligned}
$$

Die zweite Lösung ist unbrauchbar, da $q < 0$ als Streckenlänge nicht in Betracht kommt.

Für q = 8 cm erhalten wir:

$$
\begin{aligned}
& & p - 8\ \text{cm} &= 2\ \text{cm} \\
&\Leftrightarrow & p &= 10\ \text{cm} \\
& & c &= p + q = 10\ \text{cm} + 8\ \text{cm} = 18\ \text{cm} \\
& & a^2 &= p \cdot c;\ a^2 = 180\ \text{cm}^2 \Rightarrow a = 13{,}4\ \text{cm}
\end{aligned}
$$

Ergebnis:

Die Hypotenusenabschnitte haben die Länge q = 8 cm und p = 10 cm; die Seitenlängen sind b = 12 cm, c = 18 cm und a = 13,4 cm.

97. Dem Text entnehmen wir:

(1) $A = \dfrac{a \cdot b}{2} = 7\,956\ \text{cm}^2$

(2) $a + b = 257\ \text{cm}$

Wir lösen (1) nach b auf:

$$b = \frac{2 \cdot 7\,956\ \text{cm}^2}{a} = \frac{15\,912\ \text{cm}^2}{a}$$

($a \neq 0$ cm, sonst haben wir kein Dreieck)

und setzen in (2) ein:

$$a + b = 257\text{ cm}$$

$$\Leftrightarrow \quad a + \frac{15912\text{ cm}^2}{a} = 257\text{ cm} \quad |\cdot a$$

$$\Leftrightarrow \quad a^2 + 15\,912\text{ cm}^2 = a \cdot 257\text{ cm}$$

$$\Leftrightarrow \quad a^2 - 257\text{ cm} \cdot a + 15\,912\text{ cm}^2 = 0$$

Setzen wir x: = a, erhalten wir die quadratische Gleichung

$$x^2 - 257\text{ cm} \cdot x + 15\,912\text{ cm}^2 = 0$$

Wir ordnen zu: $a = 1$; $b = -257$ cm; $c = 15\,912\text{ cm}^2$ und berechnen die Diskriminante D:

$$D = b^2 - 4ac$$

$$D = (-257\text{ cm})^2 - 4 \cdot 1 \cdot 15\,912\text{ cm}^2$$
$$= 66\,049\text{ cm}^2 - 63\,648\text{ cm}^2$$
$$= 2\,401\text{ cm}^2$$

Wir erhalten als Lösungen für die eine Kathete:

$$x = \frac{-b + \sqrt{D}}{2a} \quad \vee \quad x = \frac{-b - \sqrt{D}}{2a}$$

$$\Leftrightarrow \quad x = \frac{257\text{ cm} + \sqrt{2\,401\text{ cm}^2}}{2} \quad \vee \quad x = \frac{257\text{ cm} - \sqrt{2\,401\text{ cm}^2}}{2}$$

$$\Leftrightarrow \quad x = \frac{257\text{ cm} + 49\text{ cm}}{2} \quad \vee \quad x = \frac{257\text{ cm} - 49\text{ cm}}{2}$$

$$\Leftrightarrow \quad x = \frac{306\text{ cm}}{2} \quad \vee \quad x = \frac{208\text{ cm}}{2}$$

$$\Leftrightarrow \quad x = 153\text{ cm} \quad \vee \quad x = 104\text{ cm}$$

Wir haben also für die Kathete a folgende zwei Lösungen:

$$a = 153\text{ cm} \quad \vee \quad a = 104\text{ cm}$$

Mit der Beziehung (2):

$$a + b = 257\text{ cm wird}$$
$$b = 257\text{ cm} - a$$
$$\Leftrightarrow \quad b = 104\text{ cm} \quad \vee \quad b = 153\text{ cm}$$

Die Katheten haben somit die Längen 104 cm bzw. 153 cm. Mit Hilfe des Satzes von Pythagoras bestimmen wir die Hypotenuse c zu:

$c^2 = a^2 + b^2$

$c = \sqrt{a^2 + b^2}$

$c = \sqrt{(153\text{ cm})^2 + (104\text{ cm})^2}$

$c = \sqrt{23\,409\text{ cm}^2 + 10\,816\text{ cm}^2}$

$c = \sqrt{34\,225\text{ cm}^2}$

$c = 185\text{ cm}$

Ergebnis: Die Hypotenuse des Dreiecks hat die Länge 185 cm; die Katheten sind 153 cm und 104 cm lang.

98. Dem Text entnehmen wir folgende Zusammenhänge:

$U = 2a + c = 50\text{ (cm)}$ (1)

und

$c = h_c + 1\text{ (cm)}$ (2)

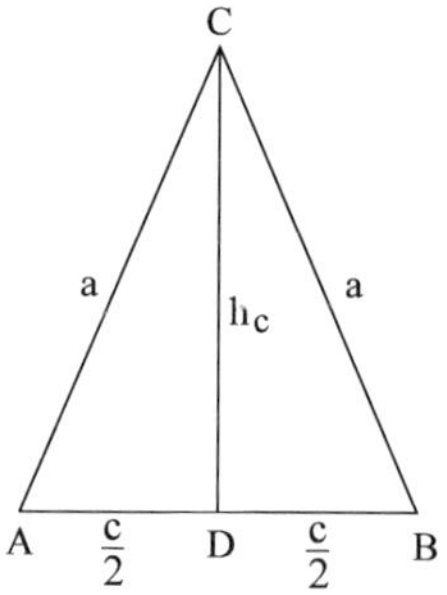

Wenden wir auf das Teildreieck ADC den Lehrsatz von Pythagoras an:

$a^2 = h_c^2 + \left(\frac{c}{2}\right)^2$ (3)

aus (2) folgt: $h_c = c - 1$

aus (1) folgt: $a = \dfrac{50 - c}{2}$

Wir setzen in (3) zusammen:

$$\left(\frac{50-c}{2}\right)^2 = (c-1)^2 + \left(\frac{c}{2}\right)^2$$

$$\Leftrightarrow \frac{2\,500-100c+c^2}{4} = c^2-2c+1+\frac{c^2}{4} \qquad |\cdot 4$$

$$\Leftrightarrow 2\,500-100c+c^2 = 4\cdot\left(c^2-2c+1+\frac{c^2}{4}\right)$$

$$\Leftrightarrow 2\,500-100c+c^2 = 4c^2-8c+4+c^2$$

$$\Leftrightarrow 4c^2+92c-2\,496=0 \qquad |:4$$

$$\Leftrightarrow c^2+23c-624=0$$

$$\Leftrightarrow (c-16)(c+39)=0$$

$$\Leftrightarrow c-16=0 \quad \vee \quad c+39=0$$

$$\Leftrightarrow c=16 \quad \vee \quad c=-39$$

Lösung c = –39 als Streckenlänge unbrauchbar.
Also erhalten wir c = 16 cm.

Aus (1) können wir a zu

$$a = \frac{50-16}{2} = 17$$

a = 17 cm bestimmen, während h_c = 16 cm – 1 cm = 15 cm.

Ergebnis:
Das Dreieck hat die Basis c =16 cm, die Schenkellänge beträgt 17 cm und die Höhe h_c mißt 15 cm.

99. Aus dem Beispiel (3) von Seite 79 wissen wir:

$$\frac{90-x}{x} = \frac{x}{90} \qquad |\cdot 90x$$

$$\Leftrightarrow (90-x)\cdot 90 = x^2$$

$$\Leftrightarrow 8100-90x = x^2$$

$$\Leftrightarrow x^2+90x-8100=0$$

Wir ordnen zu: a = 1; b = 90; c = – 8 100 und berechnen die Diskriminante D:

$$D = b^2 - 4ac$$

$$D = 90^2 - 4\cdot 1\cdot(8100)$$

$$= 8100 + 4\cdot 8100$$

$$= 40\,500$$

Also:

$$x = \frac{-b + \sqrt{D}}{2 \cdot a} \quad \vee \quad x = \frac{-b - \sqrt{D}}{2 \cdot a}$$

$$x = \frac{-90 + \sqrt{40\,500}}{2} \quad \vee \quad x = \frac{-90 - \sqrt{40\,500}}{2}$$

$$x = \frac{-90 + 201}{2} \quad \vee \quad x = \frac{-90 - 201}{2}$$

$$x = 55{,}5 \quad \vee \quad x = -145{,}5$$

Die Lösung $x = -145{,}5$ (m) ist unbrauchbar.

Also: $x = 55{,}5$ m

100. Vorüberlegung: Denken wir uns eine Klasse mit 5 Schülern. Dann kann jeder der 5 Schüler den 4 restlichen einen „Guten Tag" wünschen. Somit wird das „Guten Tag" insgesamt 5 · 4 (= 20)mal ausgesprochen.

In der Aufgabe haben wir x Schüler. Also gilt:

$$x(x-1) = 756$$

$$\Leftrightarrow \quad x^2 - x = 756$$

$$\Leftrightarrow \quad x^2 - x - 756 = 0$$

Wir ordnen zu: $a = 1$; $b = -1$; $c = -756$; berechnen die Diskriminante D

$$D = (-1)^2 - 4 \cdot (-756)$$

$$= 3025$$

und erhalten die Lösungen:

$$x = \frac{-b + \sqrt{D}}{2a} \quad \vee \quad x = \frac{-b - \sqrt{D}}{2a}$$

$$x = \frac{1 + 55}{2} \quad \vee \quad x = \frac{1 - 55}{2}$$

$$x = \frac{56}{2} \quad \vee \quad x = \frac{-54}{2}$$

$$x = 28 \quad \vee \quad x = -27$$

(unbrauchbar)

Ergebnis: Die Klasse hat 28 Schüler.

101. Vorüberlegung: Bei der Überlegung von Aufgabe 100 würde jeder mit jedem zwei Mal anstoßen. (Es sagt keiner etwas!).
Deswegen lautet unser Ansatz hier:

$$\frac{x(x-1)}{2} = 10$$
$$\Leftrightarrow \quad x^2 - x = 20$$
$$\Leftrightarrow \quad x^2 - x - 20 = 0$$
$$\Leftrightarrow \quad (x-5)(x+4) = 0$$
$$\Leftrightarrow \quad x - 5 = 0 \quad \vee \quad x + 4 = 0$$
$$\Leftrightarrow \quad x = 5 \quad \vee \quad x = -4$$

(unbrauchbar)

Ergebnis: Es haben 5 Leute miteinander angestoßen und deswegen hatte Bettina 4 Gäste.

102. Tiefe des Brunnens: h
$h = 5 \cdot a^2$ (fallender Stein)
$h = 340\,(3 - a)$
Der Stein fällt a Sekunden lang; der Schall gelang in (3 – a) Sekunden nach dem Aufschlag des Steins an die Ohren der beiden.

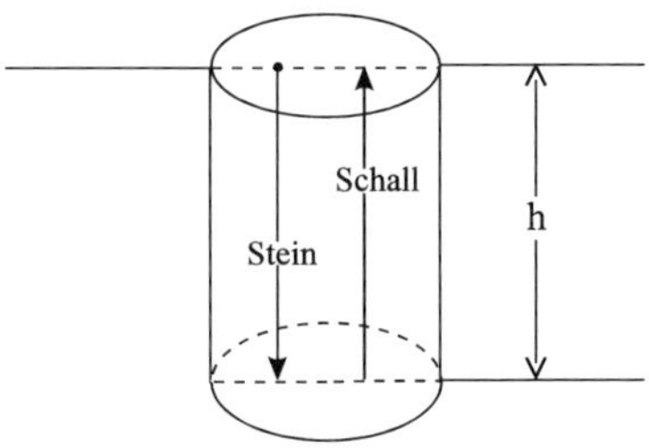

Die beiden Wege, die der Stein im freien Fall und der Schall zurücklegen, sind gleich lang. Also gilt:

$$5a^2 = 340\,(3 - a)$$
$$\Leftrightarrow \quad 5a^2 = 1\,020 - 340a$$
$$\Leftrightarrow \quad 5a^2 + 340a - 1\,020 = 0 \qquad |:5$$
$$\Leftrightarrow \quad a^2 + 68a - 204 = 0$$

Wir berechnen die Diskriminante D

$$D = 68^2 - 4 \cdot 1 \cdot (-204)$$
$$= 4\,624 + 816$$
$$= 5\,440$$

und erhalten die beiden (rechnerischen) Lösungen:

$$a = \frac{-b + \sqrt{D}}{2a} \quad \vee \quad a = \frac{-b - \sqrt{D}}{2a}$$

$$a = \frac{-68 + \sqrt{5\,440}}{2} \quad \vee \quad a = \frac{-68 - \sqrt{3\,440}}{2}$$

$$a = \frac{-68 + 73{,}76}{2} \quad \vee \quad a = \frac{-68 - 73{,}76}{2}$$

$$a = \frac{5{,}76}{2} \quad \vee \quad a = \frac{-141{,}76}{2}$$

$$a = 2{,}88 \quad \vee \quad a = -70{,}88\text{s}$$

unbrauchbar

Also: a = 2,88s

Damit wird

$h = 5 \cdot (2{,}88)^2 \approx 41{,}5$ (m)

oder $h = 340\,(3 - 2{,}88) \approx 41$ (m)

Ergebnis: Der Brunnen hat eine Tiefe von ca. 41 m.

103. Die Koordinaten von P müssen die Parabelgleichung $y = ax^2$ erfüllen.

a) $-2 = a \cdot 2^2 \Leftrightarrow a = -\frac{2}{4} = -\frac{1}{2}$

b) $20 = a \cdot (-5)^2 \Leftrightarrow a = \frac{20}{25} = \frac{4}{5}$

c) $-\frac{5}{4} = a \cdot \left(\frac{5^2}{2}\right) \Leftrightarrow -\frac{5}{4} = a \cdot \frac{25}{4} \Rightarrow a = \frac{-5}{25} = -\frac{1}{5}$

d) $3 = a(-\sqrt{2})^2 \Leftrightarrow 3 = a \cdot 2 \Rightarrow a = \frac{3}{2}$

e) $0{,}48 = a(0{,}4)^2 \Leftrightarrow 0{,}48 = a \cdot 0{,}16 \Leftrightarrow a = \frac{48}{16} = 3$

104. a) I ist nach oben offen $\Rightarrow a > 0$ ist richtig
I ist breiter als die NP $\Rightarrow a < 1$ ist richtig

b) II ist nach unten offen $\Rightarrow a < 0$ ist richtig

II ist schmäler als die NP $\Rightarrow \left.\begin{matrix} |a| > 1 \\ a < 0 \end{matrix}\right\} \Rightarrow a < -1$ ist richtig

105. $P(x_1 \mid y_1) \in$ Parabel $y = ax^2$. Es gilt also $y_1 = ax_1^2$. Auch der verschobene Punkt $P'(x_2; y_2)$ dessen Abszisse $x_2 = 2 \cdot x_1$ ist, liegt auf der Parabel. Es gilt also:

$$y_2 = ax_2^2 = a \cdot (2x_1)^2 = a \cdot 4 \cdot x_1^2 = 4 \cdot ax_1^2 = 4 \cdot y_1.$$

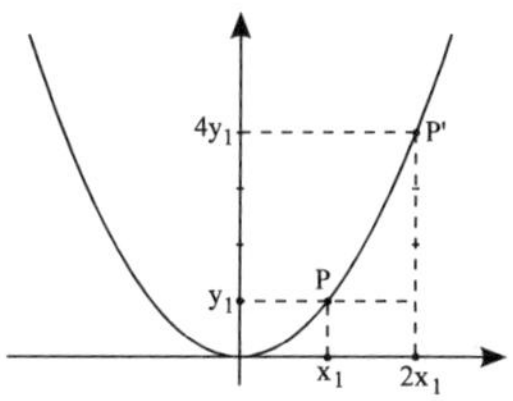

106.

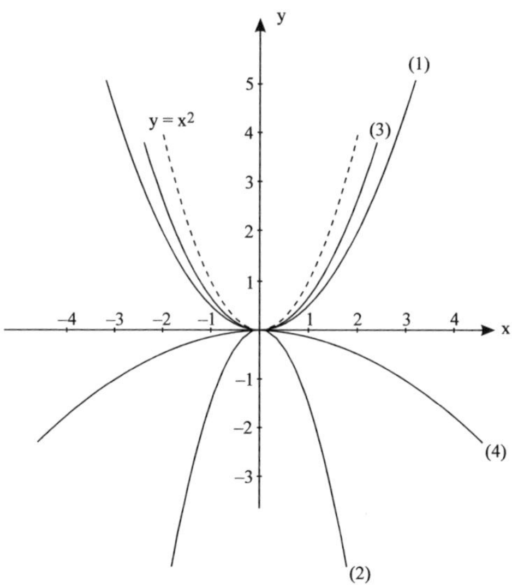

(1) $y = 0{,}5x^2$

(2) $y = -1{,}5x^2$

(3) $y = \frac{2}{3}x^2$

(4) $y = -0{,}1x^2$

107. a) $v = 100 \mapsto s = 0{,}042 \cdot 100^2 = 420$

$v = 250 \mapsto s = 0{,}042 \cdot 250^2 = 2\,625$

v	$100\,\frac{km}{h}$	$250\,\frac{km}{h}$
s	420 m	2 625 m

b) $1\,000 = 0{,}042 \cdot v^2 \Rightarrow v = \sqrt{\frac{1000}{0{,}042}} = 154{,}3$

Soll der Bremsweg ≤ 1 km sein, darf die Geschwindigkeit des ICE höchstens $154{,}3\,\frac{km}{h}$ betragen.

108. a) Das Einsetzen des Wertepaares $(v\,|\,s) = (30\,|\,9)$ in die Parabelgleichung $s = av^2$ ergibt $9 = a \cdot 30^2 \Rightarrow a = \frac{9}{900} = \frac{1}{100} = 0{,}01$.

$s = 0{,}01 \cdot v^2$ wird auch von den anderen gegebenen Wertepaaren erfüllt. Daher liegen die zugehörigen Punkte $P(v\,|\,s)$ auf derselben Parabel $s = 0{,}01\,v^2$.

b) $v = 30 \mapsto s = 9$

$v = 60 \mapsto s = 0{,}01 \cdot 60^2 = 36$

Statt des bisherigen 25 m-Bremsweges brächte die Neufestsetzung der Höchstgeschwindigkeiten in Wohngebieten einen Bremsweg von 9 m, auf Durchgangsstraßen einen Bremsweg von 36 m.

109. a) $2x^2-4x-5=0 \quad \Leftrightarrow \quad x^2-2x-\frac{5}{2}=0$

$$x^2=2x+\frac{5}{2}$$

Die Gerade $y=2x+\frac{5}{2}$ schneidet die Normalparabel $y = x^2$ in zwei Punkten. Deren Abszissen sind (vermutlich angenähert) $x_1 \approx -0{,}9$ und $x_2 \approx 2{,}9$.

$L= \{x_1 \approx -0{,}9 \mid x_2 \approx 2{,}9\}$

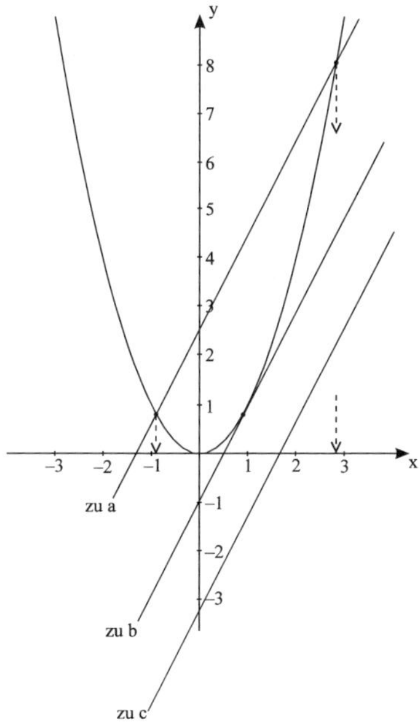

Durch Rechnung:

$2x^2-4x-5=0$

$\Leftrightarrow \quad x^2-2x+1=\frac{5}{2}+1$

$(x-1)^2=\frac{7}{2}$

$x-1=\sqrt{\frac{7}{2}} \quad \vee \quad x-1=-\sqrt{\frac{7}{2}}$

$L=\{1-\sqrt{3{,}5}\,,\ 1+\sqrt{3{,}5}\}$

b) $x^2-2x+1=0$

$\Leftrightarrow x^2 = 2x-1$

Die Gerade $y = 2x - 1$ berührt die Normalparabel im Punkt (1; 1).
$x = 1$ ist die einzige Lösung der quadratischen Gleichung.

Rechnerisch:

$x^2-2x+1=0$

$\Leftrightarrow (x-1)^2=0 \quad \Leftrightarrow \quad x=1$

$L = \{1\}$

c) $3x^2 - 6x + 10 = 0 \qquad |:3$

$x^2 - 2x + \frac{10}{3} = 0;\; x^2 = 2x - \frac{10}{3}$

Die Normalparabel $y = x^2$ und die Gerade $y = 2x - \frac{10}{3}$ haben keinen gemeinsamen Punkt.

$L = \{\ \}$

Rechnerisch:

$$x^2 - 2x + \frac{10}{3} = 0$$

$$\Leftrightarrow\; x^2 - 2x + 1 + \frac{10}{3} - 1 = 0$$

$$\Leftrightarrow\; (x-1)^2 = -\frac{7}{3}$$

$L = \{\ \}$

110. Die Gleichung $x^2 = -\frac{3}{2}x + t \Leftrightarrow x^2 + \frac{3}{2}x - t = 0$ soll genau eine Lösung haben. Die Diskriminante muß deshalb gleich null sein.

$$D = \left(\frac{3}{2}\right)^2 - 4\cdot 1\cdot(-t) = 0 \;\Leftrightarrow\; \frac{9}{4} + 4t = 0 \;\Leftrightarrow\; t = -\frac{9}{16}.$$

Im Fall D = 0 hat die Gleichung $ax^2 + bx + c = 0$ die einzige Lösung

$$x_B = \frac{-b}{2a} = \frac{-3/2}{2\cdot 1} = -\frac{3}{4}.$$

Wegen $B \in NP$:

$$y_B = \left(-\frac{3}{4}\right)^2 = \frac{9}{16}$$

g: $y = -\frac{3}{2}x - \frac{9}{16}$ berührt die NP in $B\left(-\frac{3}{4}\middle|\frac{9}{16}\right)$.

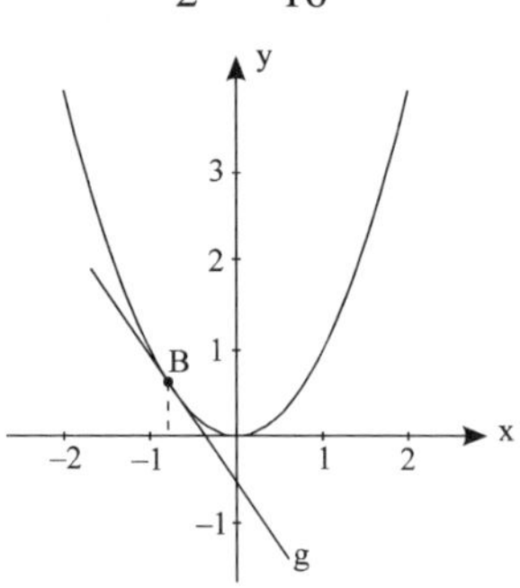

111. $Q_1(2{,}5 \mid y_1) \in NP \Rightarrow y_1 = 2{,}5^2 = 6{,}25$.
$Q_1(2{,}5 \mid 6{,}25)$ muß auch die Gleichung der Geraden g: $y = mx + 4{,}5$ erfüllen.

Also:

$6{,}25 = m \cdot 2{,}5 + 4{,}5 \Leftrightarrow \quad m = \dfrac{6{,}25 - 4{,}50}{2{,}5} = \dfrac{1{,}75}{2{,}5} = \dfrac{175}{250} = \dfrac{7}{10}$
g: $y = 0{,}7x + 4{,}5$.

Die Gleichung für die Schnittpunktsberechnung lautet also:

$$x^2 = 0{,}7x + 4{,}5 \quad \Leftrightarrow \quad x^2 - 0{,}7 \cdot x - 4{,}5 = 0$$
$$x^2 + px + q = 0$$

Die eine Lösung ist uns bekannt, nämlich $x_1 = 2{,}5$.
Die andere Lösung x_2 gewinnen wir mit Hilfe des Satzes von Vieta:

$$x_1 + x_2 = -p \qquad \text{und} \quad x_1 \cdot x_2 = q$$
$$2{,}5 + x_2 = -(-0{,}7)$$
$$x_2 = 0{,}7 - 2{,}5$$
$$x_2 = -1{,}8$$

x_2 hätten wir auch aus der zweiten Vieta-Formel berechnen können:

$$2{,}5 \cdot x_2 = q = -4{,}5 \quad \Leftrightarrow \quad x_2 = \frac{-4{,}5}{2{,}5} = -\frac{45}{25} = -\frac{9}{5} = -1{,}8$$

y_2 erhält man wegen $Q_2 \in NP$ aus $y_2 = x_2^2$; $y_2 = (-1{,}8)^2 = 3{,}24$

oder wegen $Q_2 \in g$ aus $y_2 = 0{,}7 \cdot x_2 + 4{,}5$;
$y_2 = 0{,}7 \cdot (-18) + 4{,}5 = -1{,}26 + 4{,}5 = 3{,}24$
$Q_2(-1{,}8 \mid 3{,}24)$

112. Die Geradengleichung $y = -\frac{5}{4}x + t$ muß von den Koordinaten des Punktes $Q_1 \in NP$, also von $x_1 = -3$, $y_1 = (-3)^2 = 9$ erfüllt werden.

$$9 = -\frac{5}{4}(-3) + t \quad \Rightarrow \quad t = \frac{21}{4}; \quad g: \ y = -\frac{5}{4}x + \frac{21}{4}$$

Die quadratische Gleichung $x^2 = -\frac{5}{4}x + \frac{21}{4} \quad \Leftrightarrow \quad x^2 + \frac{5}{4}x - \frac{21}{4} = 0$
hat die eine Lösung $x_1 = -3$.

Nach Vieta ergibt sich die zweite Lösung aus $(-3) \cdot x_2 = -\frac{21}{4} \Leftrightarrow x_2 = \frac{7}{4}$.

g schneidet somit die NP in $Q_1(-3 \mid 9)$ und $Q_2\left(\frac{7}{4} \,\middle|\, \frac{49}{16}\right)$.

113. Ansatz: g: $y = mx + t$.
Wegen $P(-1{,}5\,|\,0) \in g$ folgt $0 = m\,(-1{,}5) + t \Rightarrow t = 1{,}5\ m$.

$$\left.\begin{array}{ll} g: & y = mx + 1{,}5m \\ NP: & y = x^2 \end{array}\right\} x^2 = mx + 1{,}5\ m \Leftrightarrow x^2 - mx - 1{,}5\ m = 0$$

Diese quadratische Gleichung soll keine Lösung haben.
Es muß gelten: Diskriminante $D = (-m)^2 - 4 \cdot 1 \cdot (-1{,}5\ m) < 0 \Leftrightarrow$
$m^2 + 6\ m < 0 \Leftrightarrow (m + 6) \cdot m < 0$.

Das Produkt ist negativ, wenn die beiden Faktoren verschiedene Vorzeichen haben.

Entweder	**oder**
$m + 6 > 0 \ \wedge\ m < 0$	$m + 6 < 0 \ \wedge\ m > 0$
$m > -6 \ \wedge\ m < 0$	$m < -6 \ \wedge\ m > 0$
$L =]-6; 0[$	$L = \{\ \}$

Die Geraden durch $P(-1{,}5\,|\,0)$, welche Passanten bezüglich der Normalparabel $y = x^2$ sind, sind erfaßt durch die Gleichung $y = mx + 1{,}5\ m$, wobei $-6 < m < 0$ gilt.

114. g: $y = mx + t$; $P\left(1 \middle| -\frac{5}{4}\right) \in g \ \Rightarrow\ -\frac{5}{4} = m \cdot 1 + t \ \Rightarrow\ t = -m - \frac{5}{4}$

$$\left.\begin{array}{ll} \text{g durch P:} & y = mx - m - \frac{5}{4} (*) \\ \text{NP:} & y = x^2 \end{array}\right\} x^2 = mx - m - \frac{5}{4} \ \Leftrightarrow$$

$$x^2 - mx + \left(m + \frac{5}{4}\right) = 0 \qquad (**)$$

Diese quadratische Gleichung soll genau eine Lösung haben.

$$\text{Diskriminante } D = (-m)^2 - 4 \cdot 1 \cdot \left(m + \frac{5}{4}\right) = 0$$

$\Leftrightarrow\ m^2 - 4m - 5 = 0$ Zerlegung in Linearfaktoren:
$\Leftrightarrow\ (m + 1)(m - 5) = 0 \quad \Leftrightarrow\ m = -1 \ \vee\ m = 5$

Aus $(*)$ ergeben sich die Tangentengleichungen

für $m = -1$ $\qquad g_1$: $y = -x - \frac{1}{4}$

für $m = 5$ $\qquad g_2$: $y = 5x - \frac{25}{4}$

Eine quadratische Gleichung $ax^2 + bx + c = 0$ hat im Fall $D = b^2 - 4ac = 0$ die einzige Lösung $x = -\frac{b}{2a}$.

Aus (∗∗) ergibt sich, da ja D = 0 ist,
für m = –1 die Berührpunktsabszisse

$$x = \frac{m}{2 \cdot 1} = \frac{-1}{2},$$

für m = 5 die Berührpunktsabszisse

$$x = \frac{m}{2 \cdot 1} = \frac{5}{2}.$$

g_1 berührt die NP in $B_1\left(-\frac{1}{2}\middle|\frac{1}{4}\right)$

g_2 berührt die NP in $B_2\left(\frac{5}{2}\middle|\frac{25}{4}\right)$

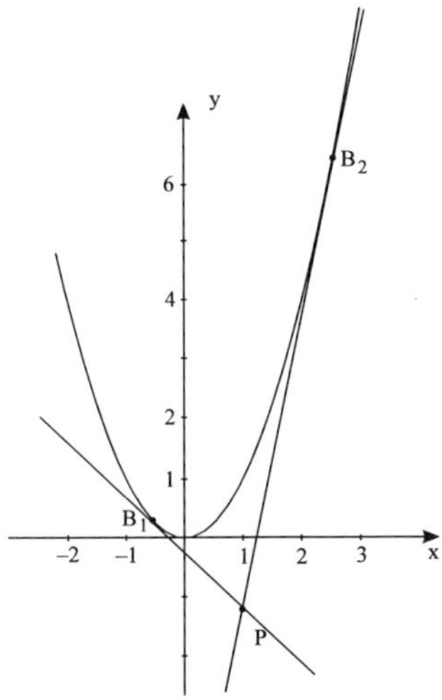

115. a) $\left.\begin{array}{ll} g: & y = mx + t \\ NP: & y = x^2 \end{array}\right\} x^2 = mx + t \iff x^2 - mx - t = 0$

$L = \{x_1, x_2\}$

Nach Vieta muß gelten:

$-m = -(x_1 + x_2) \quad \wedge \quad -t = x_1 \cdot x_2$

$\iff m = x_1 + x_2 \quad \wedge \quad t = -x_1 \cdot x_2$

g: $y = (x_1 + x_2) \cdot x - x_1 \cdot x_2$

b) $x = 0 \Rightarrow y = -x_1x_2$; $T(0 | -x_1x_2)$

$y = 0 \Rightarrow 0 = (x_1 + x_2)\,x - x_1x_2 \iff x = \frac{x_1x_2}{x_1 + x_2}$; $S\left(\frac{x_1x_2}{x_1 + x_2}\middle|0\right)$

c) Für $x_1 = -\sqrt{2}$ und $x_2 = 2{,}5$ ist

$-x_1x_2 = -(-\sqrt{2})\cdot 2{,}5 \approx 3{,}536$

$\frac{x_1 \cdot x_2}{x_1 + x_2} = \frac{-\sqrt{2}\cdot 2{,}5}{-\sqrt{2}+2{,}5} \approx -3{,}256$

T(0 | 3,536),

S(–3,256 | 0).

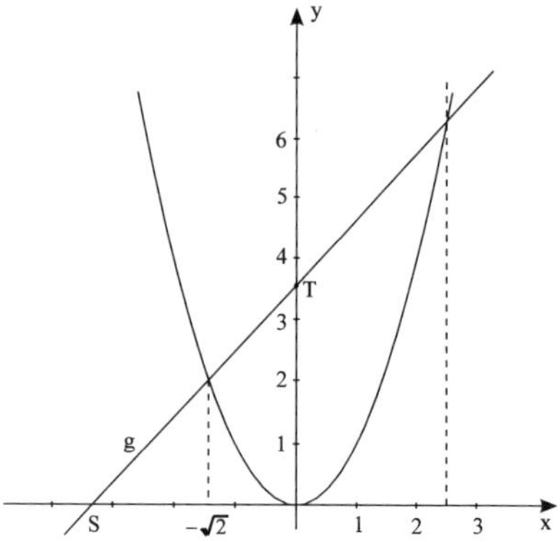

116. g: y = mx + t $\qquad$ $D(0|4) \in g \Rightarrow t = 4$

$$\left.\begin{array}{ll} g: & y = mx + 4 \\ NP: & y = x^2 \end{array}\right\} \; x^2 = mx + 4 \quad \Leftrightarrow \quad x^2 - mx - 4 = 0$$

Nach Vieta ist $\quad x_1 \cdot x_2 = -4$

$$(-3)\cdot x_2 = -4 \;\Rightarrow\; x_2 = \frac{4}{3}$$

$$y_2 = \left(\frac{4}{3}\right)^2 \qquad Q_2\left(\frac{4}{3}\,\middle|\,\frac{16}{9}\right)$$

m ergibt sich wegen $Q_1(-3|9) \in g$ aus $9 = m \cdot (-3) + 4$

$\Rightarrow\; m = -\frac{5}{3} \qquad g:\; y = -\frac{5}{3}x + 4$

117.

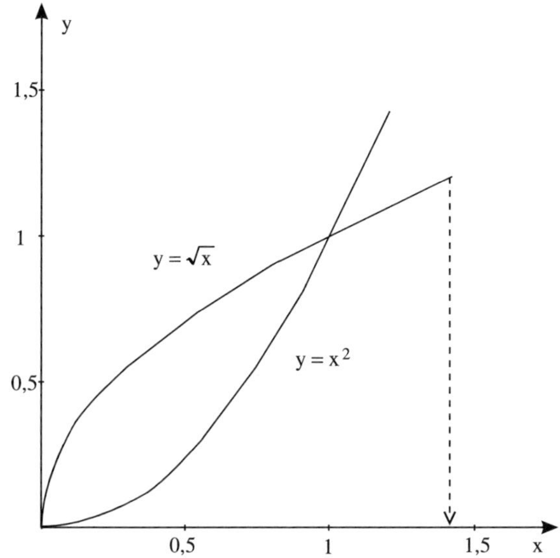

x	0	0,2	0,4	0,6	0,8	1,0	1,2
$x^2 = y$	0	0,04	0,16	0,36	0,64	1	1,44

x	0	0,25	0,5	0,64	1	1,44
$\sqrt{x} = y$	0	0,5	0,707	0,8	1	1,2

118.

119. a) NP: $y = x^2$
Scheitel der verschobenen Parabel $S(-\sqrt{5} \mid 0)$
Gleichung der verschobenen Parabel $y = (x + \sqrt{5})^2$

b) $\sqrt{5} \mapsto y = (\sqrt{5} + \sqrt{5})^2 = (2\sqrt{5})^2 = 4 \cdot 5 = 20 = y_{P_1} \Rightarrow P_1 \in$ Parabel
$-1 \mapsto y = (-1 + \sqrt{5})^2 = 1 - 2\sqrt{5} + 5 = 6 - 2\sqrt{5} = 2(3 - \sqrt{5}) =$
$= y_{P_2} \Rightarrow P_2 \in$ Parabel
$-\sqrt{20} \mapsto y = (-\sqrt{20} + \sqrt{5})^2 = (-2\sqrt{5} + \sqrt{5})^2 = (-\sqrt{5})^2 = 5 \neq y_{P_3}$
$\Rightarrow P_3 \notin$ Parabel
$0 \mapsto y = (0 + \sqrt{5})^2 = 5 = y_{P_4} \Rightarrow P_4 \in$ Parabel

c) $y = (x + \sqrt{5})^2$
$4 = (x + \sqrt{5})^2 \Leftrightarrow 2 = |x + \sqrt{5}| \Leftrightarrow x = 2 - \sqrt{5} \lor x = -2 - \sqrt{5}$
Die Punkte $Q_1(-2 - \sqrt{5} \mid 4)$ und $Q_2(2 - \sqrt{5} \mid 4)$ liegen auf der Parabel.

120. a) Die Parabel $y = -0{,}6(x - 5)^2$ entsteht schrittweise aus der Normalparabel $y = x^2$
1. durch Stauchung mit Faktor 0,6 in y-Richtung $\rightarrow y = 0{,}6x^2$
2. durch Spiegelung an der x-Achse $\rightarrow y = -0{,}6x^2$
3. durch Verschiebung um 5 LE nach rechts $\rightarrow y = -0{,}6(x - 5)^2$

b) $x = 0$ eingesetzt: $y = -0{,}6\,(0 - 5)^2 = -0{,}6 \cdot 25 = -15$
Schnittpunkt: $T(0 \mid -15)$

121. zu I: Scheitel $(-3 \mid 0)$, Ansatz $y = a(x + 3)^2$
ersichtlich: $(-1 \mid 1) \in$ I d. h. $1 = a(-1 + 3)^2 \Rightarrow a = \frac{1}{4}$
Funktionsgleichung $y = \frac{1}{4}(x + 3)^2$

zu II: Scheitel $(-1{,}5 \mid 0)$, Ansatz $y = a(x + 1{,}5)^2$
ersichtlich: $(-2{,}5 \mid -1{,}5) \in$ II d. h.
$-1{,}5 = a \cdot (-2{,}5 + 1{,}5)^2 \Rightarrow a = -1{,}5$,
Funktionslgeichung $y = -1{,}5(x + 1{,}5)^2$

zu III: Scheitel (1 | 0), Ansatz $y = a(x - 1)^2$
ersichtlich: $(0|4) \in$ III d. h. $4 = a(0 - 1)^2 \Rightarrow a = 4$
Funktionsgleichung $y = 4(x - 1)^2$

zu IV: Scheitel (5 | 0), Ansatz $y = a(x - 5)^2$
ersichtlich $(1|-1) \in$ IV d. h. $-1 = a(1 - 5)^2 \Rightarrow a = -\frac{1}{16}$
Funktionsgleichung $y = -\frac{1}{16}(x - 5)^2$

122. $y = -2(x - b)^2$ muß von ($x = 3$; $y = -4$) erfüllt werden.

$-4 = -2(3 - b)^2 \Rightarrow (3 - b)^2 = 2 \Leftrightarrow 3 - b = -\sqrt{2} \;\vee\; 3 - b = \sqrt{2}$
$\Leftrightarrow b = 3 + \sqrt{2} \;\vee\; b = 3 - \sqrt{2}$

Die Parabeln (1) $y = -2(x - (3 + \sqrt{2}))^2$ und
(2) $y = -2(x - (3 - \sqrt{2}))^2$ gehen durch P(3|−4)

(1) $y \approx -2(x - 4{,}41)^2$
(2) $y \approx -2(x - 1{,}59)^2$

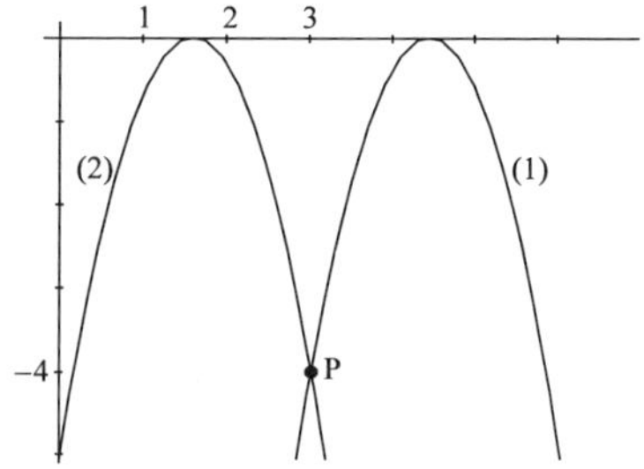

123. I: Scheitel (0 | 1,5); $y = ax^2 + 1{,}5$
$(2|3{,}5) \in$ Parabel $\Rightarrow 3{,}5 = a \cdot 2^2 + 1{,}5 \Rightarrow a = \frac{1}{2}$; $y = \frac{1}{2}x^2 + 1{,}5$

II. Scheitel (0 | −2); $y = ax^2 - 2$
$(3|4) \in$ Parabel $\Rightarrow 4 = a \cdot 3^2 - 2 \Rightarrow a = \frac{2}{3}$; $y = \frac{2}{3}x^2 - 2$

III: Scheitel (0 | 1); $y = ax^2 + 1$
$(1|0) \in$ Parabel $\Rightarrow 0 = a \cdot 1^2 + 1 \Rightarrow a = -1$; $y = -x^2 + 1$

IV: Scheitel (0 | −2,5); $y = ax^2 - 2{,}5$
$(2|-3{,}5) \in$ Parabel $\Rightarrow -3{,}5 = a \cdot 2^2 - 2{,}5 \Rightarrow a = -\frac{1}{4}$; $y = -\frac{1}{4}x^2 - 2{,}5$

124. Scheitel (0 | 6): $y = ax^2 + 6$

$Q(\sqrt{2} \mid 2\sqrt{3}) \in$ Parabel $\Rightarrow \quad 2\sqrt{3} = a \cdot (\sqrt{2})^2 + 6$

$\Rightarrow \quad a = \sqrt{3} - 3; \quad y = (\sqrt{3} - 3)x^2 + 6$

125. a) Scheitel S(3 | 1), Parabel nach oben offen, etwas breiter als die NP

b) Scheitel S(1 | –0,5), Parabel nach oben offen, schmaler als die NP

c) Scheitel S(2 | 2), Parabel nach unten offen, schmaler als die NP

d) Scheitel S(–4 | 1,5), Parabel nach unten offen, breiter als die NP

e)

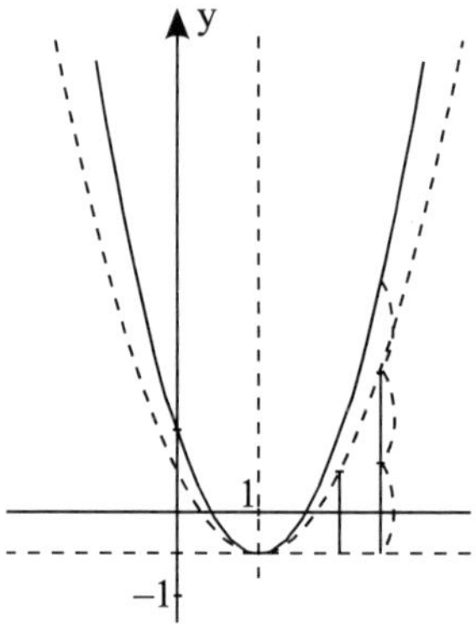

126. p_1: $y = 0{,}4(x + 2)^2 - 1$ Scheitel $S_1(-2 \mid -1)$

p_2: $y = 0{,}4(x + 2)^2 + y_{S_2}$; $P(1 \mid 0{,}5) \in p_2 \Rightarrow$

$0{,}5 = 0{,}4\,(1 + 2)^2 + y_{S_2} \Rightarrow y_{S_2} = 0{,}5 - 0{,}4 \cdot 3^2 = -3{,}1$

Scheitel von p_2 ist $S_2(-2 \mid -3{,}1)$

S_2 liegt 2,1 Einheiten unterhalb S_1.

p_1 muß um 2,1 Einheiten nach unten verschoben werden.

127. a) $y = -2x^2 - 8x - 7 = -2\left(x^2 + 4x + 2^2 - 4 + \frac{7}{2}\right)$

$= -2\left[(x+2)^2 - \frac{1}{2}\right] = -2(x+2)^2 + 1;\quad S(-2|1)$

b) $y = \frac{1}{4}x^2 - x = \frac{1}{4}(x^2 - 4x + 2^2 - 4)$

$= \frac{1}{4}[(x-2)^2 - 4] = \frac{1}{4}(x-2)^2 - 1;\quad S(2|-1)$

c) $y = -\frac{1}{3}x^2 + x + 3\frac{1}{4} = -\frac{1}{3}\left(x^2 - 3x + \left(\frac{3}{2}\right)^2 - \frac{9}{4} - \frac{13 \cdot 3}{4}\right)$

$= -\frac{1}{3}\left[\left(x - \frac{3}{2}\right)^2 - \frac{48}{4}\right] = -\frac{1}{3}\left(x - \frac{3}{2}\right)^2 + 4;\quad S\left(\frac{3}{2}\middle|4\right)$

Parabel nach unten offen, breiter als die NP

d) $y = \frac{1}{\sqrt{2}}x^2 - 4x + 7\sqrt{2} = \frac{1}{\sqrt{2}}(x^2 - 4\sqrt{2}x + (2\sqrt{2})^2 - 8 + 7\sqrt{2} \cdot \sqrt{2})$

$= \frac{1}{\sqrt{2}}[(x - 2\sqrt{2})^2 + 6] = \frac{1}{\sqrt{2}}(x - 2\sqrt{2})^2 + 3\sqrt{2};\quad S(2\sqrt{2}|3\sqrt{2})$

Parabel nach oben offen, breiter als die NP.

e) $y = 2x^2 + 12x + 18 = 2(x^2 + 6x + 9)$

$= 2(x+3)^2;\quad S(-3|0)$

f) $y = -\frac{2}{3}x^2 + 2 = -\frac{2}{3}(x-0)^2 + 2$. Dies ist bereits die Scheitelform!
$S(0|2)$

128. a) $y = -\frac{1}{4}x^2 + \frac{k}{2}x - 3 = -\frac{1}{4}(x^2 - 2kx + 12)$

$= -\frac{1}{4}[x^2 - 2kx + k^2 - k^2 + 12] = -\frac{1}{4}[(x-k)^2 - k^2 + 12]$

$= -\frac{1}{4}(x-k)^2 + \frac{k^2}{4} - 3 \;\Rightarrow\;$ Scheitel $\left(k\,\middle|\,\frac{k^2}{4} - 3\right)$

Bedingung: $y_S = \frac{k^2}{4} - 3 = 1 \Rightarrow k^2 = 16 \Rightarrow k = 4 \vee k = -4$

$k = 4$: die Parabel $y = -\frac{1}{4}x^2 + 2x - 3$ hat Scheitel $(4 \mid 1)$

$k = -4$: die Parabel $y = -\frac{1}{4}x^2 - 2x - 3$ hat Scheitel $(-4 \mid 1)$

129. a) $y = -\frac{1}{4}x^2 - 2x + 3 = -\frac{1}{4}(x^2 + 8x + 4^2 - 16 - 12)$

$= -\frac{1}{4}[(x+4)^2 - 28] = -\frac{1}{4}(x+4)^2 + 7 \Rightarrow$ Scheitel $S(-4|7)$

Die Parabel ist nach unten offen. $\mathbb{W} =]-\infty; 7]$

b) Die nach unten offene Parabel hat ihren Scheitel oberhalb der x-Achse. Sie schneidet also die x-Achse in zwei Punkten.

c) $y = -\frac{1}{4}x^2 + 1$

130. $y = 6(1-x) + \frac{3}{2}x^2$

$= 6 - 6x + \frac{3}{2}x^2$

$= \frac{3}{2}x^2 - 6x + 6 = \frac{3}{2}\left(x^2 - 6 \cdot \frac{2}{3}x + 6 \cdot \frac{2}{3}\right)$

$= \frac{3}{2}(x^2 - 4x + 2^2 - 4 + 4) = \frac{3}{2}(x-2)^2.$ $S(2|0)$

Die Parabel ist nach oben offen. Ihre Symmetrieachse ist bei $x = 2$. Die Parabel mit $\mathbb{D} = \mathbb{R}$ ist fallend in $]-\infty; 2]$ und steigend in $[2; \infty[$.

a) $\mathbb{D}_1 =]-\infty; 1[$
$x = 1 \mapsto y = 1{,}5$
In $\mathbb{D}_1$ ist die Parabel nur fallend von $+\infty$ bis 1,5.
$\mathbb{W}_1 =]1{,}5; \infty[$

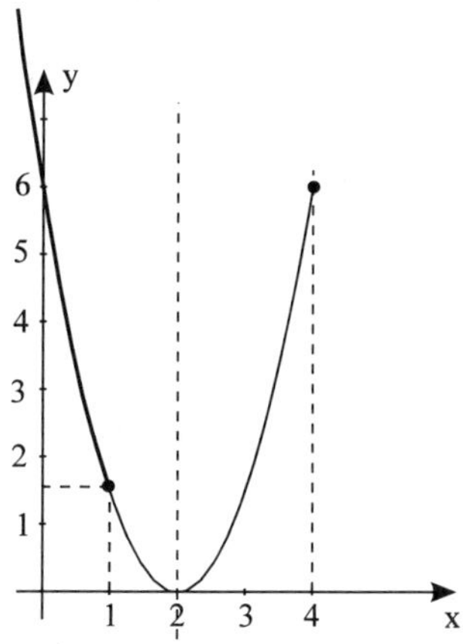

b) In $\mathbb{D}_2 =]-\infty; 4]$ ist die Parabel fallend von $+\infty$ bis 0, dann wieder bis 6 ansteigend.
$\mathbb{W}_2 = [0; \infty[$
Im Fall a hat der Graph keinen Punkt mit der x-Achse gemeinsam.
Im Fall b berührt der Graph die x-Achse in (2 | 0).
(Scheitelpunkt der Parabel!)

131. $x \mapsto y = 0{,}002x^2 + 1{,}8$

a) Die Definitionsmenge ist hier eingeschränkt: $\mathbb{D} = [20; 40]$. Die zunächst für $x \in \mathbb{R}$ betrachtete Parabel hat ihren Scheitel in S(0 | 1,8) und ist nach oben offen.
Sie ist für $x > 0$ steigend.
Der kleinste Funktionswert:
$$x = 20 \mapsto y = 0{,}002 \cdot 20^2 + 1{,}8 = 2{,}60$$
Der größte Funktionswert:
$$x = 40 \mapsto y = 0{,}002 \cdot 40^2 + 1{,}8 = 5{,}00$$
$\mathbb{W} = [2{,}60; 5{,}00]$

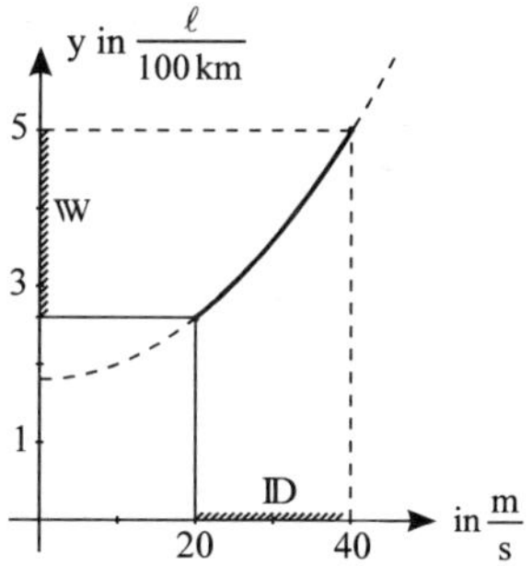

b) $3 = 0{,}002 \cdot x^2 + 1{,}8$
$$\Leftrightarrow x^2 = \frac{1{,}2}{0{,}002} = 600 \Leftrightarrow x = 10\sqrt{6} \approx 24{,}5$$
$$24{,}5\frac{\text{m}}{\text{s}} = 24{,}5 \cdot \frac{0{,}001\,\text{km}}{\frac{1}{3\,600}\,\text{h}} = 24{,}5 \cdot 3{,}6\frac{\text{km}}{\text{h}} = 88{,}2\frac{\text{km}}{\text{h}}$$

132. a) $x = 0 \mapsto y = -2 \cdot 1 = -2$; T(0|–2)

b) $x = 0 \mapsto y = -0{,}05 \cdot 4^2 - 2{,}2 = -0{,}8 - 2{,}2 = -3$; T(0||–3)

c) $x = 0 \mapsto y = 3 \cdot 2 - 1 = 5$; T(0|5)

133. $y = \frac{1}{2}(x - 2\sqrt{2})^2 + d$

$2{,}5 = \frac{1}{2}(0 - 2\sqrt{2})^2 + d \Leftrightarrow 2{,}5 = \frac{1}{2} \cdot 8 + d \Rightarrow d = 2{,}5 - 4 = -1{,}5$

134. a) $-0{,}4x^2 + 1{,}2x + 0{,}7 = 0 \quad | \cdot (-10)$

$4x^2 - 12x - 7 = 0$

$x = \frac{12 + \sqrt{144 + 112}}{8} \quad \vee \quad x = \frac{12 - 16}{8}$

$\Leftrightarrow \quad x = \frac{7}{2} \quad \vee \quad x = -\frac{1}{2}$

b) $2x^2 - 4x + 3 = 0$;
Diskriminante $D = 16 - 4 \cdot 2 \cdot 3 = 16 - 24 = -8 < 0$
Die Parabel schneidet die x-Achse nicht. Sie ist nach oben offen, verläuft also ganz oberhalb der x-Achse.

c) $-\frac{1}{6}x^2 + x - 1{,}5 = 0 \quad | \cdot (-6)$

$\Leftrightarrow x^2 - 6x + 9 = 0$;

$\Leftrightarrow (x - 3)^2 = 0 \quad \Leftrightarrow \quad x = 3$

Die Parabel berührt die x-Achse im Punkt (3||0). (3|0) ist ihr Scheitel!

d) $\frac{1}{8}(x - 2)^2 - 1 = 0 \quad \Leftrightarrow \quad (x - 2)^2 = 8$

$\Leftrightarrow |x - 2| = 2\sqrt{2} \Leftrightarrow x - 2 = -2\sqrt{2} \vee x - 2 = 2\sqrt{2}$

$\Leftrightarrow \quad x = 2 - 2\sqrt{2} \vee x = 2 + 2\sqrt{2}$

Schnittpunkte mit der x-Achse:
$N_1(2 - 2\sqrt{2}|0)$ und $N_2(2 + 2\sqrt{2}\,|0)$

e) $-1{,}5x^2 + 6x = 0.$
$-1{,}5x\,(x-4) = 0 \;\Leftrightarrow\; x = 0 \;\vee\; x - 4 = 0$
$x = +4$
$N_1(0\,|\,0),\; N_2(4\,|\,0)$

f) $-0{,}2(2x-3)(x+4) = 0.$
$\Leftrightarrow\; 2x - 3 = 0 \;\vee\; x + 4 = 0$
$\Leftrightarrow\; x = \frac{3}{2} \;\vee\; x = -4$
$N_1(-4\,|\,0),\; N_2(1{,}5\,|\,0)$

135. $y = 8x - x^2 - 12$ Ordne die Glieder nach Potenzen von x!
$y = -x^2 + 8x - 12 = -(x^2 - 8x + 12) = -(x + \underset{?}{c}) \cdot (x + \underset{?}{d})$
$12 = c \cdot d$

Entweder sind beide Faktoren positiv oder beide negativ.

Wegen $-8 = c + d$ müssen dann beide negativ sein.
$12 = (-1) \cdot (-12)$
$= (-2)(-6) \quad \leftarrow! \; (-2) + (-6) = -8; \; c = -2; \; d = -6$
$(-3) \cdot (-4)$
$y = -(x-2)(x-6).$
Schnittpunkte mit der x-Achse: $N_1(2\,|\,0),\; N_2(6\,|\,0)$
Schnittpunkt mit y-Achse: $T(0\,|\,-12)$
Scheitel? $x_S = \frac{2+6}{2} = 4$
$x_S = 4 \mapsto y_S = -(4-2)(4-6) = -2 \cdot (-2) = 4; \quad S(4\,|\,4)$
Parabel ist nach unten offen, weil Faktor (-1) bei x^2.
$\mathbb{W} = \,]-\infty; 4]$

136. $y = \frac{3}{4}x^2 + \frac{3}{2}x - \frac{9}{2} = \frac{3}{4}(x^2 + 2x - 6)$

Es gelingt hier nicht, durch Probieren Linearfaktoren zu finden.
$y = 0 \Rightarrow x^2 + 2x - 6 = 0 \Leftrightarrow x^2 + 2x + 1 = 6 + 1 \Leftrightarrow$
$(x+1)^2 = 7 \Leftrightarrow |x+1| = \sqrt{7} \Leftrightarrow$
$x + 1 = -\sqrt{7} \;\vee\; x + 1 = \sqrt{7}$
Nullstellen: $x_1 = -1 - \sqrt{7}$ und $x_2 = -1 + \sqrt{7}$.

Um $\mathbb{W}$ zu bestimmen, brauchen wir den Scheitel S.

$$x_S = \frac{x_1 + x_2}{2} = \frac{-1-\sqrt{7}+(-1+\sqrt{7})}{2} = \frac{-2}{2} = -1$$

$$x_S = -1 \mapsto y_S = \frac{3}{4}((-1)^2 + 2(-1) - 6) = \frac{3}{4}(1-2-6) = -\frac{21}{4} = -5{,}25$$

S(–1 | –5,25).

Die Parabel ist nach oben offen. $\mathbb{W} = [-5{,}25; \infty[$

137. a) Scheiteltangente $y = -8$ besagt, daß $y_S = -8$ ist.

Nullstellen $x_1 = -1, x_2 = 7 \;\Rightarrow\; x_S = \frac{-1+7}{2} = 3$

S(3 | – 8).

Da der Scheitel unterhalb der x-Achse ist und die Funktionen Nullstellen hat, ist die Parabel nach oben offen.

$\mathbb{W} = [-8; \infty[$

b) Parabelgleichung: $y = a(x-(-1))(x-7) = a(x+1)(x-7)$

$a = ?$ $S(3\,|\,-8) \in$ Parabel $\Rightarrow -8 = a(3+1)(3-7)$

$$-8 = a \cdot 4 \cdot (-4)$$

$$a = \frac{1}{2}$$

$$y = \frac{1}{2}(x+1)(x-7)$$

c) $$y = \frac{1}{2}(x+1)(x-7) = \frac{1}{2}(x^2 - 7x + x - 7) = \frac{1}{2}(x^2 - 6x - 7)$$

$$= \frac{1}{2}x^2 - 3x - \frac{7}{2}$$

Wir bringen auf die Scheitelform:

$$y = \frac{1}{2}(x^2 - 6x - 7) = \frac{1}{2}(x^2 - 6x + 3^2 - 9 - 7) = \frac{1}{2}[(x-3)^2 - 16]$$

$$= \frac{1}{2}(x-3)^2 - 8 \;\Rightarrow\; x_S = 3$$

$y_S = -8$ Ergebnis wie in a!

138. a) p: $ax^2+bx+c=y$

$P(2|4)\in p \Rightarrow 4a+2b+c=5$ (1)

$Q(3|0{,}5)\in p \Rightarrow 9a+3b+c=0{,}5$ (2)

$R\left(\frac{11}{2}\middle|\frac{19}{8}\right) \Rightarrow \frac{121}{4}a+\frac{11}{2}b+c=\frac{19}{8}$ (3)

$(2)-(1)\quad 5a+b=-4{,}5 \quad |\cdot(-20) \Rightarrow -100a-20b=90$ (1')

$(3)-(2)\quad \frac{85}{4}a+\frac{5}{2}b=\frac{15}{8} \quad |\cdot 8 \Rightarrow 170a+20b=15$ (2')

$(1')+(2')\quad 70a=105 \Rightarrow a=\frac{105}{70}=\frac{3}{2}$ in $(2)-(1) \Rightarrow$

$b=-4{,}5-5\cdot\frac{3}{2}=-12$

Aus (1) mit a = 1,5 und b = –12

$\Rightarrow c=5-4\cdot 1{,}5-2\cdot(-12)=23$

Ergebnis: p: $y=\frac{3}{2}x^2-12x+23$

$=\frac{3}{2}\left(x^2-8x+\frac{23\cdot 2}{3}\right)$

$=\frac{3}{2}\left(x^2-8x+4^2-16+\frac{23\cdot 2}{3}\right)$

$=\frac{3}{2}\left[(x-4)^2-16+\frac{23\cdot 2}{3}\right]=\frac{3}{2}(x-4)^2-24+23$

$=\frac{3}{2}(x-4)^2-1$; Scheitel$(4|-1)$

b) p: $ax^2+bx+c=y$

$P(-5|\ 5)\in p \Rightarrow 25a-5b+c=5$ (1)

$Q(0|\ 2{,}5)\in p \Rightarrow 0\cdot a+0\cdot b+c=2{,}5$ (2) $\Leftrightarrow c=2{,}5$

$R(1|\ -1)\in p \Rightarrow a+b+c=-1$ (3)

Aus (1) und $c=2{,}5 \Rightarrow 25a-5b=2{,}5 \quad |:5$

Aus (3) und $c=2{,}5 \Rightarrow a+b=-3{,}5$

$\left.\begin{array}{r}5a-b=0{,}5\\ a+b=-3{,}5\end{array}\right\}\Leftrightarrow 6a=-3 \Leftrightarrow a=-\frac{1}{2}$

$b=-3{,}5-\left(-\frac{1}{2}\right)=-3$

Ergebnis: p: $y=-\frac{1}{2}x^2-3x+2{,}5$

$$p:\ y=-\frac{1}{2}x^2-3x+\frac{5}{2}=-\frac{1}{2}(x^2+6x+3^2-9-5)$$
$$=-\frac{1}{2}[(x+3)^2-14]=-\frac{1}{2}(x+3)^2+7$$

Scheitel (–3 | 7)

c) p: $ax^2+bx+c=y$

$P(-6|2)\in p \Rightarrow 36a-6b+c=2$ (1)

$Q(6|-1)\in p \Rightarrow 36a+6b+c=-1$ (2)

$R\left(8\middle|\frac{1}{4}\right)\in p \Rightarrow 64a+8b+c=\frac{1}{4}$ (3)

(2)−(1) $12b=-3 \Leftrightarrow b=-\frac{1}{4}$ in (2) und (3) $\Rightarrow$

(1') $36a+c=-1-6b=-1-6\cdot\left(-\frac{1}{4}\right)=\frac{1}{2}$

(2') $64a+c=\frac{1}{4}-8b=\frac{1}{4}-8\left(-\frac{1}{4}\right)=\frac{9}{4}$

(2')−(1') $28a=\frac{7}{4} \Leftrightarrow a=\frac{1}{16}$

Mit $a=\frac{1}{16}$ folgt aus (1'): $c=\frac{1}{2}-36a=\frac{1}{2}-\frac{36}{16}=\frac{1}{2}-\frac{9}{4}=-\frac{7}{4}$

Ergebnis: p: $y=\frac{1}{16}x^2-\frac{1}{4}x-\frac{7}{4}$

$$y=\frac{1}{16}(x^2-4x+2^2-4-28)=\frac{1}{16}(x-2)^2-2$$

Scheitel (2 | –2)

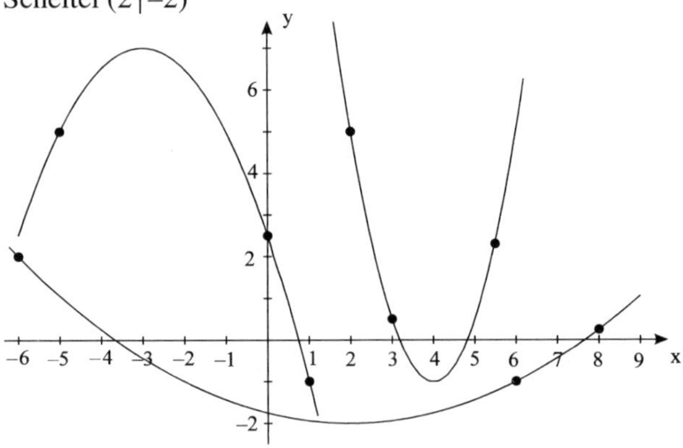

139. a) p: $ax^2+bx+c=y$

$P(1|1)\in p \Rightarrow a+b+c=1$

$Q(-2|4)\in p \Rightarrow 4a-2b+c=4$ Widerspruch!

$R(1|5)\in p \Rightarrow a+b+c=5$

b) $P(-2|2)\in p \Rightarrow 4a-2b+c=2$ (1)

$Q(0|1)\in p \Rightarrow c=1$ (2)

$R(4|-1)\in p \Rightarrow 16a+4b+c=1$ (3)

$(1),(2) \Rightarrow 4a-2b=1 \quad |\cdot 2$

$(3),(2) \Rightarrow 16a+4b=-2$

$$\left.\begin{array}{r}8a-4b=2\\16a+4b=-2\end{array}\right\} \Leftrightarrow \begin{array}{r}24a=0\\a=0\end{array}$$

$$8\cdot 0-4b=2 \Leftrightarrow b=\frac{1}{2}$$

Ergebnis:

$$y=0\cdot x^2-\frac{1}{2}x+1$$

$$y=-\frac{1}{2}x+1$$

Dies ist die Gleichung der *Geraden,* auf der P, Q und R liegen.

140. y-Achse ist Parabelachse $\Rightarrow x_S=0$

Die Gerade $y=\sqrt{2}$ ist Scheiteltangente $\Rightarrow y_S=\sqrt{2}$

Ansatz der Scheitelform: $y=ax^2+\sqrt{2}$

$$P(2|-\sqrt{2})\in \text{Parabel} \Rightarrow -\sqrt{2}=a\cdot 2^2+\sqrt{2} \Rightarrow a=\frac{-2\sqrt{2}}{4}=-\frac{\sqrt{2}}{2}$$

Ergebnis: $y=-\frac{\sqrt{2}}{2}x^2+\sqrt{2}$

141. Scheitelform p: $y = a(x - x_S)^2 + y_S$
S(5 | –2) p: $y = a(x - 5)^2 - 2$

$(0|0) \in p \Rightarrow \quad 0 = a \cdot 25 - 2 \quad \Rightarrow a = \frac{2}{25} = 0{,}08$

Ergebnis: p: $y = 0{,}08(x - 5)^2 - 2$
Nullstellen $x_1 = 0$ und $x_2 = ?$

$$x_S = \frac{x_1 + x_2}{2}$$

$$5 = \frac{0 + x_2}{2} \quad \Leftrightarrow x_2 = 10 \text{ ist die zweite Nullstelle.}$$

142. Die Gleichung der Winkelhalbierenden w des 1. und 3. Quadranten ist $y = x$. Wegen $S \in w$ gilt $y_S = x_S$.

Ansatz in Scheitelform für p:

p: $\quad y = a(x - x_S)^2 + x_S$

$(0|0) \in p \quad \Rightarrow \quad 0 = a \cdot x_S^2 + x_S \qquad (1)$

$P\left(\frac{9}{2} \middle| \frac{9}{4}\right) \in p \quad \Rightarrow \quad \frac{9}{4} = a\left(\frac{9}{2} - x_S\right)^2 + x_S \quad (2)$

Aus (1) folgt $0 = x_S(ax_S + 1) \quad \Leftrightarrow \quad x_S = 0 \quad \vee \quad ax_S + 1 = 0$

$$x_S = -\frac{1}{a}$$

Mit Hilfe von (2) ist nun für jeden der zwei Fälle a zu bestimmen.

1. Fall: $x_S = 0 \text{ in } (2) \Rightarrow \frac{9}{4} = a \cdot \frac{81}{4} \quad \Rightarrow \quad a = \frac{1}{9}$

$$p_1: \ y = \frac{1}{9}x^2$$

2. Fall: $x_S = -\frac{1}{a} \text{ in } (2) \quad \Rightarrow \quad \frac{9}{4} = a\left(\frac{9}{2} + \frac{1}{a}\right)^2 - \frac{1}{a}$

$$\Leftrightarrow \frac{9}{4} = a\left(\frac{81}{4} + \frac{9}{a} + \frac{1}{a^2}\right) - \frac{1}{a}$$

$$\Leftrightarrow \quad \frac{9}{4} = \frac{81}{4}a + 9 + \frac{1}{a} - \frac{1}{a} \quad \Leftrightarrow \quad \frac{81}{4}a = \frac{9}{4} - 9$$

$$\Leftrightarrow \quad \frac{81}{4}a = -\frac{27}{4} \quad \Leftrightarrow \quad a = -\frac{1}{3} \quad \text{und} \quad x_S = -\frac{1}{a} = 3$$

$$y_S = x_S = 3$$

$p_2: \ y = -\frac{1}{3}(x-3)^2 + 3$

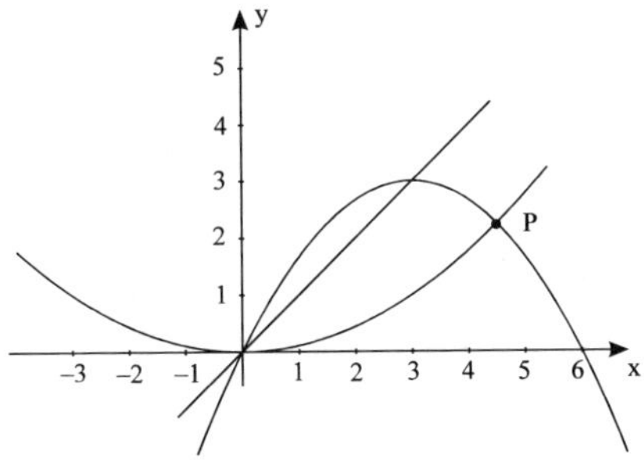

143. a) Nullstellen $x_1 = -r$ und $x_2 = 3r$, $r \in \mathbb{R} \setminus \{0\}$

Ansatz p: $y = a(x + r)(x - 3r)$

Scheitelabszisse $x_S = \frac{x_1 + x_2}{2} = \frac{-r + 3r}{2} = r$

Wegen $\mathbb{W} = [-1; \infty[$ muß $y_S = -1$ sein.

$S(r|-1) \in p \Rightarrow -1 = a(r + r)(r - 3r)$

$-1 = a \cdot 2r \cdot (-2r) \Leftrightarrow a = \frac{1}{4r^2}$

Parabelschar: $y = \frac{1}{4r^2}(x + r)(x - 3r)$ mit $r \in \mathbb{R} \setminus \{0\}$

b) Ansatz p: $y = a(x - x_S)^2 + y_S$.

Wegen der vorgeschriebenen Lage des Scheitels ist $y_S = 2x_S$. Wegen der Kongruenz von p zur an der x-Achse gespiegelten Normalparabel ist $a = -1$.

Parabelschar: $y = -1(x - x_S)^2 + 2x_S$ mit $x_S \in \mathbb{R}$

c) Ansatz: p: $y = ax^2 + bx + c$

Da die Parabeln durch den Ursprung gehen, ist $c = 0$

Also: p: $y = ax^2 + bx$

$P(4|\ 4) \in p \Rightarrow 4 = a \cdot 4^2 + b \cdot 4 \quad | :4$

$1 = 4a + b \Leftrightarrow b = 1 - 4a$

Parabelschar: $y = ax^2 + (1 - 4a)x$ mit $a \in \mathbb{R}$

Bemerkung: Für a = 0 erhält man y = 0 + x. y = x ist die Gleichung der Geraden durch (0 | 0) und (4 | 4). Man kann sie als entartete Parabel auffassen.

144. Zuerst wird die Geradengleichung 2x + 4y – 3 = 0 nach y aufgelöst:

$$y = -\frac{1}{2}x + \frac{3}{4}$$

Parabel: $y = \frac{1}{2}\left(x - \frac{1}{2}\right)^2 - 1 = \frac{1}{2}\left(x^2 - x + \frac{1}{4}\right) - 1 = \frac{1}{2}x^2 - \frac{1}{2}x - \frac{7}{8}$

Gleichung für Schnittpunktsabszisse:

$$\frac{1}{2}x^2 - \frac{1}{2}x - \frac{7}{8} = -\frac{1}{2}x + \frac{3}{4} \quad \Leftrightarrow \quad \frac{1}{2}x^2 = \frac{13}{8}$$

$$\Leftrightarrow \quad x^2 = \frac{13}{2} \quad \Leftrightarrow \quad x_1 = \frac{\sqrt{13}}{2} \quad \vee \quad x_2 = -\frac{\sqrt{13}}{2}$$

Die y-Koordinaten ergeben sich aus der Geradengleichung.

$$y_1 = -\frac{1}{2} \cdot \frac{\sqrt{13}}{2} + \frac{3}{4} = \frac{1}{4}(3 - \sqrt{13})$$

$$y_2 = -\frac{1}{2}\left(-\frac{\sqrt{13}}{2}\right) + \frac{3}{4} = \frac{1}{4}(3 + \sqrt{13})$$

Schnittpunkte:

$$P_1\left(\frac{\sqrt{13}}{2} \middle| \frac{1}{4}(3 - \sqrt{13})\right) \approx (1{,}80|-0{,}15)$$

$$P_2\left(-\frac{\sqrt{13}}{2} \middle| \frac{1}{4}(3 + \sqrt{13})\right) \approx (-1{,}80|1{,}65)$$

$$\overline{P_1P_2}^2 = (x_2 - x_1)^2 + (y_2 - y_1)^2$$

$$= (-\sqrt{13})^2 + \left(\frac{1}{4}(2\sqrt{13})\right)^2$$

$$= 13 + \frac{13}{4} = \frac{5 \cdot 13}{4}$$

$$\overline{P_1P_2} = \sqrt{\frac{5 \cdot 13}{4}} = \frac{1}{2}\sqrt{65} \approx 4{,}03$$

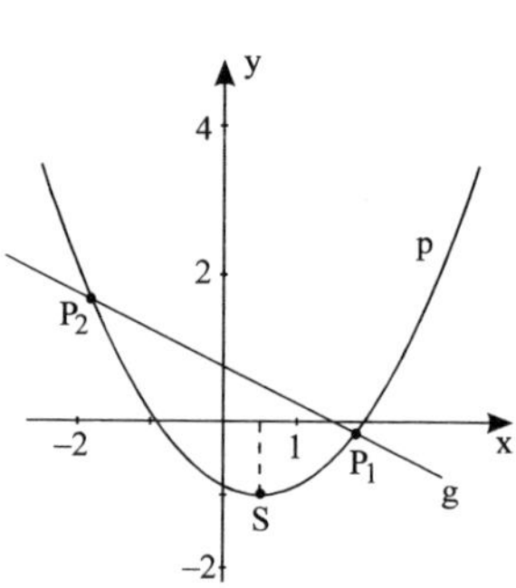

145. a) $\left.\begin{array}{l} p:\ y=-\frac{3}{2}x^2+6x-\frac{9}{2} \\ g:\ y=-3 \end{array}\right\} -\frac{3}{2}x^2+6x-\frac{9}{2}=-3 \quad \Big| \cdot\left(-\frac{2}{3}\right) \Leftrightarrow$

$\Leftrightarrow \quad x^2-4x+1=0 \quad \Leftrightarrow \quad x=\frac{4+\sqrt{16-4}}{2} \quad \vee \quad x=\frac{4-2\sqrt{3}}{2}$

$\Leftrightarrow \quad x=2+\sqrt{3} \qquad \vee \quad x=2-\sqrt{3}$

Schnittpunkte:

$P_1(2-\sqrt{3}|-3)$, $P_2(2+\sqrt{3}|-3)$

b) Die Geradengleichung ist zunächst auf die Form y = mx + t zu bringen:

$9x=2(9-2y) \Leftrightarrow 9x=18-4y \Leftrightarrow y=-\frac{9}{4}x+\frac{9}{2}$

$\left.\begin{array}{l} p:\ y=-\frac{3}{2}x^2+6x-\frac{9}{2} \\ g:\ y=-\frac{9}{4}x+\frac{9}{2} \end{array}\right\} -\frac{3}{2}x^2+6x-\frac{9}{2}=-\frac{9}{4}x+\frac{9}{2} \Leftrightarrow$

$\Leftrightarrow \quad -\frac{3}{2}x^2+\frac{33}{4}x-9=0 \quad \Big| \cdot\left(-\frac{4}{3}\right) \Leftrightarrow \quad 2x^2-11x+12=0$

$\Leftrightarrow \quad x=\frac{11+\sqrt{121-96}}{4} \quad \vee \quad x=\frac{11-5}{4}$

$\Leftrightarrow \quad x=\frac{11+5}{4} \quad \vee \quad x=\frac{11-5}{4}$

$\Leftrightarrow \quad x=4 \quad \vee \quad x=1{,}5$

Also: $x_1 = 1{,}5$; $x_2 = 4$

$y_1=-\frac{9}{4}x_1+\frac{9}{2}=-\frac{9}{4}\cdot\frac{3}{2}+\frac{9}{2}=\frac{9}{8}$

$y_2=-\frac{9}{4}x_2+\frac{9}{2}=-\frac{9}{4}\cdot 4+\frac{9}{2}=-\frac{9}{2}$

Schnittpunkte:

$P_1\left(1{,}5 \;\Big|\; 1\frac{1}{8}\right)$, $P_2(4|-4{,}5)$

c) $\left.\begin{array}{l} p:\ y=-\frac{3}{2}x^2+6x-\frac{9}{2} \\ g:\ y=-\frac{5}{6}x+\frac{10}{3} \end{array}\right\} -\frac{3}{2}x^2+6x-\frac{9}{2}=-\frac{5}{6}x+\frac{10}{3} \Leftrightarrow$

$\Leftrightarrow\ -\frac{3}{2}x^2+\frac{41}{6}x-\frac{47}{6}=0 \Leftrightarrow 9x^2-41x+47=0$

Die Diskriminante D = 1 681– 4 · 9 · 47 < 0. Die Gerade ist Passante.

d) $\left.\begin{array}{l} p:\ y=-\frac{3}{2}x^2+6x-\frac{9}{2} \\ g:\ y=3x-3 \end{array}\right\} -\frac{3}{2}x^2+6x-\frac{9}{2}=3x-3 \quad \left|\cdot\left(-\frac{2}{3}\right)\right.$

$\Leftrightarrow\ x^2-4x+3=-2x+2 \Leftrightarrow x^2-2x+1=0 \Leftrightarrow (x-1)^2=0.$

Einzige Lösung: x = 1

y = 3 · 1 – 3 = 0; y = 0

Die Gerade ist Tangente mit dem Berührpunkt B(1 | 0).

e) p: $y=-\frac{3}{2}x^2+6x-\frac{9}{2}$

g: $x=3{,}5$ vertikale Gerade!

$y_Q=-\frac{3}{2}\cdot(3{,}5)^2+6\cdot 3{,}5-\frac{9}{2}=\ldots=-\frac{15}{8};$

Schnittpunkt:

$Q\left(3{,}5 \,\middle|\, -\frac{15}{8}\right)$

f) $\left.\begin{array}{l} p:\ y=-\frac{3}{2}x^2+6x-\frac{9}{2} \\ g:\ y=\frac{3}{2}x-8 \end{array}\right\} -\frac{3}{2}x^2+6x-\frac{9}{2}=\frac{3}{2}x-8 \Leftrightarrow$

$\Leftrightarrow\ -\frac{3}{2}x^2+\frac{9}{2}x+\frac{7}{2}=0 \mid\cdot(-2) \Leftrightarrow 3x^2-9x-7=0 \Leftrightarrow$

$x=\frac{9+\sqrt{81+84}}{6} \vee x=\frac{9-\sqrt{165}}{6}$

$\Leftrightarrow\ x\approx-3{,}64 \vee x\approx-0{,}64$

Also: $x_1=-0{,}64$; $x_2=-3{,}64$

$y_1=\frac{3}{2}x_1-8=\ldots=-\frac{1}{4}(23+\sqrt{165})\approx-8{,}96$

$y_2=\frac{3}{2}x_2-8=\ldots=-\frac{1}{4}(23-\sqrt{165})\approx-2{,}54$

Schnittpunkte:

$$Q_1\left(\frac{1}{6}(9-\sqrt{165})\;\middle|\;-\frac{1}{4}(23+\sqrt{165})\right)$$

$$Q_2\left(\frac{1}{6}(9+\sqrt{165})\;\middle|\;-\frac{1}{4}(23-\sqrt{165})\right)$$

Scheitelform der Parabelgleichung:

$$\begin{aligned} y &= -\frac{3}{2}(x^2-4x+3) \\ &= -\frac{3}{2}(x^2-4x+2^2-4+3) \\ &= -\frac{3}{2}[(x-2)^2-1] \\ &= -\frac{3}{2}(x-2)^2+1{,}5; \quad S(2\,|\,1{,}5) \end{aligned}$$

Beachte: Die Gerade der Teilaufgabe c läuft sehr nahe an der Parabel vorbei!

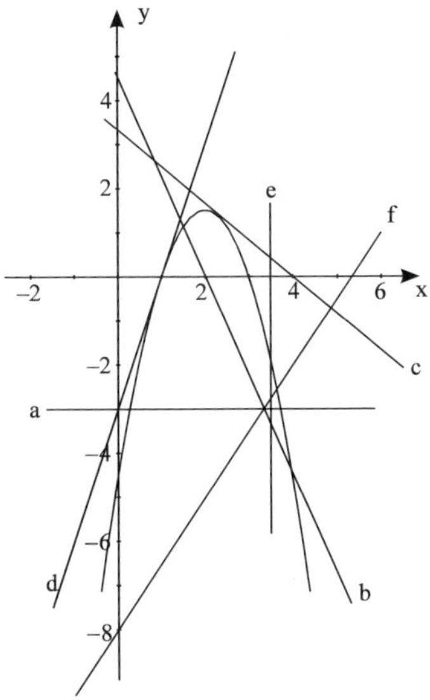

146. a) Die zur Geraden $y = -2{,}4x$ parallelen Geraden haben die Gleichung $y = -2{,}4x + t$ mit $t \in \mathbb{R}$.

Soll eine solche Gerade die Parabel $y = 0{,}8x^2$ in zwei Punkten schneiden, so muß die Gleichung $0{,}8x^2 = -2{,}4x + t \Leftrightarrow 4x^2 + 12x - 5t = 0$ eine positive Diskriminante haben.

$$D = 144 + 80t > 0 \;\Leftrightarrow\; t > -\frac{144}{80} \;\Leftrightarrow\; t > -1{,}8$$

Ergebnis:

Die Geraden $y = -2{,}4x + t$ mit $t > -1{,}8$ schneiden die Parabel $y = 0{,}8x^2$ in zwei Punkten.

b) Die Frage ist gleichbedeutend mit: Für welche t-Werte hat die Gleichung $1{,}2x + t = -0{,}2x^2 + 2x - 3$ keine Lösung?
$0{,}2x^2 - 0{,}8x + t + 3 = 0$. Die Diskriminante muß negativ sein.
$D = (-0{,}8)^2 - 4 \cdot 0{,}2 \cdot (t+3) < 0 \Leftrightarrow 0{,}64 < 0{,}8 \cdot (t+3) \Leftrightarrow$

$$t + 3 > \frac{0{,}64}{0{,}8} \Leftrightarrow t > -3 + 0{,}8 \Leftrightarrow t > -2{,}2$$

Ergebnis:
Die Geraden $y = 12x + t$ mit $t > -2{,}2$ sind Passanten bezüglich der Parabel $y = -0{,}2x^2 + 2x - 3$.

147. Soll die Gerade g: $8y - 3y + 8 = 0 \Leftrightarrow y = \frac{8}{3}x + \frac{8}{3}$ eine Tangente der Parabel $y = \frac{1}{k}(x+k)^2$ sein, so muß die Gleichung $\frac{1}{k}(x+k)^2 = \frac{8}{3}x + \frac{8}{3}$ genau eine Lösung haben. Umgeformt lautet diese Gleichung

$$\frac{1}{k}x^2 - \frac{2}{3}x + \left(k - \frac{8}{3}\right) = 0 \quad (*)$$

Für ihre Diskriminante muß gelten:

$$D = \left(-\frac{2}{3}\right)^2 - 4 \cdot \frac{1}{k}\left(k - \frac{8}{3}\right) = 0$$

$$\Leftrightarrow \frac{4}{9} - 4 + \frac{32}{3k} = 0 \Leftrightarrow -\frac{32}{9} = \frac{-32}{3k} \Leftrightarrow k = 3.$$

Mit $k = 3$ lautet die Gleichung $(*)$ für die Berührpunktsabszisse x_B:

$$\frac{1}{3}x^2 - \frac{2}{3}x + \frac{1}{3} = 0 \Leftrightarrow x^2 - 2x + 1 = 0 \Leftrightarrow (x-1)^2 = 0$$

$$\Leftrightarrow x = x_B = 1; \quad y_B = \frac{8}{3} \cdot 1 + \frac{8}{3} = \frac{16}{3} = 5\frac{1}{3}; \quad B\left(1 \middle| 5\frac{1}{3}\right)$$

Gleichung der gesuchten Parabel:

$$y = \frac{1}{3}(x+3)^2$$

Scheitel $S(-3 \mid 0)$

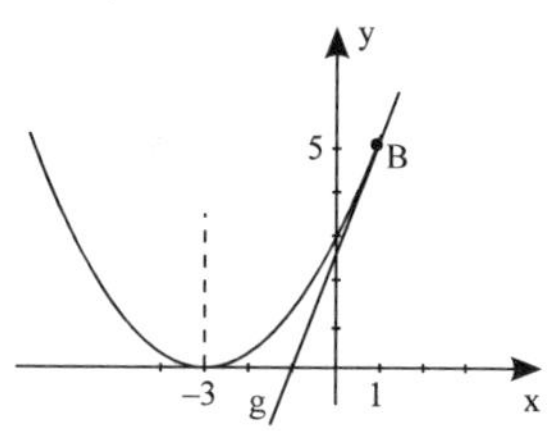

148. a) $\left.\begin{array}{l} p\colon\ y = \frac{1}{2}x^2 - 3x \\ g\colon\ y = mx \end{array}\right\}\ \frac{1}{2}x^2 - 3x = mx \quad \Leftrightarrow \quad x^2 - 2(3+m)x = 0$

Diese Gleichung muß die Lösung $x_1 = x_2 = 0$ haben.
Nach Vieta muß gelten: $2(3 + m) = -(x_1 + x_2) = 0$
$\Leftrightarrow m = -3.$

Ergebnis:
$y = -3x$ ist die gesuchte Tangente.

b) p: $y = \frac{1}{4}(x+2)^2 + 1$

g: $y = mx + t$ sei die Tangente in Q(–5 |).

Die Gleichung $\frac{1}{4}(x+2)^2 + 1 = mx + t$ muß die Lösung $x_1 = x_2 = -5$ haben. Wir stellen die Form $x^2 + px + q = 0$ her, um den Satz von Vieta anwenden zu können.

$$\frac{1}{4}(x^2 + 4x + 4) + 1 - mx - t = 0 \quad \Leftrightarrow \quad x^2 + 4x + 4 + 4 - 4mx - 4t = 0$$

$$\Leftrightarrow x^2 + (4 - 4m)x + 8 - 4t = 0$$

$x_1 + x_2 = -p$ | $x_1 \cdot x_2 = q$
$-5 - 5 = -4 + 4m$ | $(-5)\cdot(-5) = 8 - 4t$
$4m = -6 \Leftrightarrow m = -\frac{3}{2}$ | $25 = 8 - 4t \Leftrightarrow t = -\frac{17}{4}$

Ergebnis:
$y = -\frac{3}{2}x - \frac{17}{4}$ ist die Gleichung der Tangente in Q.

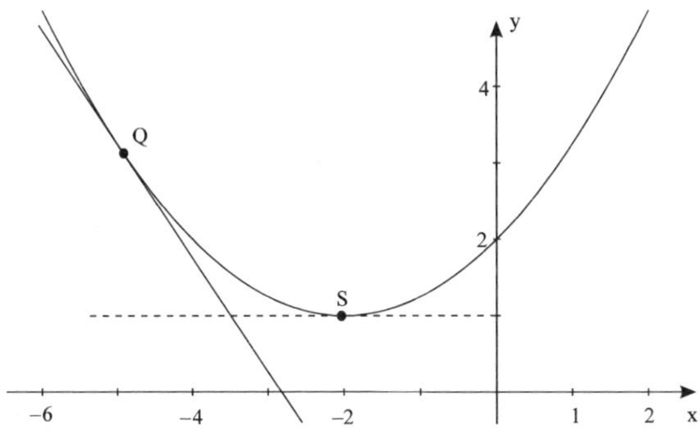

c) Für die Zeichnung ermitteln wir zunächst die Scheitelform der Parabelgleichung:

$$y=-\frac{3}{4}x^2+3x-4=-\frac{3}{4}\left(x^2-4x+\frac{16}{3}\right)=-\frac{3}{4}\left(x^2-4x+2^2-4+\frac{16}{3}\right)$$

$$=-\frac{3}{4}\left[(x-2)^2+\frac{4}{3}\right]=-\frac{3}{4}(x-2)^2-1 \;\Rightarrow\; S(2|-1)$$

Abszisse des Punktes Q:

$$-\frac{7}{4}=-\frac{3}{4}(x-2)^2-1 \;\Leftrightarrow\; \frac{3}{4}(x-2)^2=\frac{3}{4} \;\Leftrightarrow\; (x-2)^2=1 \;\Leftrightarrow$$

$$\Leftrightarrow\; |x-2|=1 \;\Leftrightarrow\; x-2=-1 \vee x-2=1$$

$$x_1=1 \qquad x_2=3$$

Ergebnis: $Q_1\left(1\,\middle|\,-\frac{7}{4}\right)$; $Q_2\left(3\,\middle|\,-\frac{7}{4}\right)$

Wir ermitteln die Gleichungen der Tangenten in den Kurvenpunkten Q_1 und Q_2:

$$-\frac{3}{4}x^2+3x-4=mx+t \;\;|\cdot(-4) \Leftrightarrow 3x^2-12x+16=-4mx-4t$$

$$\Leftrightarrow 3x^2+(4m-12)x+16+4t=0 \Leftrightarrow x^2+\frac{4m-12}{3}x+\frac{16+4t}{3}=0 \quad (*)$$

Für $Q_1\left(1\,\middle|\,-\frac{7}{4}\right)$ ist $x_1 = x_2 = 1$ die einzige Lösung von $(*)$ und nach Vieta gilt:

$$\frac{4m-12}{3}=-(1+1) \quad \text{und} \quad \frac{16+4t}{3}=1\cdot 1$$

$$4m-12=-6 \qquad 16+4t=3$$

$$m=1{,}5 \qquad t=-\frac{13}{4}=-3{,}25$$

Ergebnis: $y = 1{,}5x - 3{,}25$ ist die Gleichung der Tangente in Q_1.

Für $Q_2\left(3 \mid -\frac{7}{4}\right)$ ist $x_1 = x_2 = 3$ die einzige Lösung von (∗) und man findet wie oben nach Vieta $m = -1{,}5$ und $t = \frac{11}{4} = 2{,}75$.

Ergebnis:
$y = -1{,}5x + 2{,}75$ ist die Gleichung der Tangente in Q_2.

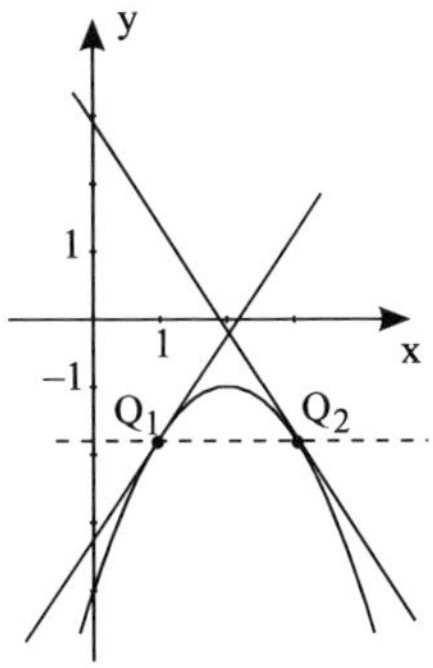

149. a) p: $y = \frac{1}{2}x^2 - 3x$

g: $y = mx + t$ sei Tangente an p.

$R(5{,}5 \mid -2{,}5) \in g \Rightarrow -2{,}5 = m \cdot 5{,}5 + t \Rightarrow t = -2{,}5 - 5{,}5\,m$

Somit: g: $y = mx - (2{,}5 + 5{,}5\,m)$ (∗)

Gleichung für die Abszissen gemeinsamer Punkte von p und g:

$\frac{1}{2}x^2 - 3x = mx - 2{,}5 - 5{,}5\,m \Leftrightarrow x^2 - 2(3+m)x + (5+11\,m) = 0$ (∗∗)

Gleichung (∗∗) darf nur eine Lösung haben. Ihre Diskriminante muß null sein.

$D = 4(3+m)^2 - 4 \cdot (5 + 11\,m) = 0 \Leftrightarrow 4(9 + 6\,m + m^2) - 20 - 44m = 0$

$\Leftrightarrow 36 + 24\,m + 4\,m^2 - 20 - 44\,m = 0 \Leftrightarrow 4\,m^2 - 20\,m + 16 = 0$

$\Leftrightarrow m^2 - 5m + 4 = 0 \Leftrightarrow (m-1)(m-4) = 0$

$\Leftrightarrow m = 1 \vee m = 4$ in (∗) eingesetzt

Tangente:

$y = x - 8 \vee y = 4x - 24{,}5$

Die Berührpunktsabzisse erhalten wir jeweils aus (∗∗).

$m = 1$ in (∗∗) $\Rightarrow x^2 - 8x + 16 = 0 \Leftrightarrow (x-4)^2 = 0 \Leftrightarrow x = 4$

in die Tangentengleichung eingesetzt: $y = x - 8 = 4 - 8 = -4$.

$B_1(4 \mid -4)$ ist der Berührpunkt der Tangente $y = x - 8$

$m = 4$ in (∗∗) $x^2 - 14x + 49 = 0 \Leftrightarrow (x-7)^2 = 0 \Leftrightarrow x = 7$
in Tangentengleichung eingesetzt: $y = 4x - 24{,}5 = 4 \cdot 7 - 24{,}5 = 3{,}5$.

$B_2(7 \mid 3{,}5)$ ist der Berührpunkt der Tangente $y = 4x - 24{,}5$.

Für die Zeichnung:

$y = \frac{1}{2}x^2 - 3x = \frac{1}{2}x(x-6)$; Nullstellen x = 0 und x = 6

$x_S = \frac{0+6}{2} = 3$; $y_S = \frac{1}{2} \cdot 3 \cdot (3-6) = -\frac{9}{2}$; S(3 | –4,5)

p: $y = \frac{1}{2}(x-3)^2 - 4{,}5$

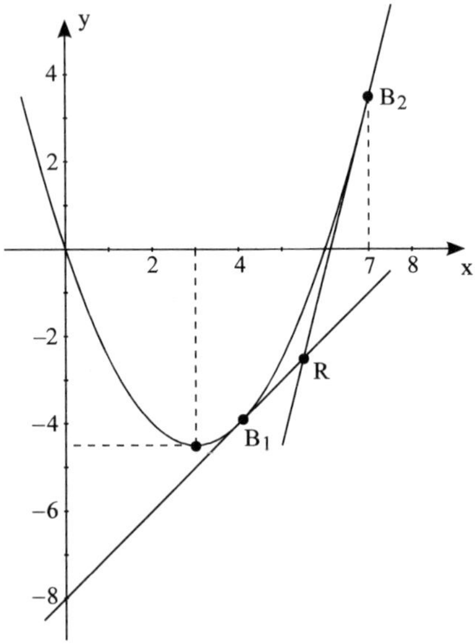

b) Die gesuchten Tangenten an p gehen durch den Ursprung R(0 | 0).

$$\left.\begin{array}{l} p:\ y = -0{,}4(x^2 - 4x + 9) \\ g:\ y = mx \quad (*) \end{array}\right\} -0{,}4(x^2 - 4x + 9) = mx \quad \Leftrightarrow$$

$x^2 - 4x + 9 = -2{,}5mx \quad \Leftrightarrow \quad x^2 - (4 - 2{,}5\,m)\,x + 9 = 0 \quad (**)$

Bedingung für nur eine Lösung:

$D = (4 - 2{,}5\,m)^2 - 4 \cdot 9 = 0$

$\Leftrightarrow\ 16 - 20\,m + 6{,}25\,m^2 - 36 = 0 \quad \Leftrightarrow \quad 6{,}25\,m^2 - 20\,m - 20 = 0$

Die Lösungsformel ergibt:

$$m=\frac{1}{12{,}5}(20+\sqrt{400+500}) \quad \vee \quad m=\frac{1}{12{,}5}(20-30)$$

$$\Leftrightarrow \quad m=\frac{50}{12{,}5}=4 \quad \vee \quad m=\frac{-10}{12{,}5}=-\frac{4}{5}$$

$$m_1=-\frac{4}{5} \text{ in } (*) \quad \Rightarrow \text{ Tangente } \quad g_1:\ y=-\frac{4}{5}x$$

$$m_2=4 \quad \text{in } (*) \quad \Rightarrow \text{ Tangente } \quad g_2:\ y=4x$$

Koordinaten der Berührpunkte:

$$m_1=-\frac{4}{5} \text{ in } (**) \quad \Rightarrow \quad x^2-\left(4-2{,}5\cdot\left(\frac{-4}{5}\right)\right)x+9=0$$

$$\Leftrightarrow \quad x^2-6x+9=0 \quad \Leftrightarrow \quad (x-3)^2=0$$

$$x_1=3;\ y_1=-\frac{4}{5}\cdot 3=-\frac{12}{5}=-2{,}4; \quad B_1(3\,|-2{,}4)$$

$$m_2=4 \text{ in } (**) \Rightarrow x^2+6x+9=0 \Leftrightarrow (x+3)^2=0$$

$$x_2=-3;\ y_2=4\cdot(-3)=-12; \quad B_2(-3\,|-12)$$

Scheitelform der Parabel:

$$y=-0{,}4(x^2-4x+9)=-0{,}4(x^2-4x+4+5)$$

$$=-0{,}4[(x-2)^2+5]=-0{,}4(x-2)^2-2$$

Scheitel S(2 | –2)
(–1 | –5,6) ∈ p
(–2 | –8,4)
(4 | –3,6)
(5 | –8,4)

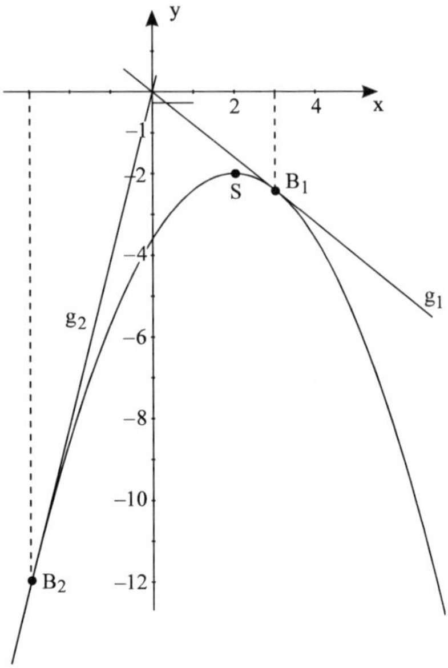

c) Gesuchte Tangente: g: $y = mx + t$

$R(-2|8) \in g \Rightarrow \quad 8 = m \cdot (-2) + t \Leftrightarrow t = 8 + 2m$

$$\left.\begin{array}{ll} g: & y = mx + (8+2m) \quad (*) \\ p: & y = -\frac{1}{2}x^2 - 2x + 1 \end{array}\right\} mx + 8 + 2m = -\frac{1}{2}x^2 - 2x + 1$$

$$\Leftrightarrow \frac{1}{2}x^2 + (m+2)\cdot x + 7 + 2m = 0 \quad (**)$$

Diese quadratische Gleichung für die Abszissen gemeinsamer Punkte von p und g muß genau eine Lösung besitzen.
Ihre Diskiminante muß null sein.

$$D = (m+2)^2 - 4\cdot\frac{1}{2}\cdot(7+2m) = 0 \Leftrightarrow m^2 + 4m + 4 - 14 - 4m = 0$$

$$\Leftrightarrow m^2 = 10 \Leftrightarrow m = -\sqrt{10} \vee m = \sqrt{10}$$ in * eingesetzt.

$\Rightarrow$ Tangenten:

$$g_1: y = -\sqrt{10}x + (8 - 2\sqrt{10}) \vee g_2: y = \sqrt{10}x + (8 + 2\sqrt{10})$$

Die Berührpunktsabszissen erhalten wir aus (**).

Beachte: $Ax^2 + Bx + C = 0$ mit Diskriminante = 0 hat die einzige Lösung $x = -\frac{B}{2A}$.

Für $m = -\sqrt{10}$ $\qquad x_{B_1} = -\frac{-\sqrt{10}+2}{2\cdot\frac{1}{2}} = \sqrt{10}-2$

Für $m = \sqrt{10}$ $\qquad x_{B_2} = -\frac{\sqrt{10}+2}{2\cdot\frac{1}{2}} = -\sqrt{10}-2$

x_{B_1} in g_1 eingesetzt $\Rightarrow$ $y_{B_1} = -\sqrt{10}\cdot(\sqrt{10}-2)+8-2\sqrt{10} = \ldots = -2$

x_{B_2} in g_2 eingesetzt $\Rightarrow$ $y_{B_2} = \sqrt{10}\cdot(-\sqrt{10}-2)+8+2\sqrt{10} = \ldots = -2$

Ergebnis:

g_1: $y = -\sqrt{10}x + (8-2\sqrt{10})$ berührt p in $B_1(\sqrt{10}-2|-2)$

g_2: $y = \sqrt{10}x + (8+2\sqrt{10})$ berührt p in $B_2(-\sqrt{10}-2|-2)$.

Für die Zeichnung:

$$y = -\frac{1}{2}x^2 - 2x + 1 = -\frac{1}{2}(x^2+4x-2) = -\frac{1}{2}(x^2+4x+2^2-4-2)$$

$$= -\frac{1}{2}[(x+2)^2-6] = -\frac{1}{2}(x+2)^2+3; \quad S(-2|3)$$

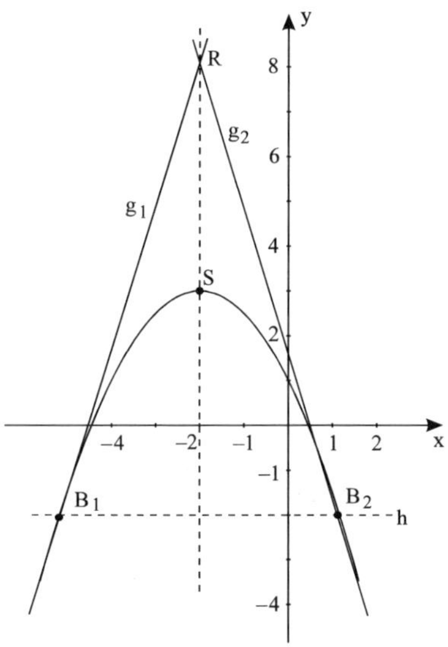

150. a) p: $\left.\begin{array}{l} y=-\frac{1}{3}x^2+2x \\ y=0 \end{array}\right\} -\frac{1}{3}x^2+2x=0 \quad\Leftrightarrow\quad -x\left(\frac{1}{3}x-2\right)=0$

$\Leftrightarrow \quad x=0 \;\vee\; \frac{x}{3}=2$

$x=6$

1. Nullstelle x = 0; 2. Nullstelle x = 6

Scheitelabszisse $x_S=\frac{0+6}{2}=3;\quad y_S=-\frac{1}{3}\cdot 3^2+2\cdot 3=3$

Scheitel S(3 | 3)

b) $\left.\begin{array}{ll} p: & y=-\frac{1}{3}x^2+2x \\ g_m & y=mx \end{array}\right\} -\frac{1}{3}x^2+2x=mx \quad\Leftrightarrow\quad x\left(-\frac{1}{3}x+2-m\right)=0$

$\Leftrightarrow \quad x=0 \;\vee\; (\ldots)=0$

$x=3\cdot(2-m)$

$y = mx = 3\,m\,(2-m)$

$Q_m(3(2-m) \mid 3\,m(2-m))$

Für m = 2 folgt $Q_2(0 \mid 0)$. D. h. für m = 2 gibt es keinen zweiten gemeinsamen Punkt.

g_2: y = 2x ist Tangente.

c)

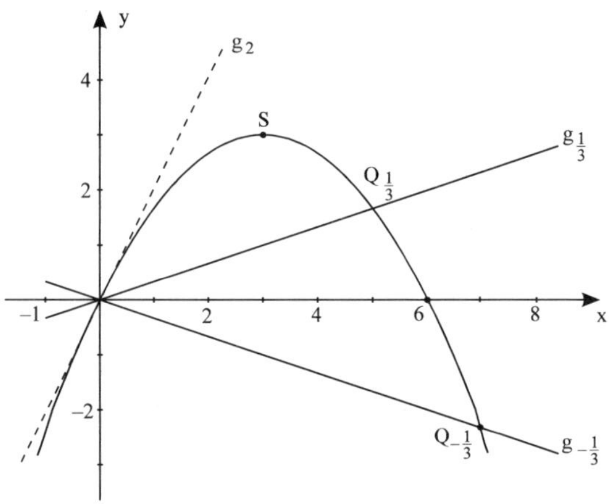

Für $m=\frac{1}{3}$: $\quad x_Q=3\left(2-\frac{1}{3}\right)=5 \qquad Q_{\frac{1}{3}}\left(5 \,\Big|\, \frac{5}{3}\right)$

$y_Q=\frac{1}{3}\cdot 5=\frac{5}{3}$

für $m=-\frac{1}{3}$: $x_Q=3\left(2+\frac{1}{3}\right)=7$ $\quad Q_{-\frac{1}{3}}\left(7 \,\middle|\, -\frac{7}{3}\right)$

$y_Q=-\frac{1}{3}\cdot 7=-\frac{7}{3}$

151. $\left.\begin{array}{ll} p\colon & y=a(x-x_S);a>0,x_S>0 \\ g\colon & y=mx \end{array}\right\} a(x-x_S)^2=mx \Leftrightarrow$

$\Leftrightarrow ax^2-(2ax_S+m)x+ax_S^2=0$ soll zwei Lösungen haben.

Hierzu muß $D=(2ax_S+m)^2-4a^2x_S^2>0$ sein.

$\Leftrightarrow 4a^2x_S^2+4ax_Sm+m^2-4a^2x_S^2>0 \Leftrightarrow m(m+4ax_S)>0$

1. Fall: beide Faktoren positiv:

$m>0 \wedge m+4ax_S>0$

$m>0 \wedge m>\underbrace{-4ax_S}_{<0}$

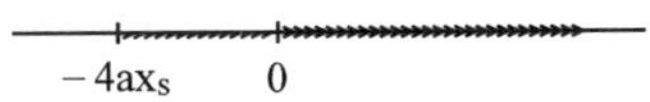

also $m>0$

2. Fall: beide Faktoren negativ:

$m<0 \wedge m+4ax_S<0$

$m<0 \wedge m<\underbrace{-4ax_S}_{<0}$

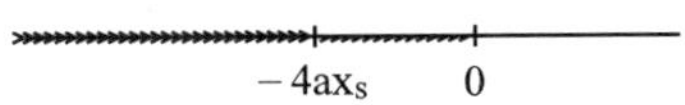

also $m<-4ax_S$

Bedingung für m, so daß es zwei Schnittpunkte gibt:

$m>0 \vee m<-4ax_S$ d. h. $m\in\,]-\infty;-4ax_S[\,\cup\,]0;\infty[$

Die Ursprungsgeraden, die zwei Schnittpunkte ergeben, liegen im stumpfwinkligen Feld zwischen Scheiteltangente und schräger Tangente (die y-Achse ausgenommen).

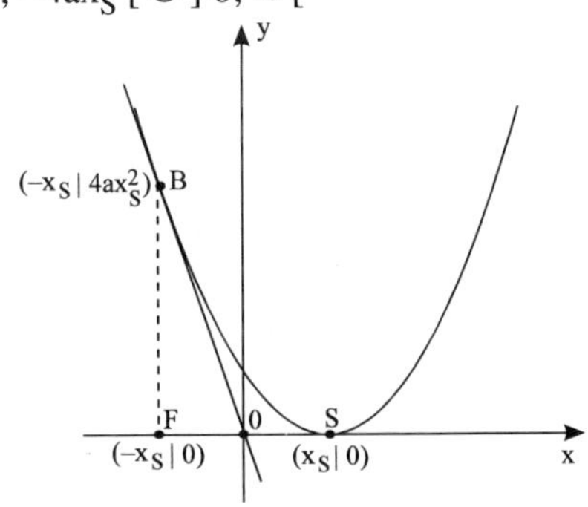

Für $m>-4ax_S$ erhält man die zweimal schneidenden Geraden im Winkelfeld zwischen schräger Tangente und y-Achse.

Für m > 0 erhält man die zweimal schneidenden Geraden, die im 1. Quadranten verlaufen.

152. $p_a: \quad y = a(x^2 - 4) = a(x+2)(x-2)$
$g: \quad y = -3x + 7{,}5$

Die y-Achse ist Symmetrie-Achse wegen der Nullstellen $x = -2 \lor x = 2$
Somit liegen die Scheitel der Parabeln auf der y-Achse.

Gleichung für die Abszissen gemeinsamer Punkte:
$ax^2 - 4a = -3x + 7{,}5 \iff ax^2 + 3x - (4a + 7{,}5) = 0 \quad (*)$

Im Berührungsfall (genau eine Lösung) muß $D = 3^2 - 4a \cdot [-(4a + 7{,}5)] = 0$ sein. Also $3^2 + 4a(4a + 7{,}5) = 0$

$9 + 16a^2 + 30a = 0 \iff 16a^2 + 30a + 9 = 0$

$\iff a = \frac{1}{32}(-30 + \sqrt{900 - 576}) \lor a = \frac{1}{32}(-30 - 18)$

Also: $a_1 = -\frac{3}{2} \quad \lor \quad a_2 = -\frac{3}{8}$

Zwei Parabeln $y = -\frac{3}{2}(x^2 - 4) \quad \lor \quad y = -\frac{3}{8}(x^2 - 4)$

Wegen $x_S = 0$ ist $y_S = -\frac{3}{2} \cdot (-4) = 6 \quad \lor \quad y_S = -\frac{3}{8} \cdot (-4) = \frac{3}{2}$

$S_1(0|6)$ $\qquad$ $S_2(0|1{,}5)$

Koordinaten der Berührpunkte:

für $a = a_1 = -\frac{3}{2}$: $-\frac{3}{2}x^2 + 3x - \frac{3}{2} = 0 \quad \left| \cdot \left(-\frac{2}{3}\right) \right. \Leftrightarrow$

$\Leftrightarrow \; x^2 - 2x + 1 = 0 \;\Leftrightarrow\; (x-1)^2 = 0 \;\Rightarrow$

$x = x_{B_1} = 1$ in die Gleichung für g eingesetzt

$\Rightarrow y_{B_1} = -3 \cdot 1 + 7{,}5 = 4{,}5; \qquad B_1(1|4{,}5)$

für $a = a_2 = -\frac{3}{8}$: $-\frac{3}{8}x^2 + 3x - 6 = 0 \quad \left| \cdot \left(-\frac{8}{3}\right) \right. \Leftrightarrow$

$x^2 - 8x + 16 = 0 \;\Leftrightarrow\; (x-4)^2 = 0$

$x = x_{B_2} = 4$

$y_{B_2} = -3 \cdot 4 + 7{,}5 = -4{,}5; \;\; B_2(4|-4{,}5)$

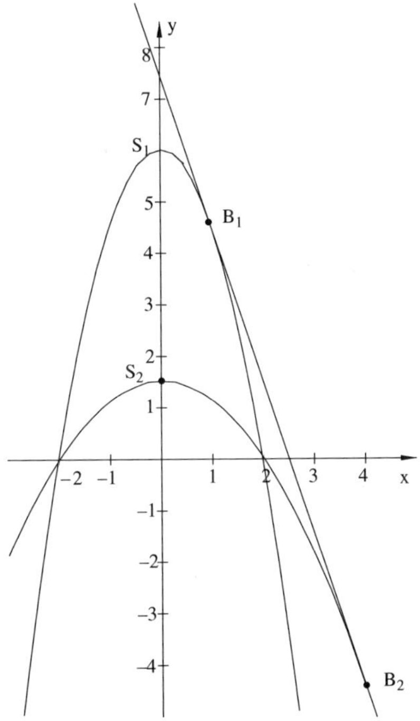

153. f: $y=\sqrt{x-1}$ $\qquad x \in [1;\infty[\qquad y \in \mathbb{R}_0^+$

g: $y=-x+t$

Für die Abszisse x eines gemeinsamen Punktes haben wir die Gleichung $\sqrt{x-1}=-x+t$ $(*)$

Durch Quadrieren folgt $x - 1 = x^2 - 2tx + t^2$.

$\Leftrightarrow \quad x^2 - (2t + 1)x + (t^2 + 1) = 0$

Diskriminante $\quad D = (2t + 1)^2 - 4(t^2 + 1) = 4t^2 + 4t + 1 - 4t^2 - 4$

$D = 4t - 3$

$$\Leftrightarrow \quad x=\frac{1}{2}(2t+1+\sqrt{4t-3}) \ \vee \ x=\frac{1}{2}(2+1-\sqrt{4t-3})$$

Da (wie die Skizze zeigt) $x_Q \le t$ sein muß, kann nur das Minuszeichen vor der Wurzel richtig sein.

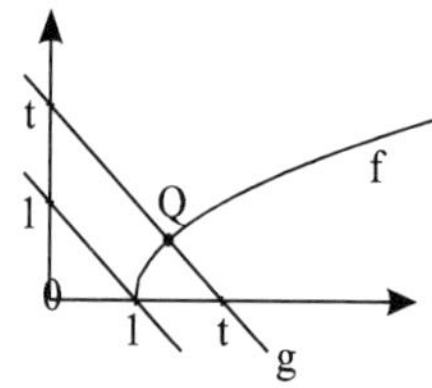

(Die zweite Lösung entspräche dem Schnitt von g mit dem an der x-Achse gespiegelten Parabelast. Dies ergab sich wegen des Quadrierens der Gleichung $(*)$, was eine nichtäquivalente Umformung ist.)

$$x_Q=\frac{1}{2}(2t+1-\sqrt{4t-3})=t+\frac{1}{2}(1-\sqrt{4t-3})$$

$$x_Q=t-\frac{1}{2}(\sqrt{4t-3}-1)$$

$$y_Q=-x_Q+t=-t+\frac{1}{2}(\sqrt{4t-3}-1)+t=\frac{1}{2}(\sqrt{4t-3}-1)$$

Die Bedingung für t, damit ein gemeinsamer Punkt Q existiert, ist der Skizze zu entnehmen: $t \ge 1$.

Dies folgt aber auch aus der ursprünglichen Gleichung $(*)$:

$t=x+\sqrt{x-1}\ge 1+0$, da $x \ge 1$ sein muß.

(Aus der Forderung $D = 4t - 3 \ge 0$ würde man $t\ge\frac{3}{4}$ erhalten, was hier wegen der nicht äquivalent umgeformten Gleichung nicht stimmt.)

$t = 3 \Rightarrow Q(2\,|\,1)$

$t = 7 \Rightarrow Q(5\,|\,2)$

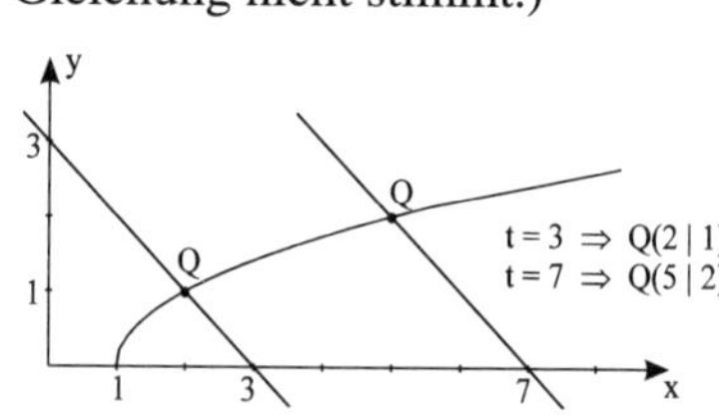

154. Wir wählen die Variablen $\overline{AB} = x$ und $\overline{BC} = y$, wobei $x + y = \ell$ gilt.

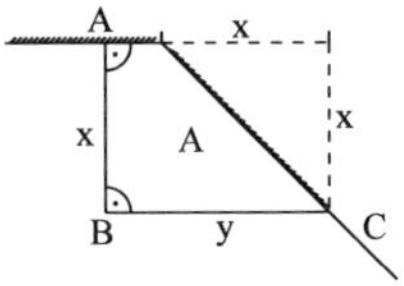

Fläche A = Rechteck – halbes Qaudrat

$$A = x \cdot y - \frac{1}{2}x^2$$

$$A(x) = x \cdot (\ell - x) - \frac{1}{2}x^2$$

$$A(x) = \ell x - x^2 - \frac{1}{2}x^2 = \ell x - \frac{3}{2}x^2 = x \cdot \left(\ell - \frac{3}{2}x\right).$$

$$A(x) = 0, \text{ wo } x = 0 \ \vee \ \ell - \frac{3}{2}x = 0$$

$$\Leftrightarrow \ x = \frac{2\ell}{3}$$

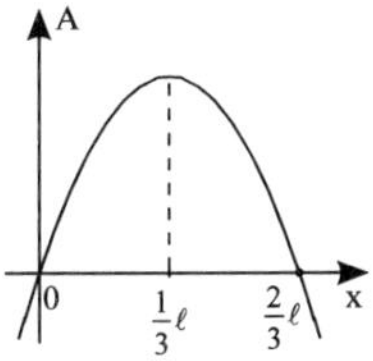

Mit $x_1 = 0$ und $x_2 = \frac{2}{3}\ell$ wird

$$x_E = \frac{x_1 + x_2}{2} = \frac{1}{3}\ell$$

$$A(x_E) = A\left(\frac{\ell}{3}\right) = \frac{\ell}{3}\left(\ell - \frac{3}{2} \cdot \frac{\ell}{3}\right) = \frac{\ell}{3} \cdot \frac{\ell}{2} = \frac{\ell^2}{6}$$

Falls $\overline{AB} = \frac{1}{3}\ell$ und $\overline{BC} = \frac{2}{3}\ell$, ist A maximal mit $A = \frac{\ell^2}{6}$.

Dann ist also $\overline{BC} = 2 \cdot \overline{AB}$.

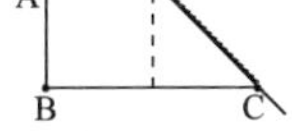

155. a) $I(x) = a^2$ – Trapez AA_1ED – Dreieck A_1BB_1 – Dreieck B_1CE

$$= a^2 - \frac{1}{2}\left(\frac{a}{2} + x\right)\cdot a - \frac{1}{2}(a-x)\cdot x - \frac{1}{2}(a-x)\frac{a}{2}$$

$$= a^2 - \frac{a^2}{4} - \frac{1}{2}ax - \frac{1}{2}ax + \frac{1}{2}x^2 - \frac{a^2}{4} + \frac{1}{4}ax$$

$$= \frac{a^2}{2} - \frac{3}{4}ax + \frac{1}{2}x^2$$

Wir bringen auf Scheitelform:

$$= \frac{1}{2}\left(x^2 - \frac{3}{2}ax + \left(\frac{3}{4}a\right)^2 - \frac{9}{16}a^2 + a^2\right) = \frac{1}{2}\left[\left(x - \frac{3}{4}a\right)^2 + \frac{7}{16}a^2\right]$$

$$= \frac{1}{2}\left(x - \frac{3}{4}a\right)^2 + \frac{7}{32}a^2;$$

$$I(0) = \frac{1}{2}a^2$$

$$I(a) = \frac{1}{4}a^2,$$

ist auch der Zeichnung zu entnehmen.

b) Der Graph zu I(x) ist eine nach oben offene Parabel mit dem Scheitel $\left(\frac{3}{4}a \mid \frac{7}{32}a^2\right)$

Wegen $\frac{7}{32}a^2 < \frac{1}{4}a^2$ ist für $x = \frac{3}{4}a$ der minimale Wert von I in [0, a] erreicht, nämlich $I_{min} = \frac{7}{32}a^2$.

(Der maximale Wert von I liegt hier am linken Rand des Intervalls [0, a]).

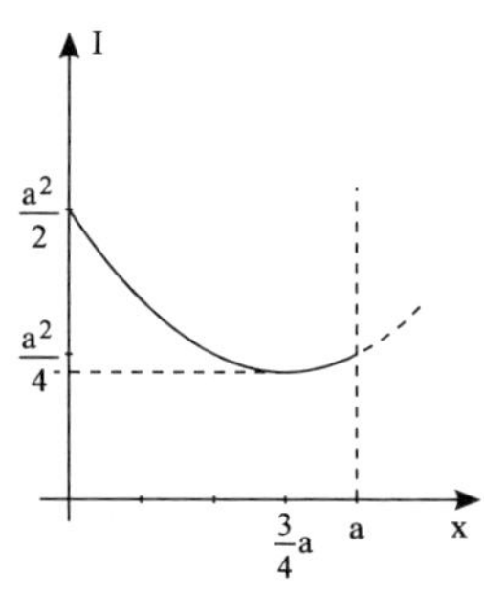

156. a) Wegen der Symmetrie bezeichnen wir die Hälfte der horizontalen Rechtecksseite mit x. Die andere Seite sei y. Die Verknüpfung dieser Variablen ergibt sich aus der Umfangsbedingung:

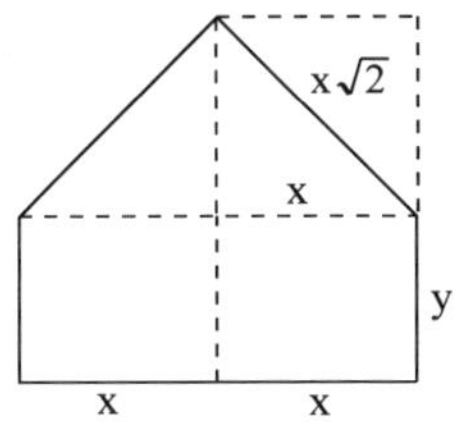

$$2x + 2y + 2x\sqrt{2} = 20 \quad \Leftrightarrow \quad x + y + x\sqrt{2} = 10$$

$$x(1+\sqrt{2}) + y = 10 \quad \Leftrightarrow \quad y = 10 - x(1+\sqrt{2}) \ (*)$$

(Wir benutzten den Satz: Die Diagonale eines Quadrats ist das $\sqrt{2}$-fache der Quadratseite. (Pythagoras!))

$$\text{Fläche } F = 2x \cdot y + 2 \cdot \frac{x^2}{2} = 2x[10 - x(1+\sqrt{2})] + x^2$$

$$F(x) = 20x - 2x^2(1+\sqrt{2}) + x^2 = 20x - x^2(2 + 2\sqrt{x} - 1)$$

$$= x \cdot [20 - x(1+2\sqrt{2})]$$

Diese Linearfaktoren von F(x) ergeben die Nullstellen $x_1 = 0$ und $x_2 = \frac{20}{1+2\sqrt{2}}$.

Die nach unten offene Parabel hat die Scheitelabszisse

$$x_E = \frac{x_1 + x_2}{2} = \frac{10}{1+2\sqrt{2}}.$$

Aus (∗) folgt:

$$y_E = 10 - \frac{10}{1+2\sqrt{2}} \cdot (1+\sqrt{2}) = \frac{10 + 20\sqrt{2} - 10 - 10\sqrt{2}}{1+2\sqrt{2}}$$

$$= \frac{10\sqrt{2}}{1+2\sqrt{2}} = x_E \cdot \sqrt{2}$$

Im Fall maximaler Fläche ist die horizontale Rechtecksseite $\frac{20\text{ cm}}{1+2\sqrt{2}} \approx 5{,}224$ cm, die vertikale $\frac{10\cdot\sqrt{2}\text{ cm}}{1+2\sqrt{2}} \approx 3{,}694$ cm.

Die maximale Fläche beträgt $F(x_E)$ cm^2

$$= \frac{10}{1+2\sqrt{2}}\left(20 - \frac{10}{1+2\sqrt{2}} \cdot (1+2\sqrt{2})\right)\text{cm}^2 = \frac{100}{1+2\sqrt{2}}\text{cm}^2 \approx 26{,}12\text{ cm}^2$$

b) Wir wählen hier die Variablenbezeichnungen r und a. Ein Kreis mit Radius r hat den Umfang $2r\pi$ und die Fläche $r^2\pi$ mit „Kreiszahl" $\pi \approx 3{,}14 \approx \frac{22}{7}$.

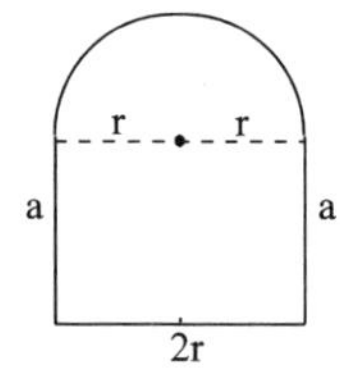

Drei Rechtecksseiten + Halbkreisbogen = U

$$2a + 2r \quad + \quad r\pi \quad = U$$

Diese Bedingung macht die beiden Variablen voneinander abhängig.

$$(*) \quad a = \frac{1}{2}[U - r(\pi + 2)]$$

$$F = \text{Rechtecksfläche} + \text{Halbkreisfläche}$$

$$= \quad 2ra \quad + \quad \frac{1}{2}r^2\pi$$

$$F(r) = 2r \cdot \frac{1}{2}[U - r(\pi + 2)] + \frac{1}{2}r^2\pi = Ur - r^2\pi - 2r^2 + \frac{1}{2}r^2\pi$$

$$= Ur - \frac{1}{2}r^2\pi - 2r^2 = Ur - r^2\left(\frac{\pi}{2} + 2\right) = r \cdot \left(U - r \cdot \frac{\pi + 4}{2}\right). \qquad (**)$$

Die Parabel zu $r \mapsto F(r)$ ist nach unten offen.

$$F(r) = 0 \quad \text{für} \quad r = 0 \quad \vee \quad \left(U - r\frac{\pi + 4}{2}\right) = 0$$

Nullstellen: $r_1 = 0,\ r_2 = \dfrac{2U}{\pi + 4}$.

F ist ein Maximum, falls $r = r_E = \dfrac{r_1 + r_2}{2} = \dfrac{U}{\pi + 4}$.

Aus (*) folgt:

$$a_E = \frac{1}{2}\left(U - \frac{U}{\pi + 4} \cdot (\pi + 2)\right) = \frac{U}{2}\left(1 - \frac{\pi + 2}{\pi + 4}\right) = \frac{U}{2} \cdot \frac{(\pi + 4 - \pi - 2)}{(\pi + 4)}$$

$$a_E = \frac{U}{2} \cdot \frac{2}{\pi + 4} = \frac{U}{\pi + 4}; \quad \text{also } a_E = r_E = \frac{U}{\pi + 4} \approx 0{,}14 \cdot U.$$

Eingesetzt in (**) erhalten wir den maximalen Flächeninhalt

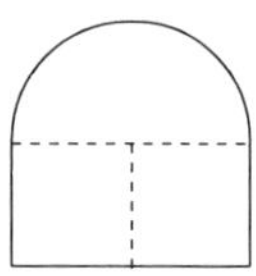

$$F_{max} = F(r_E) = \frac{U}{\pi + 4}\left(U - \frac{U}{\pi + 4} \cdot \frac{\pi + 4}{2}\right)$$

$$= \frac{U^2}{2(\pi + 4)} \approx 0{,}07 \cdot U^2$$

157. 2 % von 8 € = 0,16 €

Bei x zusätzlichen Schachteln über 10 Stück beträgt der Preis für jede Schachtel (8 – 0,16 · x) €.

Werden also (10 + x) Schachteln gekauft, so ist der Gesamtpreis P in €:

$$P(x) = (10 + x)\cdot(8 - 0{,}16x) = 80 - 1{,}6x + 8x - 0{,}16x^2$$
$$= -0{,}16x^2 + 6{,}4x + 80$$

Wir bilden die Scheitelform

$$= -0{,}16(x^2 - 40x + 20^2 - 400 - 500) = -0{,}16[(x - 20)^2 - 900]$$
$$= -0{,}16(x - 20)^2 + 144$$

Die Parabel ist nach unten offen. Ihr Scheitel ist S(20 | 144).

Für $x = x_E = 20$, d. h. beim Kauf von (10 + 20) = 30 Schachteln ist der Gesamtpreis P = 144 € maximal. Beim Kauf von mehr als 30 Schachteln würde der Gesamtpreis nach dieser „Preisgestaltung" wieder sinken.

Man beschränkt also die pro Kauf abzugebende Schachtelanzahl auf höchstens 30.

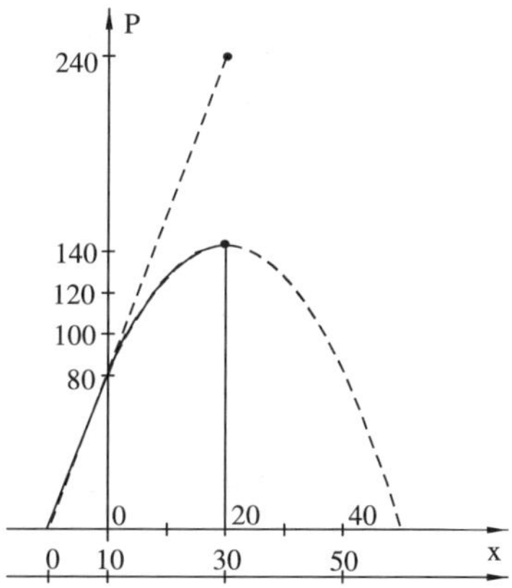

Anzahl der gekauften Schachteln

158. Die zu wählende Zahl sei x.

$$P(x) = (x + 2)\left(5 - \frac{x}{2}\right) = -\frac{1}{2}(x + 2)(x - 10)$$

Der Graph ist eine nach unten offene Parabel mit den Nullstellen $x_1 = -2$ und $x_2 = 10$.

An der Stelle $x_E = \frac{-2+10}{2} = 4$ liegt das Maximum P(4) = 6 · 3 = 18.

Der Produktwert ist am größten, wenn die gewählte Zahl 4 ist.

159. Für die Rechnung lassen wir die Benennungen weg. Nach Pythagoras ist

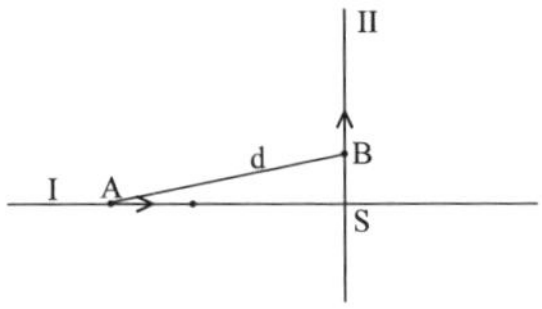

$$F(t) = [d(t)]^2 = (100-4t)^2 + (20+3t)^2$$
$$= 10\,000 - 800t + 16t^2 + 400 + 120t + 9t^2$$
$$= 25t^2 - 680t + 10\,400$$
$$= 25(t^2 - 27{,}2t + 13{,}6^2 - 184{,}96 + 416) = 25[(t-13{,}6)^2 + 231{,}04]$$
$$= 25(t-13{,}6)^2 + 5776$$

$[d(t)]^2$ minimal $\Leftrightarrow$ d(t) minimal.

Für t = 13,6 erhält man den Minimalwert F = 5 776 = d^2_{min}.

Zum Zeitpunkt t = 13,6 s ist die Entfernung $d = \overline{AB}$ am geringsten, nämlich $d_{min} = \sqrt{5776}\text{m} = 76\,\text{m}$.

160. a) $\ell^2 = x^2 + y^2$

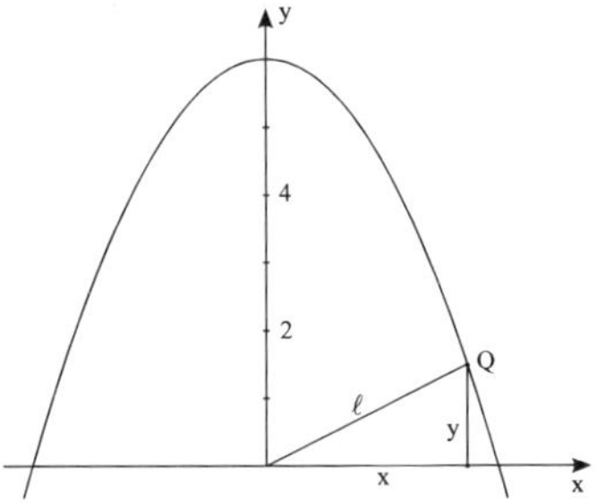

Die Verknüpfung von x und y ist wegen Q ∈ p durch die Parabelgleichung gegeben:

$$y = 6 - \frac{1}{2}x^2$$

Wollten wir $y^2 = \left(6 - \frac{1}{2}x^2\right)^2$ in den Term für ℓ^2 einsetzen, erhielten wir eine Funktion 4. Grades in x.

Günstiger ist es, x^2 durch y auszudrücken:

$$y = 6 - \frac{1}{2}x^2 \quad \Leftrightarrow \quad x^2 = 2(6-y).$$
$$\ell^2 = x^2 + y^2 = 2(6-y) + y^2 =: F(y)$$
$$\ell^2 = F(y) = y^2 - 2y + 12 = y^2 - 2y + 1^2 + 11 = (y-1)^2 + 11.$$

Falls y = 1, ist $x^2 = 2(6-1) = 10$ und $x = \sqrt{10}$ und der minimale Wert von ℓ^2 ist 11 und der von ℓ ist $\sqrt{11}$.

Der Punkt auf p mit der geringsten Entfernung vom Ursprung ist $Q(\sqrt{10}\,|\,1)$

b) $\ell^2 = x^2 + y^2$; $y = k - ax^2$ mit $k > 0$; $a > 0$; $k > \frac{1}{a}$

$$x^2 = \frac{k-y}{a}$$

$$\ell^2 = F(y) = \frac{k-y}{a} + y^2 = y^2 - \frac{1}{a}y + \frac{k}{a}$$

$$= y^2 - \frac{1}{a}y + \left(\frac{1}{2a}\right)^2 + \frac{k}{a} - \frac{1}{4a^2} = \left(y - \frac{1}{2a}\right)^2 + \frac{4ak-1}{4a^2}.$$

ℓ^2 und somit auch ℓ (>0) ist ein Minimum, wenn $y = y_E = \frac{1}{2a}$ ist. Dann ergibt sich der zugehörige x_E-Wert aus $x_E^2 = \frac{k-y_E}{a} = \frac{k-\frac{1}{2a}}{a} = \frac{2ak-1}{2a^2}$

$\Leftrightarrow |x_E| = \sqrt{\frac{2ak-1}{2a^2}}$.

Damit x_E existiert und positiv ist, muß $2ak - 1 > 0 \Leftrightarrow k > \frac{1}{2a}$ sein. Diese Bedingung ist für die Existenz des gesuchten Punktes notwendig und hinreichend.

Die Voraussetzung $k > \frac{1}{a}$ $\left(> \frac{1}{2a}\right)$ ist zwar hinreichend, aber nicht notwendig.

Ihre Meinung ist uns wichtig!

Ihre Anregungen sind uns immer willkommen. Bitte informieren Sie uns mit diesem Schein über Ihre Verbesserungsvorschläge!

Titel-Nr.	Seite	Vorschlag

Bitte hier abtrennen

Zutreffendes bitte ankreuzen!

Die Absenderin/der Absender ist:

- ☐ Lehrer/in in den Klassenstufen: ______
- ☐ Fachbetreuer/in
  Fächer: ______
- ☐ Seminarlehrer/in
  Fächer: ______
- ☐ Regierungsfachberater/in
  Fächer: ______
- ☐ Oberstufenbetreuer/in
- ☐ Schulleiter/in
- ☐ Referendar/in, Termin 2. Staatsexamen: ______
- ☐ Leiter/in Lehrerbibliothek
- ☐ Leiter/in Schülerbibliothek
- ☐ Sekretariat
- ☐ Eltern
- ☐ Schüler/in, Klasse: ______
- ☐ Sonstiges: ______

Unterrichtsfächer: **(Bei Lehrkräften!)**

______

STARK Verlag
Postfach 1852
85318 Freising

17-V1M

Bitte ausfüllen und im frankierten Umschlag an uns einsenden. Für Fensterkuverts geeignet.

Kennen Sie Ihre Kundennummer?
Bitte hier eintragen.

Absender **(Bitte in Druckbuchstaben!)**

Name/Vorname

Straße/Nr.

PLZ/Ort

Telefon privat

Geburtsjahr

E-Mail-Adresse

Schule/Schulstempel **(Bitte immer angeben!)**

(Bitte blättern Sie um)